电力安全生产

应知应会

中国能源研究会电力安全与应急分会　编

www.waterpub.com.cn

·北京·

内容提要

电力安全生产不仅关系到企业的稳定发展,更关系到员工的生命安全。本书列出了安全生产法律法规应知应会知识、安全生产管理制度、电力安全器具、警示标识、个体安全防护、安全生产管理体制机制与主要方法、日常工作管理、重点工作和专项工作管理、职业卫生健康管理、安全监督管理办法、作业现场安全监督管理、安全防护等知识内容,是从事电力安全生产工作的相关人员学习和参考的必备用书。

图书在版编目(CIP)数据

电力安全生产应知应会 / 中国能源研究会电力安全与应急分会编 . -- 北京 : 中国水利水电出版社,2024. 7. -- ISBN 978-7-5226-2624-6

Ⅰ . TM08

中国国家版本馆 CIP 数据核字第 2024UW9711 号

书　　名	电力安全生产应知应会 DIANLI ANQUAN SHENGCHAN YINGZHI YINGHUI
作　　者	中国能源研究会电力安全与应急分会 编
出版发行	中国水利水电出版社 (北京市海淀区玉渊潭南路 1 号 D 座　100038) 网址:www.waterpub.com.cn E-mail:sales@mwr.gov.cn 电话:(010)68545888(营销中心)
经　　售	北京科水图书销售有限公司 电话:(010)68545874、63202643 全国各地新华书店和相关出版物销售网点
排　　版	河北铭记文化发展有限公司
印　　刷	北京印匠彩色印刷有限公司
规　　格	140mm×202mm　32 开本　10.75 印张　260 千字
版　　次	2024 年 7 月第 1 版　2024 年 7 月第 1 次印刷
定　　价	**78.00 元**

凡购买我社图书,如有缺页、倒页、脱页的,本社营销中心负责调换

版权所有·侵权必究

《电力安全生产应知应会》编委会

主　编：王　伟

副主编：章　丹　吴海艳

委　员：蔡彬彬　赵飞跃　成赛楠
　　　　郭雪莹　李佳林　袁桂东

前　言

　　在电力行业中，安全生产是至关重要的。随着我国电力事业的不断发展和技术的不断创新，电力安全生产已经成为了各级电力企业和从业人员必须高度重视和严格遵守的法定要求。为了加强对电力安全生产的认识，提高电力行业从业人员的安全生产意识和技能水平，特编写《电力安全生产应知应会》，旨在帮助电力行业从业人员更好地掌握安全生产知识，提升安全管理能力，切实保障电力生产运行安全稳定。

　　电力安全生产关系到国家经济发展和社会稳定，是电力企业发展的基石。近年来，随着电力行业的迅速发展和电力系统的不断完善，电力安全生产形势依然严峻复杂。各种安全事故频频发生，给企业生产经营和社会治安稳定带来了严重影响，更是给广大电力从业人员的生命财产安全造成了极大威胁。因此，加强电力安全生产管理，提高从业人员安全意识和技能水平，已成为当前电力行业发展的当务之急。本书共分为十四章，包含了电力安全生产各个方面的内容。我们将对电力安全生产的基本概念和重要性进行介绍，帮助读者全面了解电力安全生产的基本内涵和意义。我们将重点讲解电力安全管理体系及其要素，探讨如何建立健全的安全管理机制，确保企业安全生产运行顺利。本书还涵盖了电力安全生产的基本原则、安全生产责任制度、事故应急预案等重要内容，为读者提供了全面系统的安全生产知识。

　　在电力安全生产中，技术装备和管理措施是密不可分的。因此，本书还将重点介绍电力安全生产的技术装备和管理措施，包括电力设备检修维护、安全用电操作规程、应急救援措施等方面内容，帮助读者掌握实用的安全生产技能和应对突发情况的应急处置能力。本书还将结合实际案例，对电力安全事故进行分析和总结，探讨事故的原因及防范措施，为读者提供宝贵的经验教训。我们还将介绍电力安全生产的法律法规和政策要求，帮助读者了解相关法律法规的内容和要求，做到守法经营，规范管理。本书将对电力安全生产的未来发展进行展望，介绍电力行业安全生产的新趋势和新技术，引导读者关注安全生产领域的最新动态，不断提升自身的安全管理水平和技术能力。由于作者水平有限，书中难免存在不足，敬请读者指正。

编者

2024 年 7 月

目　录

第一章　安全生产法律法规应知应会知识

第二章　安全生产管理制度

第三章　电力安全工器具

第四章 警示标识

第五章 个体安全防护

第六章 安全生产管理体制机制与主要方法

第七章 日常工作管理

第十四章 典型作业安全防护

第一章 安全生产法律法规应知应会知识

第一节 关于安全生产工作重要论述

一、安全生产是全局工作

安全生产是全局工作，涉及到人民群众的生命财产安全，学习习近平总书记关于安全生产重要论述和重要指示批示精神，是党和政府的首要责任。各级党委和政府要切实增强安全生产责任感和使命感，不能有丝毫松懈。只有将安全生产摆在全局工作的核心位置，才能有效维护人民群众的生命安全和财产安全。

在中国，安全生产一直是一项极为重要的工作。安全生产不仅是企业的责任，更是政府和党的首要责任。因为安全生产关乎每个人的生命安全和财产安全，涉及到国家的长远发展和社会的稳定。因此，各级党委和政府必须高度重视，切实履行好安全生产的各项职责。把安全生产放在全局工作的核心位置。这意味着在制定政策和规划发展时，安全生产必须被优先考虑和重视。各级党委和政府要增强责任感和使命感，不能有丝毫懈怠。只有当安全生产真正成为全社会关注的焦点和全方位推进的重要任务时，才能有效地维护人民群众的生命安全和财产安全。在实践中，各级党委和政府要切实加强安全生产工作。这包括加大投入，完善制度，加强监管等方面。只有通过全面的措施，才能确保安全生产工作取得实质性成效，避免和减少各类安全生产事故的发生。

二、安全生产是党委和政府的责任

　　各级党委和政府是安全生产工作的第一责任人，必须切实履行好安全生产工作的主体责任。要加强对安全生产工作的组织领导，加大安全生产投入，推动安全生产工作取得实质性成效，确保人民群众的安全权益得到有效保障。

　　在中国，安全生产一直被视为一项极为重要的工作。各级党委和政府是安全生产工作的第一责任人，这意味着他们必须承担起主体责任，全面推动安全生产工作的开展和落实。只有在党委和政府领导下，才能形成合力，有效推动安全生产工作向更好的方向发展。加强对安全生产工作的组织领导这包括建立健全的组织机制，明确责任分工，加强协调配合，形成工作合力。只有通过有效的组织领导，才能确保安全生产工作有序推进，各项任务得到落实。要加大资金、人力、物力等资源投入，确保安全生产工作有充足的支持和保障，这意味着不仅要有足够的投入，还要确保这些投入得到有效利用，真正发挥作用。推动安全生产工作取得实质性成效要注重实际效果，不仅仅是形式上的工作，更要关注安全生产工作的实际效果和成果。只有当安全生产工作取得实质性成效时，才能真正确保人民群众的安全权益得到有效保障。

三、依法规范安全生产行为

　　各级党委和政府要依法规范安全生产行为，加强对安全生产法律法规的宣传和培训，提高全社会对安全生产的法治意识和法治水平。要加大对违法违规行为的查处力度，坚决遏制各类安全生产事故的发生。

　　在中国，安全生产法律法规的严格执行是确保安全生产的重要保障。各级党委和政府要依法规范安全生产行为，这意味着所有单位和个人在进行生产经营活动时必须遵守相关的法律法规，严格执行安全生产的各项规定。为了提高全社会对安全生产法律法规的理解和认识，加强宣传和培训工作。这包括通过各种形式和渠道对安全生产法律法规进行宣传，提高人们的法治意识和法治水平。只有当全社会都能够深刻理解安全生产法律法规的重要性和必要性时，才能更好地推动安全生产工作向前发展。在对违法违规行为的查处方面，加大力度，坚决遏制各类安全生产事故的发生。这意味着对于那些违反安全生产法律法规、严重影响安全的行为，必须依法严肃查处，绝不姑息迁就。只有通过严格的执法和有效的查处，才能有效地遏制安全生产事故的发生，保障人民群众的生命安全和财产安全。

四、加强监督和检查

加强监督和检查是确保安全生产工作有效开展的重要保障措施。各级党委和政府要建立健全安全生产监督管理体系，加强对重点领域和重点企业的监督检查，发现问题及时整改，防止安全生产事故的发生。在中国，安全生产监督管理体系的建立和健全对于保障安全生产至关重要。加强监督和检查的重要性，这意味着必须建立一套完善的监督管理机制，确保安全生产工作得到有效推进和实施。

各级党委和政府要建立健全安全生产监督管理体系。这包括制定相关的监督管理规章制度，明确监督检查的职责和权限，确保监督工作有序开展。只有通过建立健全的管理体系，才能有效监督和管理安全生产工作。要加强对重点领域和重点企业的监督检查。这些领域和企业往往涉及到人员密集、危险性大的工作，安全风险较高。因此，必须加强对这些领域和企业的监督检查，发现问题及时整改，确保安全生产工作的稳定和安全。一旦发现安全生产方面的问题，必须立即采取有效措施进行整改，确保问题得到及时解决，避免出现安全事故。只有通过及时整改，才能有效防止安全生产事故的发生，保障人民群众的生命安全和财产安全。

五、鼓励科技创新促进安全生产

积极鼓励科技创新，推动安全生产工作向智能化、信息化方向发展。利用先进的科技手段可以更加及时、准确地预防和化解安全生产风险，提高安全生产管理水平和效率，实现安全生产工作的全面提升和跨越发展。在当前社会背景下，科技创新已经成为推动各行各业发展的重要动力。在安全生产领域积极鼓励科技创新的重要性。这意味着通过引入先进的科技手段，可以更加有效地预防和化解安全生产风险，提升管理水平和效率。

科技创新可以推动安全生产工作向智能化、信息化方向发展。智能化技术可以实现对生产过程的实时监控和预警，及时发现潜在的安全隐患，做出相应的处理和调整。信息化技术则可以实现数据的快速传输和处理，提高信息的准确性和及时性，为决策提供更加科学的依据。利用先进的科技手段可以更加及时、准确地预防和化解安全生产风险。例如，通过传感器、监控设备等技术手段对生产环境和设备进行监测，及时发现异常情况并采取措施，避免安全事故的发生。另外，利用大数据、人工智能等技术进行数据分析和预测，可以更加科学地评估风险，制定有效的安全措施。科技创新还可以提高安全生产管理水平和效率。通过建立智能化的安全管理系统，实现对安全生产工作的全面监管和管理，提升管理水平和效率。例如，利用物联网技术可以实现设备的远程监控和管理，实时掌握设备运行情况，及时发现问题并进行处理。

第二节 安全生产法律法规与方针

一、确立安全第一的思想

确立"安全第一"的思想是指在任何情况下，都要把人民群众的生命安全和财产安全放在首位，作为最重要的考量因素。这一思想不仅适用于企业的生产经营活动，也贯穿于社会的发展进程中。安全是一切工作的前提和基础，没有安全就没有可持续发展的基础。因此，在制定安全生产方针时，首要的是确立"安全第一"的理念。

在企业的生产经营活动中，安全第一意味着将安全放在首位，不以牺牲安全为代价去追求其他利益。企业必须建立健全的安全管理制度，严格遵守安全生产法律法规，加强对生产过程中可能存在的安全风险的预防和控制，确保员工的生命安全和身体健康。企业还要加强对员工的安全教育和培训，提高员工的安全意识和应对突发情况的能力，为安全生产提供坚实的保障。在社会的发展进程中，安全第一意味着将人民群众的生命安全和财产安全放在首位，为实现经济社会发展提供稳定的环境和基础。政府部门要加强对安全生产工作的监督和管理，建立健全的安全监管体系，及时发现和解决安全生产领域存在的问题和隐患。要加强对危险化学品、矿山、建筑施工等高风险行业的监管，确保各类安全生产事故得到有效防范和控制。

二、坚持预防为主、防治结合的方针

在安全生产工作中，坚持"预防为主、防治结合"的方针至关重要。预防为主意味着要从源头上预防安全事故的发生，采取必要的预防措施和防护措施，避免事故的发生。也要做好事故防治工作，及时处理和应对各类安全事故，最大限度地减少事故损失。

预防为主的理念是安全生产工作的核心。它强调的是在生产经营活动中，要从源头上预防安全事故的发生，避免事故给企业和社会带来的不良影响。预防措施可以包括但不限于对设备设施的定期检查和维护、员工的安全培训和教育、建立完善的安全管理制度等。通过这些措施，可以有效减少事故的发生概率，提高安全生产工作的水平和效率。防治结合也是安全生产工作的重要原则。即使采取了充分的预防措施，仍然无法完全避免安全事故的发生。因此，及时有效地应对和处理安全事故也是非常关键的。这包括建立健全的应急预案和应急处置机制，加强对事故的监控和警报系统，做好应急救援和处理工作，最大限度地减少事故损失，保障人民群众的生命安全和财产安全。

三、加强安全管理

在实施安全生产方针时，加强安全管理是非常重要的一环。这包括建立健全的安全管理制度和机制，明确安全管理的责任和权限，确保各项安全管理工作有序推进。还要加强对安全生产工作的监督和检查，及时发现问题并进行整改，确保安全生产工作的顺利进行。

建立健全的安全管理制度和机制是保障安全生产的重要保障措施。这意味着需要制定和完善相关的安全管理规章制度，明确各项安全管理工作的责任和权限，确保安全管理工作的有序推进和实施。例如，要建立安全生产责任制，明确各级领导和各部门的安全管理职责，落实到位。还要建立健全的安全风险评估和管控机制，定期进行安全检查和评估，及时发现和解决安全隐患，确保生产过程中的安全。加强对安全生产工作的监督和检查也是非常重要的一环。只有通过有效的监督和检查，才能及时发现问题并进行整改，确保安全生产工作的顺利进行。监督和检查的对象包括但不限于各类企业和单位，重点关注安全生产方面的重点领域和重点环节。监督和检查工作应该有计划、有组织地开展，确保全面覆盖，并及时跟进整改情况。要加强对安全管理工作人员的培训和教育，提高他们的安全管理意识和水平。只有通过不断提升安全管理人员的专业素质和工作能力，才能更好地推动安全管理工作的开展，确保安全生产工作的顺利进行。

四、防范各类安全生产事故

安全生产方针的核心目标是防范各类安全生产事故。这需要对可能存在的安全风险进行全面评估和分析，制定有效的预防措施和应急措施，确保在任何情况下都能够有效应对各类安全生产事故，最大限度地减少事故发生的可能性和影响。

对可能存在的安全风险进行全面评估和分析是非常关键的一步。这包括对生产过程中可能存在的各种安全隐患和风险进行识别和评估，分析其可能造成的影响和后果，为制定有效的预防措施和应急措施提供科学依据。制定有效的预防措施和应急措施是确保安全生产的关键。预防措施包括但不限于加强设备设施的维护和保养、规范操作流程、提高员工的安全意识和培训、建立健全的安全管理制度等。应急措施包括但不限于建立健全的应急预案和应急处置机制、提前做好应急演练和培训、配备必要的应急救援设备和人员等。通过这些措施，可以有效预防和应对各类安全生产事故，最大限度地减少事故发生的可能性和影响。要确保在任何情况下都能够有效应对各类安全生产事故，需要建立健全的监控和警报系统，及时发现和报警处理各类安全异常情况。还要加强对事故的调查和分析工作，总结经验教训，及时改进和完善预防和应急措施，不断提高安全生产工作的水平和效果。

五、熟悉相关法律法规

　　了解并遵守相关的法律法规在推动安全生产工作向前发展方面扮演着至关重要的角色。其中，《中华人民共和国安全生产法》《安全生产责任制实施办法》等法律法规是安全生产工作的重要依据，对于企业安全生产主体责任、从业人员安全生产权利和义务等方面都有详细规定。了解相关法律法规有助于明确企业安全生产主体责任。根据《中华人民共和国安全生产法》，企业是安全生产的主体，有责任保障员工的生命安全和身体健康。企业必须建立健全安全管理制度，配备必要的安全设施和设备，提供必要的安全培训和教育，确保生产过程中的安全。了解相关法律法规可以帮助企业清晰地了解自身的安全生产责任，切实履行好安全管理职责，为员工的安全保驾护航。

　　了解相关法律法规有助于明确从业人员的安全生产权利和义务。根据《中华人民共和国安全生产法》等法律法规，从业人员有权享受安全的工作环境和条件，有权得到必要的安全培训和教育，有权拒绝违反安全规定的工作安排。从业人员也有义务遵守安全生产规定，参与安全培训和教育，积极配合企业做好安全管理工作。了解相关法律法规可以帮助从业人员明确自身的权利和义务，增强安全意识，主动参与安全生产工作。深入理解和遵守相关法律法规可以更好地推动安全生产工作向前发展。只有企业和从业人员都严格遵守相关法律法规，才能有效预防和减少安全生产事故的发生。法律法规是保障安全生产的重要措施，必须得到全面贯彻和执行。只有在法律法规的约束下，才能确保人民群众的生命安全和财产安全。

第三节 从业人员安全生产的权利与义务

一、从业人员的拒绝权

从业人员在安全生产中享有拒绝违法违规安排的权利。这意味着当工作任务或者工作环境存在严重安全隐患或者违法违规情况时，从业人员有权拒绝执行相关任务或者要求。根据《中华人民共和国安全生产法》，从业人员有权对危及自身安全的工作行为或者工作环境提出异议，并要求相关单位进行整改。这一权利的行使需要依据相关法律法规，合理合法地提出，不得滥用。

从业人员拥有拒绝违法违规安排的权利，是保障其生命安全和身体健康的重要保障措施。这一权利的行使需要遵循相关法律法规的规定，不能滥用或者误用。从业人员拒绝违法违规安排的行为应当具有合法性和合理性，必须基于真实存在的安全隐患或者违法违规情况，而非主观臆断或者个人偏见。拒绝的方式也应当符合法律法规的规定，不能以不合理的方式拒绝工作任务或者工作要求。为了行使这一权利，从业人员需要具备相关的安全知识和技能，能够准确判断工作环境和任务是否存在安全隐患或者违法违规情况。他们还需要了解相关法律法规的规定，明确自身的权利和义务，合理有效地提出异议并要求整改。在提出异议时，应当采取适当的沟通和协商方式，与相关单位进行有效的沟通，寻求问题的解决和整改方案的落实。从业人员拒绝违法违规安排的行为应当保持客观公正和合理性，不能因个人原因或者私人利益而滥用权利。他们应当始终将保障生命安全和身体健康放在首位，合理行使权利，确保自身和他人的安全。

二、从业人员的参与权

从业人员有权参与安全生产教育培训和安全演练活动。根据《中华人民共和国安全生产法》，雇主有义务对员工进行安全教育和培训，而从业人员也有义务参加相关教育和培训。参与安全生产教育培训可以增强从业人员的安全意识和应对突发情况的能力，提高工作中的安全水平。

安全生产教育培训是提升从业人员安全意识和安全能力的重要途径。通过教育培训，可以帮助从业人员了解安全生产相关知识，掌握应对突发情况的技能，提高对安全生产工作的重视程度和主动性。雇主有义务组织和开展安全生产教育培训活动，提供必要的学习资源和支持，确保从业人员能够充分参与并受益。安全演练活动是检验和提升从业人员安全应对能力的有效方式。通过模拟真实的安全事故场景，让从业人员实际操作并应对，可以检验其应急处置能力和反应速度，增强其处理突发情况的信心和能力。雇主应当定期组织安全演练活动，确保从业人员熟悉安全操作流程和应急处置程序，提高工作中的安全水平和应对能力。参与安全生产教育培训和安全演练活动有助于从业人员形成正确的安全观念和行为习惯。他们将更加重视安全生产工作，主动学习和应用安全知识，增强自我保护意识，有效预防和减少安全事故的发生。通过参与教育培训和演练活动，从业人员可以不断提升自身的安全管理能力和技能水平，为工作中的安全保障提供更加有力的支持。

三、从业人员的遵守义务

从业人员有义务遵守安全生产规章制度，这一责任是保障安全生产的重要环节。遵守规章制度包括但不限于遵守工作程序和操作规程、正确使用安全防护设备、参与安全生产检查和整改等。

遵守工作程序和操作规程是保障安全生产的基本要求。从业人员需要严格按照规定的工作流程和操作规程进行工作，不得擅自更改或者违规操作。这可以有效降低工作中发生意外的风险，保障生产过程的稳定和安全。正确使用安全防护设备是保障从业人员自身安全的重要措施。根据相关规定，从业人员需要正确佩戴和使用与工作相关的安全防护设备，如头盔、安全带、防护眼镜等。这可以有效降低工作中发生伤害的可能性，保障从业人员的身体健康。参与安全生产检查和整改也是从业人员的重要义务。他们需要积极参与安全生产检查和评估活动，配合相关部门对安全隐患进行排查和整改。及时发现和解决安全问题可以有效预防和减少安全事故的发生，保障工作环境的安全和稳定。

四、从业人员的报告义务

从业人员有义务及时向管理部门报告安全生产事故或者安全隐患。根据《中华人民共和国安全生产法》，任何单位和个人发现安全生产事故或者安全隐患都有义务及时报告，协助相关部门进行调查处理。及时报告可以帮助防止事故的扩大和蔓延，保障生产过程中的安全。

遵守及时报告安全生产事故或者安全隐患是从业人员的重要义务。任何单位和个人发现安全生产事故或者安全隐患都应立即向管理部门报告，并配合相关部门进行调查处理。及时报告可以帮助管理部门快速采取措施，防止事故的扩大和蔓延，最大限度地保障生产过程中的安全。从业人员及时报告安全生产事故或者安全隐患的意义非常重大。及时报告可以帮助相关部门快速了解事故或者隐患的情况，及时采取措施进行应对和处理，防止事态的进一步恶化。及时报告可以促使相关部门加强对安全生产的监管和管理，推动安全生产工作的持续改进和提升。最后，及时报告也可以帮助相关部门及时向公众发布安全警示和预警信息，提高公众对安全问题的重视程度，共同维护社会的安全稳定。

五、从业人员的监督义务

从业人员有义务对工作中的安全状况进行监督，这一义务是保障生产过程中的安全和稳定的重要措施。监督的范围包括但不限于发现安全隐患和违法违规行为时及时报告，促使相关部门进行整改。从业人员的监督可以有效提高工作环境的安全水平，保障自身和他人的生命安全。

监督工作中的安全状况是从业人员的基本义务。通过监督，从业人员可以及时发现工作中存在的安全隐患和违法违规行为，并及时向相关部门报告。监督的过程需要保持客观公正，不偏不倚地发现问题，促使相关部门采取有效的整改措施，及时消除安全隐患，防止事故的发生。从业人员监督工作中的安全状况可以有效提高工作环境的安全水平。通过及时发现和处理安全隐患，可以预防事故的发生，保障生产过程的安全和稳定。监督还可以促使相关部门加强对安全生产的管理和监督，推动安全生产工作的不断改进和提升，形成良好的安全生产氛围。监督工作中的安全状况还有利于保障从业人员和他人的生命安全。通过及时发现和报告安全隐患，可以避免事故的发生对生命和财产造成严重损失。监督还可以促使相关部门及时采取措施，避免事故的扩大和蔓延，最大限度地保障从业人员和他人的生命安全。

第四节 劳动保护制度

一、职业病防护

　　职业病防护在劳动保护制度中扮演着至关重要的角色。企业应当建立健全的职业病防护制度，其中包括开展职业危害评估、采取职业病防护措施、进行职业健康监测等多方面工作。职业危害评估是对工作岗位进行全面评估，确定职业病危害因素及其程度，为采取相应的防护措施提供科学依据。企业应根据评估结果采取有效的职业病防护措施，包括改善工作环境、配备防护设备、开展职业卫生宣传教育等，以保障从业人员的身体健康和安全。

　　职业危害评估是职业病防护制度的基础。通过对工作岗位进行系统评估，可以全面了解职业病危害因素及其程度，确定哪些工作环节存在较高的职业病危害风险。评估结果有助于企业制定针对性的防护措施，精准有效地预防职业病发生。采取职业病防护措施是保障从业人员健康的重要举措。企业应当根据职业危害评估结果，采取一系列有效的防护措施，包括但不限于改善工作环境、减少职业病危害因素的接触、配备合格的防护设备等。这些措施可以有效降低从业人员接触职业病危害因素的可能性，保障他们的身体健康和安全。进行职业健康监测也是职业病防护的重要环节。企业应当建立健全的职业健康监测制度，定期对从业人员的健康状况进行监测和评估。通过监测数据分析，可以及时发现职业病患者，采取措施防止职业病的扩散和传播，保障从业人员的健康。开展职业卫生宣传教育也是职业病防护的重要手段。企业应当加强对从业人员的职业卫生知识普及，提高他们对职业病防护的认识和重视程度。通过培训教育和宣传活动，使从业人员自觉遵守职业病防护措施，增强自我保护意识，有效预防职业病的发生。

二、劳动安全

劳动安全是劳动保护制度的核心内容，对于保障从业人员的生命安全和身体健康具有至关重要的意义。企业应当建立健全的劳动安全管理制度，其中包括但不限于制定安全操作规程、实施安全培训教育、建立安全生产责任制等多方面工作。安全操作规程是对工作操作进行规范和指导，明确工作程序、安全操作要求和注意事项，旨在防止事故的发生。企业还应当开展定期的安全培训教育，提高从业人员的安全意识和应对能力，确保他们能够正确使用安全防护设备、遵守安全操作规程，从而全面保障劳动安全。

企业在建立健全劳动安全管理制度时，首先应该制定并落实安全操作规程。这些规程需要针对不同岗位和工作内容进行制定，明确工作程序、操作要求和注意事项，规范从业人员的工作行为。通过安全操作规程的制定和执行，可以有效预防各类事故的发生，确保生产过程的安全稳定。除了安全操作规程，企业还应该重视安全培训教育工作。定期开展安全培训教育，是提高从业人员安全意识和应对能力的重要途径。培训内容应包括但不限于安全操作规程的讲解和演示、事故案例分析和反思、安全技能培训等方面。通过安全培训教育，可以使从业人员熟悉安全操作规程，掌握安全技能，增强应对突发情况的能力，提高劳动安全水平。企业还应建立健全安全生产责任制。明确各级管理人员和从业人员在安全生产中的责任和义务，建立健全安全管理体系，形成上下贯通、层层负责的管理机制。通过建立安全生产责任制，可以强化管理人员和从业人员对安全生产的重视程度，提高安全管理的有效性和效率。

三、职业健康监测

职业健康监测作为劳动保护制度的重要环节，对保障从业人员的健康状况和预防职业危害具有至关重要的意义。企业应当建立健全的职业健康监测制度，对从业人员的健康状况进行全面监测和评估，及时发现和处理职业病病例，防止职业危害对从业人员造成损害。职业健康监测包括定期体检、职业病筛查、职业健康档案管理等内容，通过监测数据分析，及时采取相应的防护措施，保障从业人员的健康和安全。

职业健康监测的核心内容是定期体检。企业应当根据工作岗位的特点和职业病危害因素，组织从业人员进行定期的职业健康体检。体检内容应全面细致，包括但不限于生理指标、生化指标、职业病检查等项目，旨在全面了解从业人员的健康状况，发现潜在的职业病病因，及时采取措施防范和治疗。另一个重要环节是职业病筛查。企业应建立健全的职业病筛查机制，对可能受到职业病危害的从业人员进行定期筛查。筛查内容包括但不限于职业病相关指标、接触职业危害因素的情况、职业健康状况等，旨在及时发现可能存在的职业病患者，采取措施进行治疗和防范。职业健康档案管理也是职业健康监测的重要组成部分。企业应当建立完善的职业健康档案管理系统，记录每位从业人员的体检结果、职业病筛查情况、职业健康监测记录等信息。通过对职业健康档案的管理和分析，可以及时了解从业人员的健康状况，发现问题并采取措施，保障其健康和安全。

四、应急救援

应急救援是劳动保护制度的重要组成部分，对于保障从业人员在工作过程中的安全具有至关重要的意义。企业应当建立健全应急救援机制，明确应急救援预案和措施，组织开展应急演练和培训，以提高应急救援能力和水平。应急救援工作包括但不限于事故应急处置、伤亡人员救护、事故调查处理等内容，企业应当配备必要的救援设备和人员，确保在发生突发事故时能够及时有效地进行救援和处置，最大限度地减少事故损失。

在建立健全应急救援机制方面，首先需要明确应急救援预案和措施。企业应该根据工作场所的特点和潜在的安全风险，制定相应的应急救援预案，并将其纳入企业的安全管理体系中。预案内容应包括但不限于应急通信联络、事故应急处置流程、伤亡人员救护措施、应急资源调配等内容，旨在在发生突发事故时能够迅速、有序地进行应急救援工作。企业应该组织开展应急演练和培训。定期组织应急演练，模拟各类突发事故场景，检验应急救援预案的可行性和有效性，提高从业人员应对突发情况的能力和水平。开展应急救援培训，包括但不限于急救知识和技能培训、逃生自救技能培训等，提升从业人员的应急反应能力和自救能力。企业需要配备必要的救援设备和人员。根据不同的工作场所和潜在的安全风险，合理配置急救设备、消防设备、应急通信设备等救援设备，并培训专业的救援人员，确保在事故发生时能够迅速有效地展开救援工作。

五、法律法规宣传

法律法规宣传是劳动保护制度的重要环节。企业应当加强对相关法律法规的宣传教育，使从业人员了解自身的权利和义务，提高对劳动保护制度的认识和遵守意识。通过开展法律法规宣传活动，向从业人员普及安全生产知识和法律法规要求，增强他们的安全意识和法制观念，促进企业安全生产管理的规范和有序发展。

在当前社会背景下，劳动保护制度的宣传教育显得尤为重要。企业应当通过多种方式开展法律法规宣传，以提高从业人员对劳动保护制度的认识和遵守意识。企业可以利用内部宣传渠道，如企业内部网站、通知公告、员工手册等，向从业人员传达法律法规相关内容。通过这些内部渠道，可以及时向员工发布法律法规更新信息，让他们了解最新的劳动保护制度要求。企业可以组织开展法律法规宣传活动，如安全生产知识讲座、法律法规培训班等。通过专业人员的讲解和培训，向从业人员普及安全生产知识和法律法规要求，增强他们的安全意识和法制观念。企业还可以利用现代化技术手段开展法律法规宣传，如制作宣传视频、设计宣传海报等。这些多媒体形式的宣传可以更加直观地向从业人员展示法律法规要求，提高他们的接受度和理解度。

第二章 安全生产管理制度

第一节 安全生产目标

一、安全生产目标的具体可操作性

安全生产目标的设定是企业安全生产管理的重要基础和指导方针。一个明确、具体且可操作的安全生产目标对于保障安全生产至关重要。安全生产目标需要明确具体的内容和目标。这意味着安全生产目标应该明确表达对安全的要求和期望，例如要求员工在操作中遵守特定的安全规程，使用适当的个人防护装备等。这种明确的安全生产目标能够有效地指导员工的工作行为，让他们知道在工作中应该如何做才能保证安全。

安全生产目标应该具有明确的指向性。指向性意味着安全生产目标需要对具体的安全问题进行定位和引导。举例来说，如果某企业发现在高温环境下工作时存在热中暑风险，那么安全生产目标可以明确指向防止热中暑事故，要求员工在高温工作环境下必须做好防暑降温措施。这样的指向性目标可以帮助企业更有针对性地开展安全管理工作，提高安全防范效果。安全生产目标还应当具有可操作性。可操作性意味着安全生产目标不仅需要明确具体，还需要能够被转化为实际的行动和措施。例如，如果安全生产目标是确保生产线上的机器设备安全运行，那么可操作性的目标可以包括定期设备检查维护、员工培训提升操作技能等具体行动方案。这样的可操作性目标可以指导员工在实际工作中采取必要的措施和行动，从而确保安全生产的顺利进行。

二、安全生产目标的可量化评估和监测

安全生产目标的量化评估和监测是安全生产管理中的重要环节。通过具体的指标或数据进行量化评估和监测，可以更加客观地了解安全生产工作的实际情况，及时发现和解决存在的安全隐患和问题，进而提高安全管理的效果和水平。

量化评估和监测安全目标能够提高评估的客观性和准确性。通过将安全生产目标转化为具体的数据或指标，可以使评估过程更加客观和科学，避免主观因素的干扰，提高评估结果的准确性和可信度。例如，如果安全生产目标是降低事故率，可以通过统计事故发生的次数和频率来进行量化评估，从而更准确地了解安全状况。量化评估和监测有利于及时发现问题并进行改进。通过定期对安全生产目标的量化评估和监测，可以及时发现安全生产工作中存在的问题和隐患，从而采取相应的改进措施，提高安全管理水平。比如，如果某项安全指标出现了异常波动或者超过了预定的阈值，就可以及时采取调整措施，防止事故的发生。量化评估和监测还可以帮助企业建立健全的数据管理和分析体系。通过对安全生产目标相关数据的收集、整理和分析，可以形成完整的安全数据管理体系，为安全管理决策提供科学依据。可以利用数据分析技术对安全数据进行深度挖掘，发现数据背后的规律和趋势，进一步优化安全管理策略和措施。

三、安全生产目标的综合考虑

安全生产目标的设定是安全生产管理的关键环节，需要综合考虑多方面因素，以实现安全生产与生产效率、经济效益的有机结合。在设定安全生产目标时，企业应当全面考虑以下几个方面的因素。

需要考虑企业的整体安全情况。这包括企业所处行业的安

全风险特点、历史安全记录、现有安全管理体系等方面。不同行业和企业可能面临的安全风险不同，因此安全生产目标的设定应当根据企业的实际情况进行调整和确定，以确保安全生产目标的可实现性和有效性。需要考虑生产经营需求。安全生产目标的设定应当与企业的生产经营需求相适应，不能脱离实际情况。例如，某些行业可能对安全性要求较高，需要设置更加严格的安全生产目标；而一些生产效率较高的行业可能需要在保证安全的前提下提高生产效率，因此安全生产目标应当与生产效率的提升相结合。

还需要考虑国家相关法律法规的要求。企业在设定安全生产目标时，必须符合国家相关的安全生产法律法规和政策要求，确保安全生产目标的合法性和规范性。这包括但不限于《中华人民共和国安全生产法》《安全生产责任制实施办法》等法律法规的规定，企业应当根据这些法律法规的要求，设定符合标准的安全生产目标。需要在保障安全生产的前提下，实现生产效率和经济效益的实现。安全生产目标的设定不能只关注安全性，也需要考虑到企业的经济利益和生产效率。因此，在设定安全生产目标时，需要在保障安全的前提下，尽可能地提高生产效率和经济效益，实现安全生产与生产经营的良性互动。

四、安全生产目标的阶段性设置

安全生产目标的设定具有阶段性和动态性是非常重要的，这样可以更好地适应企业安全生产工作的实际情况和发展变化，确保安全生产工作的持续改进和提升。

安全生产目标的阶段性设置有助于适应企业发展阶段的变化。随着企业发展和生产经营活动的变化，安全风险和安全管理需求也会发生变化。因此，安全生产目标应当根据不同阶段的工作情况和安全风险特点进行调整和设定。比如，在企业进行新项目开发或扩建时，可能面临新的安全风险，需要设定新的安全生产目标来应对这些风险。安全生产目标的阶段性设置有助于持续改进和提升安全管理水平。通过对安全生产目标的定期评估和检查，可以及时发现存在的问题和不足之处，进而调整和完善安全生产目标，以实现安全管理水平的不断提升。例如，根据实际情况对安全生产目标的达成情况进行评估，发现某些目标达成率较低，可以调整目标内容或提出新的目标，以促进安全生产工作的持续改进。

安全生产目标的阶段性设置还有助于提高员工的安全意识和参与度。在每个阶段设定具体可行的安全生产目标，并将其公开和传达给全体员工，可以激发员工的安全意识和责任感，促使他们积极参与安全生产工作。员工参与度的提高将有助于安全管理工作的顺利开展和目标的顺利实现。安全生产目标的阶段性设置也有助于建立持续改进的安全文化。通过不断调整和完善安全生产目标，企业可以逐步建立起积极向上的安全文化氛围，推动全员参与安全管理，形成持续改进的良性循环。这样的安全文化将有助于企业安全生产工作的长期稳定发展。

第二节 安全生产责任制

一、安全生产责任人的确定

在企业建立安全生产责任制时，首要任务是明确安全生产的主要负责人和各级管理人员的安全生产责任，并明确其职责和权限。这个过程是安全生产责任制的核心内容，也是企业安全生产管理的基础。

安全生产主要负责人通常是企业最高领导人或者专门负责安全生产的管理人员。他们承担着最终决策和监督责任，需要全面负责企业的安全生产工作，并制定相关的安全管理制度和政策。这些制度和政策必须贯彻到每个岗位和工作环节，确保全员参与和落实安全生产措施。各级管理人员包括各部门主管、班组长等，他们在各自的工作范围内也承担着具体的安全生产责任。他们需要制定本部门或班组的安全生产计划，确保安全措施的有效实施和落实。他们还需要组织和实施安全培训，提高员工的安全意识和操作技能，确保他们能够正确使用安全防护设备，遵守安全操作规程。

为了做到安全生产责任的明确，还需要建立完善的责任追究机制。这包括对安全生产责任人在工作中存在的违法违规行为或管理不力等情况进行追责处理。责任追究应当依法依规进行，公正公开，以确保责任追究制度的严肃性和有效性。除了责任追究，还应建立合理的安全生产奖惩机制。这样的机制可以对履行安全生产责任突出的单位和个人给予表彰和奖励，激励他们在安全生产工作中做出更大的贡献。对于违法违规行为或安全事故责任人，应当进行惩处和处理，以起到警示和震慑的作用。

二、安全生产责任分工

根据企业的组织结构和业务特点，对安全生产工作进行责任分工是建立健全安全生产责任制的重要内容。责任分工应当明确各部门、各岗位的安全生产责任和任务，确保每个工作环节都有明确的安全管理责任人。

在责任分工方面，可以根据不同部门的工作内容和风险特点，确定各部门的安全生产责任人和具体责任任务。生产部门通常负责制定生产过程中的安全操作规程和措施，以确保生产过程的安全性和稳定性。质检部门则负责对产品进行安全检测和质量控制，保证产品质量符合安全标准。设备维护部门则负责设备的维护和检修，以确保设备运行的安全性和可靠性。各部门的安全生产责任人需要协同合作，共同维护企业的安全生产环境。在岗位责任分工方面，要求各岗位的员工具有相应的安全生产责任和任务。生产岗位的员工需要严格遵守安全操作规程，正确使用安全防护设备，保障生产过程的安全性和顺利进行。管理岗位的员工则需要负责监督和指导员工执行安全规定，及时报告和处理安全隐患，确保安全生产工作的顺利开展。安全生产责任分工还需要考虑到部门之间的协调配合。不同部门之间可能存在交叉作业或相互依赖的情况，需要通过有效的沟通和协调机制来保障安全生产工作的协同进行。还需要建立定期的安全生产会议或沟通机制，及时分享安全生产信息和经验，共同解决存在的安全问题。

三、责任追究制度

建立健全责任追究制度是安全生产责任制的重要组成部分。责任追究制度是对安全生产责任人在工作中存在的违法违规行为或管理不力等情况进行追责处理的机制，目的是激励安全生产责任人履行职责，加强对安全生产工作的监督和管理。

责任追究制度应当明确责任追究的程序和方式。需要明确责任认定的标准和流程，即如何确定责任人存在违法违规行为或管理不力的情况。这可能涉及到对相关证据和资料的收集、核实和评估，确保责任认定的客观性和公正性。责任追究制度需要明确追责的对象，即哪些情况会触发责任追究机制，以及对于不同责任追究对象的处理方式和标准。一般来说，责任追究对象包括安全生产主要负责人、各级管理人员以及相关工作人员等。

责任追究制度需要明确追责的主体，即谁来进行责任追究和处理。通常情况下，责任追究主体包括企业内部的安全生产管理部门、监督检查部门，以及相关的法律法规机构和行业协会等。不同情况下可能需要不同的追责主体来进行处理。责任追究制度需要明确追责的措施和方式。这包括对于违法违规行为或管理不力的责任人进行批评教育、警告处罚、行政处罚甚至法律追责等措施。对于严重违法违规行为或造成严重后果的情况，可能需要进行停职、调整岗位、解聘甚至刑事处罚等处理方式。

四、安全生产奖惩机制

建立合理的安全生产奖惩机制是安全生产责任制的重要内容。安全生产奖惩机制是对履行安全生产责任突出的单位和个人给予表彰和奖励，对于违法违规行为或安全事故责任人进行惩处和处理的制度。在安全生产奖惩机制方面，应当明确奖励和惩处的标准和程序，确保奖惩公正、公开和及时。对于履行安全生产责任突出的单位和个人，可以给予表彰奖励，如先进单位、先进个人等；对于违法违规行为或安全事故责任人，应当依法依规进行相应的处罚和处理。

对于履行安全生产责任突出的单位和个人，应当明确奖励的标准和程序。奖励可以包括先进单位、安全生产先进个人、安全生产优秀团队等，可以通过评比、评选、表彰大会等形式进行公示和颁发奖励，激励他们继续履行安全生产责任，推动安全生产工作向前发展。对于违法违规行为或安全事故责任人，应当依法依规进行相应的处罚和处理。这包括违法违规行为的处理程序和处罚标准，以及对于造成安全事故或安全责任人的处理方式。根据相关法律法规和企业内部规章制度，对于不同情况下的违法违规行为或安全责任人，可以采取批评教育、警告处罚、行政处罚、法律追责等措施，确保责任的追究和惩处。安全生产奖惩机制需要公正、公开和及时。奖惩机制应当公正合理，不偏袒不公；公开透明，对于奖励和处罚的依据、程序和结果应当公开公示；及时有效，对于履行安全生产责任突出的单位和个人及时给予奖励，对于违法违规行为或安全事故责任人及时进行处罚和处理，以起到警示和激励的作用。

五、安全生产责任制的监督和评估

建立健全安全生产责任制的监督和评估机制是保证安全生产责任制有效实施的关键。通过对安全生产责任制的监督和评估，可以及时发现问题和不足之处，进一步完善和提升安全生产责任制的质量和效果。

监督和评估机制需要具备明确的监督主体和评估标准。监督主体可以包括企业内部的安全生产管理机构、外部的监管部门以及第三方专业机构。这些监督主体需要根据相关法律法规和企业内部规章制度，确定监督的职责和权限，确保监督工作的及时性和有效性。评估标准可以包括安全生产责任人履行责任的情况、安全生产管理制度的落实情况、安全生产工作的效果等，通过量化和定性指标对安全生产责任制进行全面评估。监督和评估机制需要建立完善的监督和评估程序。监督程序包括对安全生产责任人履行责任的实际情况进行监督检查、抽查核实等工作；评估程序包括对安全生产责任制进行定期或不定期的评估和考核，通过考核结果对安全生产责任制进行反馈和改进。监督和评估程序需要规范和严格执行，确保监督和评估工作的公正性和客观性。

监督和评估机制需要注重信息公开和沟通交流。安全生产责任制的监督和评估结果应当及时公开，对于发现的问题和不足应当及时通报相关部门和责任人，促使他们及时改进和整改。监督和评估工作需要与安全生产责任人和相关部门进行有效的沟通交流，共同探讨解决问题的方案和措施，形成监督和被监督的良性互动关系。监督和评估机制需要不断完善和提升。随着安全生产管理的不断发展和变化，监督和评估机制也需要不断调整和完善，适应新形势下的安全生产管理需要。通过持续改进监督和评估机制，可以更好地发挥监督和评估的作用，确保安全生产责任制的有效实施和安全生产工作的持续改进和提升。

第三节 安全生产依法合规

一、了解并遵守相关法律法规

企业在加强对安全生产法律法规的学习和宣传方面，应当以全面深入的方式进行，确保全体从业人员了解并遵守相关法律法规，防止违法违规行为的发生。企业需要重视法律法规学习的重要性，将其作为企业安全生产管理的基础工作，通过多种途径和方式进行宣传教育，提升全体员工的法律法规意识和遵守法律法规的能力。

安全生产法律法规是企业安全生产管理的重要依据，企业应当对《中华人民共和国安全生产法》《安全生产责任制实施办法》等相关法律法规进行深入了解。这包括对法律法规的核心内容、规定的主要责任和义务、相关程序和要求等方面进行详细解读和学习。企业可以组织安全生产法规宣传教育活动，邀请相关法律法规专家或机构进行讲解，向员工普及安全生产法律法规知识，增强他们的法律法规意识和遵守法律法规的能力。除了组织专题宣讲和培训活动外，企业还可以开展法律法规培训课程，通过线上线下的形式向员工传授安全生产法律法规知识。培训内容可以包括安全生产法律法规的基本概念、法律责任的界定、安全生产管理制度的建立和执行等方面内容，帮助员工全面理解和掌握法律法规要求，提高他们在实际工作中的法律法规遵守能力。

二、规范生产经营活动

企业应当建立健全生产经营规章制度，明确各项操作规程和工作流程，规范生产经营行为，保障安全生产。这包括制定安全生产管理制度、生产操作规程、应急预案等文件，确保各项工作按照规章制度进行，防止操作不规范、违规操作等行为发生。加强对生产设备、工艺流程等方面的管理，保障生产经营活动的安全可靠。安全生产是企业经营管理的重要内容，建立健全生产经营规章制度是确保安全生产的基础。企业应当制定相关文件，包括安全生产管理制度、生产操作规程、应急预案等，明确各项操作规程和工作流程，规范生产经营行为，保障安全生产。

企业应当制定安全生产管理制度，明确安全生产的组织架构、职责分工、管理制度等内容。这包括确定安全生产负责人和各级管理人员的责任，明确安全生产工作的目标和要求，建立健全安全管理体系，确保各项安全管理工作有序开展。企业应当制定生产操作规程，规范生产经营行为。生产操作规程应当包括生产工艺流程、操作规范、安全操作要求等内容，确保员工在生产过程中按照规定操作，防止操作不规范、违规操作等行为发生，提高生产效率和产品质量。企业还应当制定应急预案，做好安全生产应急准备工作。应急预案应当包括突发事件的应急处理流程、应急救援措施、责任分工等内容，确保在发生突发事件时能够及时有效地处置，最大限度地减少损失。除了制定文件，企业还应当加强对生产设备、工艺流程等方面的管理，保障生产经营活动的安全可靠。这包括定期对生产设备进行检查维护，确保设备正常运行；对工艺流程进行评估优化，提高生产效率和产品质量。

三、参与安全生产标准化建设

企业应当积极参与安全生产标准化建设，推动企业安全管理工作与国家标准接轨，提高安全生产管理水平。这包括参与编制和修订相关安全生产标准、规范和制定企业内部的安全管理标准和规范，确保安全生产管理工作符合国家标准和行业标准要求。通过标准化建设，提升企业安全生产管理的科学性、规范性和有效性，进一步降低安全生产风险。

安全生产标准化建设是企业安全管理的重要内容，通过参与标准化建设，企业能够不断提高安全生产管理水平，确保生产经营活动的安全可靠进行。企业应当积极参与相关安全生产标准和规范的编制和修订工作。这包括参与国家标准委员会、行业标准化组织等机构的工作，积极参与相关标准的研究和制定过程，提出符合企业实际情况和需求的建议和意见。通过参与标准的编制和修订，企业可以更好地了解最新的安全生产标准和规范要求，为企业的安全管理工作提供参考和依据。企业应当规范和制定企业内部的安全管理标准和规范。在参与国家标准和行业标准的基础上，企业可以结合自身的实际情况和特点，制定符合企业实际需要的安全管理标准和规范。这包括制定安全生产管理制度、应急预案、操作规程等文件，明确各项安全管理工作的责任和要求，确保安全生产管理工作有序进行。

企业还应当加强对标准化建设的宣传和培训工作。通过开展安全生产标准化宣传教育活动，向全体员工普及安全生产标准和规范要求，提高员工的安全意识和遵守标准的能力。开展相关培训课程，培养员工的标准化意识和技能，确保安全生产管理工作的有效实施。企业应当定期评估和监督安全生产标准化建设的实施情况。通过建立健全的评估和监督机制，对安全生产标准化建设的实施情况进行定期评估和检查，发现和解决存在的问题和不足，及时调整和完善安全管理标准和规范，确保安全生产管理工作符合国家标准和行业标准要求，提高安全生产管理水平。

四、定期进行合规检查和评估

企业应当定期组织安全生产合规检查和评估，发现和整改安全生产管理中存在的问题和不足，保证生产经营活动的合法合规。这包括制定检查评估计划、组织检查评估人员、开展现场检查和资料审核等工作，全面评估企业安全生产工作的合规性和有效性。对于发现的问题和不足，要及时整改并建立整改台账，确保安全生产管理工作不断完善和提升。

安全生产合规检查和评估是企业保障安全生产的重要环节，通过定期组织检查评估工作，能够及时发现并解决安全生产管理中存在的问题和不足，确保生产经营活动的合法合规进行。企业应当制定合理的检查评估计划。在制定计划时，要考虑到企业的实际情况和特点，合理安排检查评估的时间、内容和范围。可以根据不同部门、岗位和工作环节的特点，制定不同的检查评估计划，确保全面覆盖企业的安全生产管理工作。企业需要组织专业的检查评估人员。检查评估人员应具备相关的安全生产知识和技能，能够独立、客观、公正地进行检查评估工作。可以通过内部培训或外部专业机构培训，提升检查评估人员的专业水平和能力。

企业要开展现场检查和资料审核工作。现场检查是指对生产经营现场进行实地查看和检查，发现存在的安全隐患和问题；资料审核则是对相关的安全生产文件、记录等进行审查和评估。通过现场检查和资料审核，能够全面了解企业安全生产管理工作的实际情况和运行状况。企业需要全面评估安全生产工作的合规性和有效性。评估应包括对安全生产管理制度、操作规程、应急预案等方面的评估，确保其符合国家相关法律法规和标准要求。还应对安全生产培训、安全设备设施、安全生产记录和报表等进行评估，全面了解安全生产工作的执行情况和效果。对于发现的问题和不足，企业应当及时进行整改并建立整改台账。整改工作应当有针对性、有效性，确保问题得到彻底解决；要建立整改台账，记录整改过程和结果，做到问题整改的及时跟踪和落实，确保安全生产管理工作不断完善和提升。

五、加强安全生产宣传教育工作

企业应当加强安全生产宣传教育工作，提升全体从业人员的安全意识和法制观念，增强他们对安全生产法律法规和标准化要求的理解和认知。通过开展安全生产宣传教育活动、组织安全生产知识竞赛、制作宣传资料等方式，增强全员参与安全生产管理的积极性和责任感，形成良好的安全生产氛围和文化。安全生产宣传教育工作是企业保障安全生产的重要举措，通过有效的宣传教育活动，能够提升全体从业人员的安全意识和法制观念，使他们更加自觉地遵守安全生产法律法规和标准化要求，减少安全生产事故的发生。

企业应当制定全面的安全生产宣传教育计划。在制定计划时，要考虑到企业的实际情况和特点，合理安排宣传教育活动的时间、内容和形式。可以结合企业的节假日、安全生产月等重要时刻，开展相关宣传教育活动，提高活动的宣传效果和影响力。企业可以开展各类安全生产宣传教育活动。比如，举办安全生产知识讲座、安全生产法规培训课程等，向全体从业人员普及安全生产知识和法律法规要求；组织安全生产知识竞赛、演讲比赛等，激发员工学习安全生产的积极性和兴趣；开展安全生产宣传展览、展示安全生产成果和典型案例，增强员工对安全生产的认知和理解。企业可以制作各种宣传资料和工具。包括制作安全生产宣传册、海报、标语等，张贴在工作场所显著位置，提醒员工注意安全；制作安全生产宣传视频、动画等，通过多媒体形式传播安全生产知识和技能；建立安全生产宣传栏目或网站，定期发布安全生产信息和通知。

第四节 安全生产制度管理

一、制定完善安全生产制度

　　企业在制定安全生产制度时，需要综合考虑国家法律法规和企业实际情况，以确保制度能够符合要求、切实可行，并有效指导从业人员进行安全生产管理和操作。安全生产制度包括了对安全操作的具体要求、事故应急处理程序、安全培训计划等多个方面，这些方面的内容需要在制度中得到详细规定和说明，以确保从业人员能够清楚理解并遵守规章制度。

　　安全生产制度应当明确安全操作的具体要求。这包括对各种生产设备、工具的操作规程，安全操作的注意事项，以及禁止的危险行为等。通过详细的操作要求，可以帮助从业人员正确理解和执行安全操作规程，减少因操作不当而引发的事故风险。制度需要规定事故应急处理程序。事故是不可避免的，但通过事先制定的应急处理程序，可以有效减少事故的损失和影响。应急处理程序应当包括事故发生后的报告流程、应急处理步骤、救援措施和责任分工等内容，确保在事故发生时能够迅速、有效地进行应对和处理。安全培训计划也是安全生产制度中的重要组成部分。通过安全培训，可以提高从业人员的安全意识和操作技能，使他们能够正确理解和执行安全操作规程。安全培训计划应当包括培训内容、培训方式、培训周期和培训对象等方面的规定，确保培训工作的全面性和有效性。

二、实施安全生产制度

将制定的安全生产制度贯彻到日常生产经营活动中是非常关键和必要的，这需要企业采取一系列措施，以确保各项制度得到有效执行。其中，培训教育和宣传引导是非常有效的方式。通过定期组织安全培训课程，向员工传达安全操作要求和应急处理流程，可以提升员工的安全意识和操作技能，从而有效促进安全生产制度的贯彻和执行。

安全培训课程应当包括对安全生产制度的全面解读和说明。培训内容可以涵盖企业的各项安全制度和规章，如安全操作规程、事故应急处理程序、安全生产责任制等。通过详细讲解和案例分析，让员工全面了解各项制度的内容和要求，提高他们对安全生产制度的认知和理解度。安全培训课程还应包括实际操作培训和模拟演练。通过实际操作培训，员工可以学习正确的安全操作技能，掌握应对突发事故的应急处理方法，提高工作时的安全意识和操作技能。通过模拟演练可以检验员工在实际工作中应对安全问题的能力，发现问题并及时纠正。

除了培训课程，企业还可以通过宣传引导的方式加强安全生产制度的贯彻。通过制作安全宣传资料、张贴宣传海报、开展安全知识竞赛等活动，可以增强员工对安全生产的重视程度，激发他们参与安全管理的积极性，形成全员关注安全、共同维护安全的良好氛围。建立健全的安全管理机制也是确保安全生产制度贯彻执行的重要保障。企业可以设立专门的安全管理部门或委派专人负责安全管理工作，加强对各项安全制度的监督和检查，及时发现问题并进行整改和改进。

三、监督和评估制度执行情况

建立健全的制度执行监督和评估机制对于企业确保安全生产制度有效实施和执行至关重要。这一机制不仅可以及时发现制度执行中存在的问题和不足，还可以促使企业及时采取措施加以整改和改进，从而提高安全生产管理水平和保障员工的安全。监督和评估机制需要确立明确的责任主体和程序。企业可以设立专门的安全生产监督部门或者委派专人负责制度执行的监督和评估工作。这些责任主体应当具备丰富的安全管理经验和专业知识，能够全面负责对各项安全生产制度的执行情况进行检查和评估。

监督和评估机制需要建立完善的检查和评估程序。这包括制定检查计划、确定检查内容和对象、组织检查人员等方面。检查内容可以涵盖制度执行的全面性、规范性、有效性等方面，既要关注制度的表面执行情况，也要深入了解实际执行效果和存在的问题。监督和评估机制需要结合实际情况制定合理的评估标准和方法。企业可以采用定量化和定性化相结合的方式进行评估，通过数据分析和现场检查相结合的方式全面评估制度的执行情况。评估标准可以根据制度内容和实际执行情况制定，既要符合国家法律法规的要求，也要考虑到企业的特殊情况和实际需求。

在实际操作中，企业可以定期组织制度执行的检查和评估工作，例如每月、每季度或每年进行一次全面的制度执行评估。评估结果应当详细记录并形成评估报告，包括制度执行情况的分析、存在的问题和建议的整改措施等内容。评估报告应当及时上报给企业管理层，并及时跟进整改工作，确保制度执行的有效性和实效性。监督和评估机制需要持续改进和完善。企业应当根据评估结果和实际需求，及时调整和完善监督和评估机制，不断提高监督和评估工作的科学性和有效性，确保安全生产制度的持续健康发展和实施执行。

四、不断完善和更新制度

随着安全生产管理工作的不断发展和法律法规的变化，企业在安全生产制度方面需要保持持续的完善和更新。这一过程是为了确保企业的安全管理水平与时俱进，符合最新的管理标准和要求，同时能够应对安全管理工作的不断变化和挑战。

企业需要定期对现有的安全生产制度进行评估和分析。这包括对制度执行情况、实际效果、存在的问题和改进建议等方面进行全面的审查和评估。通过评估，可以发现制度中存在的不足和需要改进的地方，为制度的完善和更新提供有力的依据和指导。企业应当密切关注法律法规的变化和更新。随着时代的变化，安全管理相关的法律法规也在不断更新和完善，企业需要及时了解最新的法规要求和标准，确保制度符合法律的要求和规定。这需要企业建立健全的法律法规监测机制，定期跟踪法规的变化和发展趋势。在更新安全生产制度时，企业应当根据实际需要和法律要求，采取适当的措施和方法。这包括修订现有的制度文件、制定新的操作规程和流程、组织培训和宣传等方式。制度的更新应当注重与实际工作相结合，避免空泛和虚浮，确保制度的实施效果和实效性。

企业在更新安全生产制度时，还应当考虑到制度的适应性和灵活性。安全管理工作是一个动态的过程，需要不断适应环境变化和工作需求。因此，更新的制度应当具有一定的灵活性，能够随时根据工作的实际情况和要求进行调整和修改，保持制度的有效性和实效性。企业在更新安全生产制度时，还应当注重员工参与和反馈。员工是制度执行的主体，他们对制度的理解和认可程度直接影响制度的执行效果和实效性。因此，在制度更新过程中，企业应当积极听取员工的意见和建议，充分调动员工的积极性和责任感，共同推动安全生产管理工作的持续改进和提升。

五、强化制度执行的宣传和教育

企业在制定、实施、监督和评估安全生产制度的还应当加强对制度执行的宣传和教育工作。这项工作至关重要，因为只有全体从业人员都理解、认可并严格执行相关制度，才能有效提升安全生产管理水平，降低安全生产风险，确保员工的安全和健康，保障企业的稳定发展。企业应当通过多种形式和渠道向全体员工传达安全生产制度的重要性和必要性。这包括举办安全生产宣传教育活动，开展安全生产知识竞赛，制作安全生产宣传资料等。通过这些活动，可以向员工普及安全生产的理念和原则，增强他们对安全生产工作的认识和重视程度。

企业应当针对不同岗位和职责的员工，开展针对性的安全生产培训。例如，针对生产操作岗位的员工，可以开展安全操作规程和技能培训；针对管理岗位的员工，可以开展安全管理知识和责任意识培训。通过培训，可以提升员工的安全意识和操作技能，使其能够更加熟练地执行相关安全生产制度。企业还可以利用内部通讯平台和社交媒体等渠道，加强对制度执行的宣传和推广。通过发布安全生产管理的成功案例、经验分享和警示教训等内容，引导员工正确理解和执行相关制度，提升他们的安全意识和法制观念。企业还应当建立健全奖惩机制，激励员工积极参与安全生产管理工作。对于履行安全生产责任突出的单位和个人，可以给予表彰和奖励；对于违法违规行为或安全事故责任人，应当依法依规进行惩处和处理。通过奖惩机制，可以促使员工更加自觉地执行相关制度，形成良好的安全生产管理氛围和文化。

第五节 安全监督机构设置
及人员配置

一、设置安全监督机构

企业在安全生产管理中，合理设置安全监督机构是非常重要的一项工作。安全监督机构的设置应当根据企业的规模和安全生产管理的需要来进行，这样可以确保安全监督工作的有效开展，提高安全管理的水平和效果。安全监督机构可以由不同的部门或委员会组成，其职责和权限需要明确界定，以便负责监督和管理企业的安全生产工作，包括制定安全生产监督计划、开展安全生产检查和评估等工作。

企业可以设立安全生产管理部门来负责安全监督工作。该部门可以由专门的安全生产管理人员组成，他们应当具备相关的安全生产专业知识和技能，能够独立开展安全监督和检查工作。安全生产管理部门的职责包括制定企业的安全生产管理制度和操作规程、组织开展安全培训和教育、开展安全生产检查和评估等工作。企业还可以成立安全生产委员会来进行安全监督工作。安全生产委员会是由企业内部的专家、管理人员和员工代表组成的委员会，其职责是协助企业领导对安全生产工作进行监督和管理。安全生产委员会应当定期召开会议，讨论安全生产工作中存在的问题和不足，并提出改进措施和建议。企业还可以设立专门的安全监督部门来负责安全监督工作。这个部门可以由专门的安全监督人员组成，他们应当具备丰富的安全生产监督经验和技能，能够及时发现和处理安全隐患。安全监督部门的职责包括制定安全生产监督计划、开展安全生产检查和评估、监督安全生产管理制度的执行情况等工作。

二、配备专业的安全监督人员

企业在安全生产管理中，配备专业的安全监督人员是确保安全生产工作顺利进行的关键。这些安全监督人员需要具备一系列相关的安全生产专业知识和技能，能够独立开展安全监督和检查工作。他们的责任不仅是了解国家安全生产法律法规和企业的安全生产制度，还包括及时发现和处理安全隐患，确保安全生产工作的有序进行。

安全监督人员需要具备扎实的安全生产专业知识和技能。这包括对安全生产法律法规的深入了解和掌握，例如《中华人民共和国安全生产法》《安全生产责任制实施办法》等相关法规的内容和要求。他们还需要了解企业内部的安全生产制度和操作规程，明确各项安全操作的具体要求和流程。安全监督人员需要具备良好的沟通和协调能力。他们需要与企业内部的各个部门进行有效沟通和协作，确保安全生产工作得到全面的推进和执行。他们还需要与外部相关部门和机构进行合作，共同推动安全生产工作的开展。安全监督人员需要具备敏锐的观察力和分析能力。他们需要能够及时发现安全隐患和问题，并能够对问题进行准确的分析和评估，提出有效的整改措施和建议。通过不断地监督和检查工作，确保安全生产工作的有效执行和改进。安全监督人员还需要具备应急处理和危机应对的能力。他们需要能够在突发情况下迅速做出反应，组织协调应急救援和处理工作，最大限度地减少事故损失和影响。

三、加强安全监督培训

企业为了提高安全监督人员的监督管理水平和能力，需要加强对他们的定期培训和学习。这种培训应该涵盖多个方面的知识和技能，包括安全生产法律法规、安全生产管理制度、安全生产检查和评估方法等。通过这些培训，可以提高安全监督人员的专业素养和工作效率，从而确保安全监督工作的质量和效果。安全监督人员需要了解和掌握国家的安全生产法律法规。这包括《中华人民共和国安全生产法》《安全生产责任制实施办法》等相关法规的内容和要求。通过系统的培训，他们可以深入了解法规的条款和要求，掌握法规的适用范围和执行标准，从而更好地指导企业的安全生产工作，避免违法违规行为的发生。

安全监督人员需要熟悉和掌握企业的安全生产管理制度。这包括各项操作规程、应急预案、安全培训计划等文件和制度。通过培训，他们可以了解这些制度的具体要求和执行流程，熟悉各项工作的责任分工和操作规范，从而确保制度的有效执行和贯彻落实。安全监督人员还需要掌握安全生产检查和评估的方法和技巧。这包括现场检查的流程和注意事项、问题排查和整改的方法、评估指标和评估标准等内容。通过培训，他们可以提高检查和评估工作的准确性和及时性，及时发现和处理安全隐患，确保生产经营活动的合法合规和安全可靠。培训还应包括安全监督人员需要具备的沟通协调能力、应急处理能力和团队合作精神等方面的内容。这些技能对于他们在安全监督工作中的表现和效果具有重要影响，通过培训可以提升他们的综合素质和工作能力。

四、健全安全监督机制

企业应当建立健全安全监督机制，加强对生产经营活动中存在的安全隐患和违法违规行为的监督和检查。安全监督机制应当包括监督计划的制定、监督手段的选择、监督结果的反馈和整改等环节，确保安全监督工作的有序开展和安全问题的及时解决。企业需要制定监督计划。监督计划应当根据企业的实际情况和安全管理需要，确定监督的范围、对象、频次和重点内容等。监督计划的制定应当科学合理，既要全面覆盖生产经营活动的各个环节，又要突出重点和难点，确保监督工作的全面性和针对性。

企业需要选择合适的监督手段。监督手段可以包括现场检查、资料审核、设备监测、员工访谈等多种形式和方法。根据监督计划确定的监督对象和内容，选择相应的监督手段，确保监督工作的有效性和全面性。监督工作的核心是监督结果的反馈和整改。监督人员需要及时将监督发现的问题和不足反馈给相关部门和责任人，督促他们采取有效措施进行整改。整改工作应当及时跟进和落实，确保安全隐患得到及时解决，防止安全事故的发生。企业还应当建立健全监督结果的记录和报告制度。对于每一次监督活动，应当及时记录监督过程、发现问题、整改措施和效果等信息，形成监督报告并归档保存。监督报告可以作为安全监督工作的依据，为今后的监督活动提供参考和借鉴。企业还应当加强对监督工作的评估和总结。定期对监督工作的执行情况进行评估，分析监督效果和存在的问题，及时调整和改进监督计划和手段，提高监督工作的质量和效率。对监督工作的经验和教训进行总结，形成监督工作的规范和标准，为今后的安全监督工作提供指导和支持。

第六节 班组安全建设

一、班组安全管理制度建设

班组作为安全生产管理的基本单位，在企业安全管理体系中起着至关重要的作用。为确保生产活动的安全可靠，班组需要建立健全的安全管理制度和工作程序，以保障安全生产工作的规范性和有效性。班组应明确各项安全工作的责任和任务分工。这包括确定各个岗位在安全管理中的具体责任和任务，明确安全工作的责任人，并建立相应的安全管理机制。例如，生产岗位要负责设备的安全操作和维护，安全岗位要负责隐患排查和安全培训等，确保各项安全工作得到有序开展。

班组需要制定安全操作规程和紧急应对预案。安全操作规程是指针对各项生产活动制定的操作流程和安全措施，明确工作流程、操作步骤和安全注意事项，防止因操作不当导致的安全事故。紧急应对预案则是针对突发安全事件和事故情况制定的应急处理措施和应对程序，包括人员疏散、急救措施、事故报告和调查等，确保在突发情况下能够及时有效地应对。班组还应建立安全生产档案和记录系统。安全生产档案记录了班组的安全管理制度、安全操作规程、安全检查记录、安全培训情况等相关信息，用于备查和资料归档。安全事件和事故记录则是针对发生的安全事件和事故进行及时报告和记录，分析事故原因并制定整改措施，防止类似事故再次发生，确保安全生产工作的连续性和有效性。班组要做好安全事件和事故的及时报告和处理工作。一旦发生安全事件或事故，班组应立即报告上级主管部门和安全管理部门，进行事故调查和处理，采取必要的措施进行整改和改进，避免安全事故造成的人员伤亡和财产损失，保障生产活动的正常进行。

二、安全生产培训教育

班组成员的安全培训教育是企业安全生产管理中至关重要的一环。通过系统的培训教育，班组成员可以更好地了解安全操作规程、应急处理流程以及安全防护设备的使用方法，从而提高他们的安全意识和应对能力，确保工作过程中的安全性和可靠性。

安全操作规程是班组成员必须了解和遵守的重要内容。安全操作规程包括了对各项生产活动的操作流程、安全措施、工作注意事项等的规定，是确保生产过程安全的重要指导文件。在安全培训教育中，需要向班组成员介绍并详细解释各项操作规程的内容，让他们理解并严格遵守，从而降低操作风险、减少事故发生的可能性。应急处理流程是班组成员在突发情况下必须掌握的应对措施。应急处理流程包括了对突发事故或紧急情况的应对步骤、应急设备和工具的使用方法、人员疏散和救援等内容。在安全培训教育中，需要对应急处理流程进行详细讲解，模拟演练突发情况的处理过程，让班组成员熟悉应急程序，提高应对紧急情况的能力和效率。

安全防护设备的使用方法也是安全培训教育的重要内容。各种安全防护设备如安全帽、防护眼镜、防护手套等在工作中起到重要的保护作用，但必须正确使用才能发挥效果。因此，需要向班组成员介绍各类安全防护设备的种类、使用方法、保养注意事项等，并进行现场演示和实际操作指导，确保班组成员能够正确佩戴和使用安全防护设备。在进行安全培训教育时，可以采用多种形式和方式，例如课堂培训、现场指导、安全知识竞赛等。课堂培训可以系统地介绍安全知识和操作规程，让班组成员全面了解安全工作的重要性和必要性；现场指导可以直接针对具体工作环境进行安全培训，增强实践操作能力；安全知识竞赛可以激发班组成员的学习积极性和主动性，加深对安全知识的记忆和理解。

三、班组安全检查和整改

班组作为企业安全生产管理的基本单位，负有定期组织安全检查和隐患排查的重要责任。安全检查和隐患排查工作是预防事故、保障生产安全的关键环节，需要全面、细致地对生产设备、作业环境和人员行为等方面进行检查和评估，及时发现并整改安全隐患，确保生产过程中的安全稳定。

安全检查要针对生产设备的安全状态展开。班组应当定期检查生产设备的运行情况、维护保养情况、安全防护装置的完好性等方面。检查人员需要对设备的工作原理和安全操作规程有充分的了解，检查过程中应当重点关注设备的电气安全、机械结构安全、化学品储存安全等方面，确保设备在正常运行中不会出现安全隐患。通风条件、消防设施等方面。检查人员需要关注作业环境是否符合安全要求，是否存在防火防爆隐患，是否有足够的疏散通道和应急出口等问题。对于发现的安全隐患，班组应当及时采取整改措施，确保作业环境的安全性和舒适性。安全检查还需要对人员行为规范进行检查。这包括了员工的安全操作行为、个人防护措施的使用情况、应急处置能力等方面。检查人员需要观察员工的操作流程是否规范、是否遵守安全操作规程，是否正确佩戴和使用个人防护设备，以及是否能够熟练应对突发情况。对于发现的不规范行为或安全隐患，需要及时进行纠正和培训，提高员工的安全意识和应对能力。

四、班组安全文化建设

企业在倡导和营造班组安全文化氛围方面，需要采取一系列积极的措施，包括开展安全文化宣传教育活动、组织安全主题会议和讲座、推广安全文化知识和理念等，同时结合激励机制和安全奖惩制度，鼓励班组成员共同关注安全、共同维护安全，形成班组安全共建共享的良好氛围，促进安全生产工作的全面推进和持续发展。

企业可以通过开展安全文化宣传教育活动来提升班组成员的安全意识和文化素养。这包括组织安全知识讲座、安全文化宣传展览、安全文化主题演讲等活动，以形象生动的方式向班组成员传达安全知识和理念，引导他们树立正确的安全观念，增强安全意识和自我保护意识。组织安全主题会议和讲座是加强班组安全文化建设的有效途径。这些会议和讲座可以围绕安全生产管理、安全操作规程、应急处置流程等方面展开，邀请安全专家或相关领域的专业人士进行讲解和交流，提升班组成员对安全工作的理解和认识，促进他们积极参与安全管理工作。推广安全文化知识和理念也是重要的一环。可以通过发放安全文化宣传资料、制作安全文化宣传视频、设置安全文化展示板等方式，向班组成员传达安全文化的核心价值和要求，引导他们在日常工作中养成良好的安全行为习惯和规范。激励机制和安全奖惩制度是推动班组安全文化建设的重要手段。通过设立安全表扬奖励制度，对安全工作表现突出的班组成员进行表彰和奖励，激发他们的积极性和责任感；对于存在安全违规行为或不良安全记录的班组成员，也应当进行相应的惩罚和处理，形成安全奖惩的有效机制，进一步强化安全文化建设的效果。

五、班组安全责任落实

班组安全建设不仅需要明确责任到位，还需要确保各个岗位的安全生产责任和任务得到有效执行。班组的领导和成员必须履行安全管理责任，加强对生产作业过程中的安全监督和管理，以确保各项安全措施的有效执行。还要建立健全安全事故应急预案，提高应急处理能力，做到安全预防和应对并重，最大限度地减少安全风险和事故发生的可能性。

班组领导和成员需要明确各个岗位的安全生产责任和任务。这包括制定安全工作责任清单，明确各个岗位的安全责任和任务分工，确保每个人都清楚自己的安全管理职责，做到责任到位，任务落实。班组领导和成员要加强对生产作业过程中的安全监督和管理。这包括定期开展安全巡查和检查，及时发现和解决安全隐患和问题，确保生产作业过程中各项安全措施的有效实施。要加强对新员工的安全培训和指导，确保其掌握正确的安全操作方法和应急处理流程。班组还需要建立健全安全事故应急预案。这包括制定详细的安全事故应急预案，明确各个岗位的责任和任务，提前做好应急演练和培训，确保在发生突发安全事件时能够迅速、有效地应对，最大限度地减少安全事故造成的损失。班组安全建设要做到安全预防和应对并重。除了加强安全生产培训和教育，还要督促班组成员严格执行安全操作规程，正确使用安全防护设备，提高安全意识和自我保护意识。要加强对潜在安全隐患和风险的排查和管理，及时采取措施进行整改，确保安全生产工作的稳定进行。

第三章 电力安全工器具

第一节 个人防护用具

一、安全帽的选择和要求

安全帽作为电力安全生产中不可或缺的个人防护用具，其选择和使用的标准具有极其重要的意义。在电力作业中，作业人员的头部安全直接关系到其生命安全，因此对安全帽的要求和使用规范需要高度重视和严格执行。安全帽的选择必须符合国家标准，这是确保安全帽质量和性能的基础。国家标准通常包括安全帽的材质、耐冲击性能、防静电特性等要求，作业人员在选择安全帽时应确保所购买的安全帽符合相关的国家标准，并具备合格的质量认证。

安全帽应具备耐冲击的特性。在电力作业中，意外撞击或坠落是常见的工作风险，因此安全帽必须具备足够的耐冲击性能，能够有效减轻冲击力，保护作业人员的头部免受伤害。安全帽的材料和结构设计应考虑到这一点，确保其在遭受冲击时能够有效发挥保护作用。防静电也是安全帽必备的特性。在电力作业现场，静电可能会对作业人员产生不利影响，因此安全帽需要具备一定的防静电能力，减少静电的积聚和影响。这一特性的考量也是为了保障作业人员在电力作业过程中的安全和舒适性。针对不同的作业环境，安全帽的选择也会有所不同。例如，在有可能接触高温物体或化学品的作业环境中，安全帽需要具备耐高温或防腐蚀的特性，以确保作业人员在高温或化学品接触时头部安全受到有效保护。除了正确的选择，安全帽的正确佩戴和使用同样至关重要。作业人员在使用安全帽时，应确保帽带调整到合适位置，使安全帽紧固稳固，避免在作业中出现掉落或脱落的情况。定期检查安全帽的外观和完整性，发现损坏或过期的安全帽应立即更换，以确保作业人员头部安全得到有效保障。如图 3-1 所示。

图 3-1 电力安全帽

二、安全鞋的选择和功能要求

安全鞋作为电力安全生产中不可或缺的个人防护用具，其重要性不言而喻。安全鞋的选择和使用标准涉及到作业人员的脚部安全，关系到整体工作的顺利进行和事故风险的降低。安全鞋应具备防滑功能。在电力作业中，作业人员可能会遇到湿滑或油脂环境，如不具备防滑功能的鞋底容易造成滑倒，从而导致意外伤害。因此，安全鞋的鞋底设计应考虑到抗滑纹路，能够有效防止在湿滑或油脂环境中滑倒，提高作业人员的工作安全性。安全鞋应具备绝缘功能。在电力作业现场，触电是一种常见的安全隐患，而绝缘的安全鞋能够有效阻止电流通过，降低触电风险。因此，作业人员在进行电力作业时应选择符合绝缘要求的安全鞋，确保脚部得到有效的绝缘保护。

除了防滑和绝缘功能外，安全鞋的选择还需考虑作业环境的特点。例如，有可能接触尖锐物体的作业环境中，安全鞋需要具备耐磨和防刺穿的特性，以有效保护作业人员的脚部免受尖锐物体伤害。而对于可能接触有机溶剂的作业环境，则需要选择具备防化学品侵蚀的安全鞋，以确保作业人员的脚部安全受到有效保护。在使用安全鞋时，作业人员需要注意定期清洁和检查。定期清洁可以保持鞋子的干净整洁，提高穿着舒适度和使用寿命；而定期检查可以及时发现鞋子的磨损或损坏情况，确保鞋子的安全性和使用寿命。对于发现磨损或损坏的安全鞋，应立即更换，以避免安全隐患和事故的发生。

三、绝缘手套的选用和维护

绝缘手套在电力作业中扮演着至关重要的角色，是保障电力从业人员安全的必不可少的个人防护用具。其主要功能是防止电流通过手部，从而降低触电风险。在电力作业中，正确选用、使用和保养绝缘手套至关重要。

绝缘手套的选用应符合国家标准，并根据电压等级选用相应的绝缘等级手套。不同电压等级对应不同的绝缘等级，作业人员应根据实际作业情况和电压等级选择合适的绝缘手套，确保其防护效果。在使用绝缘手套之前，应对手套的外观进行检查，确保手套完好无损、无破损，以防止电流通过手套而导致触电事故的发生。在使用过程中，作业人员应注意避免尖锐物体刺穿手套，以免破坏手套的绝缘性能。定期进行绝缘测试也是非常重要的，可以有效检测手套的绝缘性能是否符合要求，及时发现并更换损坏或性能下降的手套，确保作业人员的安全。绝缘手套的储存也需要注意。应避免将绝缘手套暴露在阳光直射下或高温环境中，这可能会影响手套的绝缘性能。正确的储存方式能够保持手套的绝缘性能，并延长手套的使用寿命。

四、绝缘服的选择和使用要点

绝缘服在电力作业中扮演着至关重要的角色，是保障作业人员安全的必备防护装备。其主要功能是有效隔离电流，保护作业人员免受电击伤害。因此，在电力作业中，正确选择、使用和保养绝缘服至关重要。

绝缘服的选择应考虑到作业环境的特点和作业任务的要求。绝缘服应具备良好的绝缘性能，能够有效隔离电流，降低触电风险。还应具备舒适度，确保作业人员在穿戴绝缘服时能够保持良好的工作状态和活动性。根据实际作业需要选择合适的绝缘服，确保其能够满足作业要求。在使用绝缘服时，有几点需要特别注意。首先是要确保绝缘服完好无损，无破洞或破损，这可以通过定期检查来实现。损坏的绝缘服会影响其绝缘性能，增加作业人员的安全风险。其次是正确穿戴绝缘服，保证服装的封闭性和绝缘性能。作业人员应根据指导手册或培训要求正确穿戴绝缘服，避免任何部位暴露在电力作业环境中，确保绝缘服的防护效果。最后是定期检查和清洁绝缘服。定期检查可以及时发现并处理绝缘服的破损或老化问题，保证其绝缘性能符合要求；而清洁绝缘服则能够延长其使用寿命，并确保其绝缘性能不受污染影响。

五、个人防护用具的定期检查和更换

个人防护用具在电力作业中扮演着至关重要的角色，是保障作业人员安全的重要装备。然而，由于长时间的使用或不良环境条件可能导致个人防护用具的磨损、老化或损坏，从而影响其防护效果。因此，对个人防护用具进行定期检查和及时更换是确保安全的关键措施。

定期检查个人防护用具的外观和绝缘性能是非常必要的。对于安全帽来说，应当检查帽壳是否有明显的裂纹或变形，帽带是否能够调整并紧固稳固；对于安全鞋，应当检查鞋底的抗滑性能和鞋面的完整性；对于绝缘手套和绝缘服，应当检查是否有穿孔、磨损或老化现象。还需要进行绝缘性能测试，确保绝缘手套和绝缘服的绝缘性能符合要求。一旦发现个人防护用具存在问题，应当立即更换，确保作业人员的安全。根据使用频率和环境条件制定合理的更换周期也是非常重要的。使用频率较高的个人防护用具可能会更快地发生磨损或老化，因此需要更短的更换周期；而在恶劣的环境条件下使用的个人防护用具也需要更频繁地检查和更换。通过制定合理的更换周期，可以确保个人防护用具始终保持良好的防护效果，有效降低作业风险。

第二节 基本绝缘安全工器具

一、绝缘手套的作用和要求

绝缘手套在电力作业中扮演着至关重要的角色，它是保护电力从业人员免受电击伤害的基本绝缘安全工器具。绝缘手套的选择和使用需要符合一定的要求和标准，以确保其有效地防止电流传导，保护作业人员的人身安全。

绝缘手套应具备良好的绝缘性能，能够承受相应的电压。这意味着在选择绝缘手套时，需要根据作业环境和电压等级选用相应的绝缘等级手套，确保手套能够有效地阻止电流通过，降低触电风险。绝缘手套的外观应完好无损，无穿孔或破损。这是为了确保手套的绝缘性能和可靠性，避免因手套损坏而导致电流通过，增加触电风险。因此，在使用绝缘手套之前，需要进行外观检查，确保手套没有明显的破损或磨损。绝缘手套还需要定期进行绝缘性能测试，以验证其绝缘性能是否符合要求。这可以通过专业的测试设备进行，检测手套的绝缘电阻等指标，确保手套在使用过程中能够有效地防止电流传导。绝缘手套的正确使用也非常重要。在佩戴绝缘手套时，需要确保手套内部干燥清洁，避免因湿润导致绝缘性能下降。要保持手套与皮肤的良好接触，避免手套内有空隙或褶皱，影响其绝缘效果。要避免手套与尖锐物体或化学物质接触，以防损坏手套的绝缘层，降低其防护效果。

二、绝缘垫的作用和使用方法

绝缘垫在电力作业场所的铺设中扮演着至关重要的角色，它是防止人体与接地部件接触的基本绝缘安全工器具，旨在避免电流通过人体传导而导致触电事故的发生。在使用绝缘垫时，需要遵循一定的原则和要求，以确保其良好的绝缘性能和有效的安全防护效果。

选择合适的材质和厚度对于绝缘垫的绝缘性能至关重要。绝缘垫的材质应具备良好的绝缘特性，例如聚合物材料或橡胶材料等，能够有效隔离电流。绝缘垫的厚度也需要符合要求，通常应根据作业环境的电压等级和绝缘要求来选择合适的厚度，以保证其足够的绝缘性能。绝缘垫的铺设位置和方法也需要严格符合要求。在铺设绝缘垫时，应将其置于作业人员与接地部件之间，确保作业人员在操作过程中不会直接接触到有电的部件。绝缘垫的铺设应整齐平整，避免出现褶皱或折叠，以保证绝缘效果的稳定性和可靠性。绝缘垫的维护和保养也是确保其绝缘性能的重要环节。在日常使用过程中，应定期检查绝缘垫的外观是否完好，无损坏或破损的情况。如发现有问题的绝缘垫应及时更换，避免因损坏导致绝缘效果下降。要注意绝缘垫的清洁和保持干燥，避免湿润或有液体进入绝缘垫内部，影响其绝缘性能和安全性。

三、绝缘靴的选择和使用要点

绝缘靴在电力作业中扮演着重要的角色，它是保护作业人员免受电流传导而造成触电伤害的基本绝缘安全工器具。正确选择和使用绝缘靴对于确保电力作业的安全性至关重要。

绝缘靴应具备良好的绝缘性能和防滑性能。良好的绝缘性能可以有效阻止电流通过脚部传导，降低作业人员触电的风险。绝缘靴的防滑性能也十分重要，特别是在湿滑或油脂环境中工作时，防滑功能可以有效避免作业人员因滑倒而造成意外伤害。绝缘靴的外观和结构应保持完好无损。在选择绝缘靴时，应注意检查靴子的外观是否有裂纹、磨损或破损，特别是在靴子与底部连接处和关键部位要仔细检查。这样可以确保绝缘靴的绝缘性能和可靠性不受影响，有效保护作业人员的安全。作业人员在使用绝缘靴时也要注意保持靴子内部的清洁和干燥。湿润的靴子内部容易影响绝缘性能，甚至导致绝缘失效，增加了触电的风险。因此，在使用过程中要及时清洁绝缘靴内部，保持干燥状态，避免湿润环境对绝缘性能的影响。

四、保持基本绝缘安全工器具的完好状态

对于基本绝缘安全工器具的使用，确保其完好无损至关重要。这些工器具包括绝缘手套、绝缘垫、绝缘靴等，在电力作业中扮演着保护作业人员安全的重要角色。

绝缘手套是电力作业中必备的工器具，它的绝缘性能直接关系到作业人员的安全。使用绝缘手套时，应保证其外观完好无损，无任何破损或裂纹，特别是手部和手指部分。定期进行绝缘性能测试，确保手套能够承受相应的电压。一旦发现手套

存在问题或已经过期，应及时更换，避免因手套损坏导致触电事故发生。绝缘垫是用于在电力作业场所铺设的工器具，主要作用是防止人体与接地部件接触，减少电流传导。绝缘垫的使用要求与绝缘手套类似，需要保持完好无损，避免穿孔或破损。在使用过程中，要注意绝缘垫的铺设位置和方法，确保其有效隔离电流，保护作业人员的安全。绝缘靴也是保护作业人员免受电流传导的重要工器具。使用绝缘靴时，同样需要检查其外观是否完好，确保靴子没有磨损或破损的情况。保持靴子内部清洁干燥也是非常重要的，湿润的靴子会影响绝缘性能，增加触电风险。

第三节 辅助绝缘安全工器具

一、绝缘杆的使用

绝缘杆在电力作业中扮演着重要的角色。它是一种辅助绝缘安全工器具，旨在隔离电力设备，降低触电风险。绝缘杆的绝缘性能是其最基本的特征，其有效隔离电流的能力直接关系到作业人员的安全。因此，在选择绝缘杆时，首要考虑的是其绝缘性能。绝缘杆应符合国家标准和相关规定，具备良好的绝缘性能，能够承受相应的电压，确保在作业过程中电流不会通过绝缘杆传导到人体，从而降低触电风险。

除了绝缘性能外，绝缘杆的外观完好也至关重要。在使用绝缘杆之前，务必检查其外观是否有裂纹、破损或其他缺陷，这些问题都可能影响绝缘杆的绝缘性能。任何发现的损坏都应立即予以修理或更换，确保绝缘杆的完好性。绝缘杆的长度和型号选择也是需要注意的重点。不同的作业环境和任务可能需要不同长度和规格的绝缘杆。例如，在高处作业时可能需要较长的绝缘杆，而在狭窄空间中则需要较短的绝缘杆。因此，在选择绝缘杆时，需要根据实际作业需求进行合理的选择，确保绝缘杆能够安全可靠地使用。在使用绝缘杆时，要严格按照规程操作，确保正确使用。这包括正确插入绝缘杆、稳固连接以及正确的操作姿势。维护保养也是至关重要的一环。定期检查绝缘杆的绝缘性能和完好性，及时发现问题并进行维修或更换，保证其绝缘效果符合要求，从而保障作业人员的安全。

二、绝缘垫的铺设和使用

选择合适的绝缘垫材质和厚度至关重要。绝缘垫的绝缘性能直接影响其隔离电流的效果，因此应根据实际作业环境和条件选择合适的绝缘垫类型。常见的绝缘垫材质包括橡胶绝缘垫和塑料绝缘垫等，它们具有良好的绝缘性能，能够有效隔离电流，保护作业人员的安全。绝缘垫的厚度也需符合要求，过薄可能导致绝缘性能不足，过厚则会增加不必要的成本和工作负担，因此应根据实际需要选择合适的厚度。

在铺设绝缘垫时，要注意铺设位置和方法。绝缘垫应铺设在作业人员和接地部件之间，确保有效隔离电流，防止触电事故发生。铺设绝缘垫时要保证平整牢固，避免绝缘垫与尖锐物体或其他损坏物接触，影响其绝缘性能。还要确保绝缘垫的完整性，及时更换破损或老化的绝缘垫，以保证其绝缘效果符合要求。在使用过程中要定期检查绝缘垫的完好性和绝缘性能。定期检查可以发现绝缘垫是否存在破损、老化或其他问题，及时进行修理或更换，确保其绝缘效果达到要求。还应注意绝缘垫的清洁和保养，避免污物或油渍影响其绝缘性能。通过以上措施，可以有效保障绝缘垫的绝缘效果，确保作业人员在电力作业中的安全。

三、绝缘跳线的连接和使用

绝缘跳线作为连接电力设备的辅助绝缘安全工器具，在电力作业中具有重要的作用。选择符合要求的绝缘跳线至关重要。绝缘跳线的选择应考虑实际电压等级和作业环境等因素，确保其绝缘性能和安全性能符合要求。不同的电压等级需要使用相应的绝缘等级跳线，以保证其能够承受相应的电压，防止电流泄漏和触电事故的发生。还要注意绝缘跳线的质量和制造标准，选择可靠性高、质量合格的绝缘跳线。

在连接绝缘跳线时，要严格按照正确的连接方法和步骤操作。确保连接过程中跳线与设备接触牢固可靠，避免出现松动或断开的情况，以免影响电气连接效果和安全性。要保持跳线接头处干燥清洁，避免污染或氧化等因素影响连接效果，确保跳线的绝缘性能不受影响。在使用过程中要定期检查绝缘跳线的连接情况和绝缘性能。定期检查可以发现连接是否松动或异常，以及绝缘跳线是否存在破损或老化等问题，及时进行处理和更换，保证其安全可靠地使用。还应注意维护保养绝缘跳线，避免外部因素对其造成损坏或影响，确保作业人员在连接电力设备时的安全性和稳定性。

第四节 登高安全工器具

一、安全带的作用与要求

安全带在登高作业中扮演着至关重要的角色。其作用不仅是保护作业人员的生命安全，还能有效防止高空坠落事故的发生，具有不可替代的价值。安全带的功能和特点决定了其在登高作业中的重要性，下面将详细论述安全带的相关内容。安全带的首要作用是防止高空坠落事故。在电力作业中，往往需要作业人员在高处进行维护和修理工作，这就存在着一定的坠落风险。安全带通过有效固定和保护作业人员，确保其在高空作业中不会因意外摔落而受伤，从而保障了作业人员的生命安全。

为了达到有效固定和保护的目的，安全带应具备可调节和承重能力强的特点。可调节的设计能够根据不同作业人员的身材进行调整，确保安全带能够完全贴合作业人员的身体，提供最佳的固定效果。安全带应具备足够的承重能力，能够承受作业人员可能面对的各种重量，确保其稳固固定在高空作业的位置。选择合适的安全带至关重要，其应符合国家标准和规定，保证其质量和安全性能。在使用过程中，作业人员必须严格按照操作规程正确佩戴和使用安全带，严禁擅自解除或更改安全装备。只有确保安全带的正确使用，才能最大限度地发挥其防护作用，有效避免高空作业中的意外事故发生。

二、安全绳的作用与要求

安全绳在高空作业中扮演着非常重要的角色，它是为了提供额外的防护措施，减轻作业人员在意外情况下坠落所造成的伤害。安全绳具有足够的承重能力和耐磨性。承重能力是指安全绳能够承受的最大负荷，通常根据作业环境和需求选择承重能力合适的安全绳。耐磨性是指安全绳在长时间使用中不易磨损或损坏，保证其长期稳定地发挥作用。

安全绳需要能够稳固地连接作业人员和支撑结构。这意味着安全绳必须具备可靠的连接装置，能够紧密连接在作业人员的安全带或其他安全装备上，并且能够牢固地连接在支撑结构上，确保作业人员在高空作业中能够稳定地移动和工作。安全绳在紧急情况下需要迅速起到防护作用。这就要求安全绳必须具备快速解除和固定的能力，作业人员在遇到紧急情况时能够迅速脱离安全绳或者紧急固定在安全绳上，确保其安全。在使用安全绳时，必须确保其完好无损。定期检查安全绳的外观和连接部分是否有损坏或者磨损，及时更换或者修理受损的部分，避免在作业中出现意外事故。作业人员在使用安全绳时应严格按照操作规程进行操作，避免错误使用或者不当操作造成的安全隐患。

三、安全网的作用与要求

安全网在高空作业中扮演着非常重要的角色，它是为了提供额外的防护措施，防止作业人员从高处坠落，减轻坠落伤害。安全网应具备足够的承重能力和韧性，以确保其能够有效地防止作业人员坠落并减轻坠落伤害。承重能力是指安全网能够承受的最大负荷，通常根据作业环境和需求选择具有足够承重能力的安全网。韧性则是指安全网具有足够的弹性和耐用性，在作业中能够承受外部冲击或拉力，保持稳固性和有效性。

在进行高空作业时，必须将安全网正确铺设和固定，确保其能够覆盖作业区域并起到有效防护作用。这包括选择合适尺寸和形状的安全网，根据作业区域的实际情况进行正确的铺设和固定。安全网的铺设应覆盖整个作业区域，并保持紧密连接和牢固固定，避免在作业过程中发生移动或松动的情况，确保其有效性和安全性。在使用安全网时，作业人员需要严格按照操作规程进行操作，避免错误地使用或者不当的操作造成安全隐患。作业人员应经过专业培训，了解安全网的正确使用方法和注意事项，在作业过程中严格遵守相关规定，确保作业安全。

四、高空作业中的安全管理措施

高空作业的安全管理措施至关重要，除了正确使用登高安全工器具外，还需要配合严格的安全管理措施。这些措施包括进行高空作业前的安全培训和指导，定期检查和维护登高安全工器具，以及实行作业人员配备安全装备的制度。

进行高空作业前的安全培训和指导是非常重要的。通过培训，可以确保作业人员了解安全操作规程、紧急处置程序以及高空作业的相关安全知识。培训内容包括但不限于安全操作流程、安全装备的正确使用方法、事故应急处理等。只有确保作业人员具备足够的安全意识和应对能力，才能有效降低高空作业的安全风险。定期检查和维护登高安全工器具是保证作业安全的重要环节。安全工器具经常性的检查和维护可以发现潜在问题和隐患，及时进行修理或更换，确保其正常使用和良好状态。这包括安全带、安全绳、安全网等登高安全工器具的检查，以及对绝缘性能和结构完整性的测试。实行作业人员配备安全装备的制度也是必不可少的。作业人员应配备符合要求的安全装备，包括安全带、安全绳、安全靴等。严格执行安全规定，禁止违规操作和擅自更改安全装备，保证作业人员在高空作业中的安全。

五、高空作业的安全意识和应急处置

高空作业是一项高风险的工作，作业人员必须具备良好的安全意识和应急处置能力，才能有效保障作业安全。在高空作业中，作业人员需要时刻注意安全，严格按照操作规程进行作业，避免发生意外事故。他们还需要熟悉应急处置程序，掌握正确的救援方法和技巧，确保在紧急情况下能够迅速有效地采取措施保护自己和他人的安全。

作业人员在高空作业中必须具备高度的安全意识。这包括对作业环境的认知和分析能力，了解潜在的安全风险和可能发生的意外情况。他们需要意识到高空作业的危险性，严格遵守相关安全规定和操作规程，不轻视安全操作步骤，确保自己和他人的安全。作业人员需要熟悉应急处置程序。在高空作业中，可能会发生各种突发情况，如设备故障、人员伤害等。因此，作业人员需要事先了解应急处置程序，掌握正确的救援方法和技巧。他们需要知道如何快速报警求助、如何正确使用安全装备和救援工具，以及如何进行自救和互救，确保在紧急情况下能够有效应对，最大限度地减少事故造成的损失。作业人员还应接受相关的安全培训和技能训练。通过培训，他们可以学习到更多的安全知识和技能，提升安全意识和应急处置能力。培训内容包括但不限于安全操作流程、应急处置程序、安全装备使用方法等。只有经过系统的培训和训练，作业人员才能胜任高空作业的任务，确保作业安全。

第五节 电力安全检测仪

一、电压表

电压表是电力安全检测仪中的一种重要设备，在电力作业中扮演着至关重要的角色。其主要作用是检测电路中的电压水平，以确保电路正常运行，保障电力设备和作业环境的安全稳定。

电压表的主要功能是检测电力设备的电压输出情况。在电力作业中，包括配电箱、开关设备等各种电力设备都需要保持稳定的电压输出，以保证电路供电正常。电压表能够准确测量各种电路的电压水平，作业人员通过对电压表的读数分析，可以判断电路是否正常工作，及时发现电压异常或波动的情况。作业人员在使用电压表时需要严格按照操作规程连接和测试电路。这包括正确连接电压表的探头到被测电路的正负极，确保电路通路畅通，并选择适当的电压挡位进行测量。在测试过程中，作业人员需要注意观察电压表的读数变化，及时记录和比对数据，发现电压异常或波动时应立即采取措施排除故障，确保作业安全。作业人员在使用电压表时还需要注意保养和维护。定期对电压表进行检查和校准，确保其测量精度和可靠性。保持电压表的清洁和干燥，避免灰尘或水分进入影响测量准确性。对于有损坏或故障的电压表，应及时送修或更换，避免因设备问题导致作业安全隐患。

二、绝缘电阻测试仪

绝缘电阻测试仪在电力作业中扮演着至关重要的角色，它是用于检测设备绝缘性能的重要工具，其作用是发现设备绝缘缺陷，确保设备运行的安全可靠。在电力作业中，绝缘电阻测试仪通常用于检测电气设备的绝缘电阻，如电缆、电线、绝缘子等。下面将详细论述绝缘电阻测试仪的作用及作业人员如何正确使用以确保设备安全。

绝缘电阻测试仪是一种专门用于测量设备绝缘电阻的仪器。绝缘电阻是指设备绝缘材料对电流的阻隔能力，通常用欧姆（Ω）为单位表示。设备的绝缘电阻越大，其对电流的阻隔能力越强，反之则越弱。因此，通过测量设备的绝缘电阻，可以评估设备的绝缘性能，及时发现绝缘缺陷，保障设备运行的安全可靠性。作业人员在使用绝缘电阻测试仪时，首先需要按照操作规程正确连接测试仪器。一般来说，绝缘电阻测试仪会配备一对测试引线，其中一根连接到设备上待测点，另一根连接到测试仪器的相应接口。连接完成后，作业人员需要选择适当的测试模式和参数，例如测试电压、测量范围等，然后启动测试仪器进行测量。

在进行绝缘电阻测试时，作业人员需要注意以下几点。首先是测试环境的选择，应选择干燥清洁、无尘无水的环境进行测试，避免外部因素影响测试结果。其次是测试前的准备工作，包括确认设备处于停电状态、接地良好等，确保测试过程安全可靠。接着是测试过程中的操作，作业人员需耐心等待测试仪器完成测量，并注意记录测试结果和相关数据。除了日常的维护检测，作业人员还需要定期对设备进行绝缘测试，发现绝缘缺陷及时处理。一般建议按照规定的检测周期进行测试，如每月、每季度或每年一次，视具体设备和作业环境而定。对于发现的绝缘缺陷，应及时修复或更换受影响的部件，确保设备的绝缘性能符合要求。

三、接地电阻测试仪

接地电阻测试仪在电力作业中扮演着至关重要的角色，它是用于检测接地系统接地情况的工具，主要作用是保证接地系统的有效性，防止接地故障导致电气事故。在电力作业中，接地电阻测试仪常用于检测接地极、接地线等接地设施的接地电阻值，确保接地系统良好运行。

接地电阻是指接地系统中接地设施（如接地极、接地线等）与地之间的电阻，其大小直接影响着接地系统的接地效果。接地电阻越小，表示接地系统的接地效果越好，反之则接地效果较差。因此，通过检测接地电阻值，可以评估接地系统的可靠性，发现接地异常并及时修复，确保接地系统的有效性和安全性。作业人员在使用接地电阻测试仪时，首先需要按照操作规程正确连接测试仪器。一般来说，接地电阻测试仪会配备一对测试引线，其中一根连接到接地设施上待测点，另一根连接到测试仪器的相应接口。连接完成后，作业人员需要选择适当的测试模式和参数，例如测试电流、测量范围等，然后启动测试仪器进行测量。

在进行接地电阻测试时，作业人员需要注意以下几点。首先是测试环境的选择，应选择干燥清洁、无尘无水的环境进行测试，避免外部因素影响测试结果。其次是测试前的准备工作，包括确认接地设施处于正常状态、接地良好等，确保测试过程安全可靠。接着是测试过程中的操作，作业人员需耐心等待测试仪器完成测量，并注意记录测试结果和相关数据。除了日常的维护检测，作业人员还需要定期对接地系统进行接地电阻测试，建议每年进行一次或根据实际情况进行调整。对于发现的接地异常，应及时修复或更换受影响的接地设施，确保接地系统的接地电阻值符合要求，从而保证接地系统的可靠性和安全性。

四、其他电力安全检测仪器

电力作业中除了常见的电压表、绝缘电阻测试仪和接地电阻测试仪之外，还有一些其他的检测仪器在保障安全方面发挥着重要作用。其中，温度计和漏电检测仪是两种常见的工具，在电力作业中具有特殊的意义和应用价值。温度计是一种用于检测设备温度的工具，在电力作业中起到监测设备状态和预防过热的作用。通过温度计可以实时监测设备的温度变化，及时发现设备存在的过热情况，并采取相应的措施进行处理。过热可能会导致设备损坏甚至引发火灾等严重后果，因此及时发现并处理过热问题对于保障设备和作业人员的安全至关重要。

漏电检测仪是一种用于检测漏电情况的工具，在电力作业中具有重要的安全意义。漏电是指电流在非正常途径（如人体、地面等）流失的现象，可能会造成电气伤害甚至触电事故。漏电检测仪能够及时监测电路中是否存在漏电现象，一旦发现漏电情况，就可以及时发出警报并采取措施排除漏电故障，保障作业人员和设备的安全。作业人员在选择和使用这些检测仪器时，需要根据实际情况进行合理选择，并严格按照操作规程进行使用和测试。对于温度计，作业人员需要正确安装并定期检查设备温度，及时发现异常情况并采取措施；对于漏电检测仪，作业人员需要定期进行漏电测试，发现漏电情况及时处理，确保电路安全可靠。

第六节 其他器具

一、灭火器

灭火器是电力作业中不可或缺的安全工器具，其作用在于在火灾初期迅速扑灭火灾，防止火势蔓延和造成更大的损失。了解不同类型的灭火器及其适用的火灾类型，掌握正确的使用方法对于保障作业人员和设备的安全至关重要。

ABC类灭火器是常见的多用途灭火器，适用于可燃物、液体和气体火灾，具有广泛的适用范围。CO_2灭火器则主要用于电器火灾，因其不导电且不留残留物质的特性而适用于电气设备的扑灭。了解这些不同类型的灭火器及其适用范围，作业人员能够根据实际情况选择合适的灭火器，提高扑灭火灾的效率和成功率。在使用灭火器时，作业人员需要掌握正确的使用方法，包括拉开保险销、喷射灭火剂等步骤。确保灭火器处于工作状态，检查保险销是否牢固；接着，站在风向上，用手握住灭火器喷嘴，将灭火器直立；然后，用力按压灭火器把手，向火焰基部喷射灭火剂；最后，持续喷射并移动灭火器，直至火灾被完全扑灭。正确的使用方法能够保证在火灾初期能够迅速有效地扑灭火灾，最大限度地保护作业人员和设备的安全。

二、紧急停车开关

紧急停车开关在电力作业中是至关重要的安全设备，其作用是在突发事件或设备故障时迅速切断电力供应，保障作业人员和设备的安全。作业人员需要充分了解紧急停车开关的位置和操作方法，以确保在紧急情况下能够快速、准确地使用该设备，从而有效应对各种意外情况，保障作业的顺利进行和人员的安全。

紧急停车开关通常被设计成易于识别和操作的形式，通常位于控制台或设备附近显眼的位置。作业人员在进行工作前应该仔细了解设备的布局和位置，熟悉紧急停车开关的外观特征，确保能够在紧急情况下快速找到并操作开关。操作紧急停车开关的方法一般是通过手动按下或拨动开关，将电力系统迅速切断，以防止事故进一步扩大。在操作前，作业人员应该确认周围环境的安全性，确保没有人员或设备处于危险位置，避免误操作造成意外伤害。作业人员还应该了解紧急停车开关的复位方法和注意事项，以便在紧急情况解除后及时将电力系统恢复到正常状态。

三、安全标识牌

安全标识牌在电力作业中扮演着至关重要的角色，它们用于标识和提示危险区域或安全警示，有助于作业人员正确识别风险并采取相应的防护措施。这些标识牌包括但不限于警示标志、禁止标志、指示标志等，通过清晰明了的图案和文字信息，向作业人员传达相关安全信息，提醒他们注意安全并遵守规定。

安全标识牌需要根据实际情况设置在危险区域或需要特别警示的地方，如高压区域、作业通道、禁止通行区域等。这些标识牌应该符合国家标准和规定，具有统一的图案和文字，易于被作业人员理解和识别。作业人员需要定期检查和维护安全标识牌，确保其清晰可见，不受污染或损坏。如果发现标识牌模糊不清或存在破损等情况，应及时更换或修复，避免给作业人员造成误解或安全隐患。作业人员还应该接受相关的安全培训，了解各种安全标识牌的含义和作用，学会正确理解和遵守标识牌所传达的安全信息。在作业过程中，要时刻注意周围的安全标识牌，并根据标识牌的提示采取相应的防护措施，确保作业安全。

四、应急通信设备

应急通信设备在电力作业中扮演着至关重要的角色，它们是在紧急情况下进行通信和联络的关键工具，有助于作业人员及时传达信息和采取应对措施，从而保障作业人员和设备的安全。这些应急通信设备包括但不限于对讲机、手机、无线通信等，它们能够实现实时沟通，提供紧急情况下的通信保障。

作业人员需要熟悉应急通信设备的类型和特点，了解各种设备的使用方法和操作流程。例如，对讲机常用于短距离通信，操作简便；手机则可实现更广范围的通信，但需要注意信号覆盖范围和电池使用情况等问题。作业人员需要确保应急通信设备的正常运行状态，包括设备的电量充足、信号良好等。在紧急情况下，不可预测的通信故障可能导致信息传达延迟或失效，因此作业人员应定期检查和维护通信设备，确保其可靠性和稳定性。作业人员还应该根据实际情况选择合适的通信方式和设备，例如在远距离通信时可以使用无线通信，而在近距离通信时则可以使用对讲机或手机等。不同的通信方式有不同的覆盖范围和通信效果，作业人员需要根据需要进行合理选择。

五、个人防护装备

个人防护装备在电力作业中扮演着至关重要的角色，包括安全帽、安全鞋、防护眼镜、防护手套等，它们的正确佩戴和使用可以有效保护作业人员的关键部位，降低意外伤害的发生率，保障作业人员的安全和健康。

安全帽是个人防护装备中不可或缺的一部分。它主要用于保护头部，防止因物体坠落或碰撞导致头部受伤。作业人员在进行电力作业时，往往需要在高空或复杂环境下工作，安全帽的使用可以有效减少头部受伤的风险，应选择符合国家标准的安全帽，确保其质量和安全性。安全鞋也是必不可少的个人防护装备。它主要用于保护脚部，防止因坠落物、踩踏或切割等导致脚部受伤。在电力作业中，作业人员可能需要在复杂的地形或设备下工作，安全鞋的防滑和防护功能可以有效降低脚部受伤的风险，作业人员应选择符合标准的防护鞋，并定期检查和更换。防护眼镜和防护手套也是关键的个人防护装备。防护眼镜用于保护眼部，防止因飞溅物、粉尘、化学品等导致眼部受伤；防护手套用于保护手部，防止因触电、切割、热量等导致手部受伤。作业人员在选择防护眼镜和防护手套时，应根据作业环境和风险因素选择合适的防护等级和材质，确保其有效防护作用。

第四章 警示标识

第一节 安全警示线

一、安全警示线的基本作用

安全警示线在电力作业中扮演着至关重要的角色，其基本作用涵盖了多个方面，旨在提醒人员注意危险、标识禁止通行区域、引导通行方向、警示设备维护区域以及提高安全意识。

安全警示线通过醒目的颜色和图案，有效提醒人员注意周围的危险区域。在电力作业现场，可能存在诸如高压区域、设备维修区域等潜在危险。通过设置安全警示线，可以在视觉上强调这些危险区域的存在，让作业人员时刻保持警惕，避免意外事故的发生，从而有效降低工作风险。安全警示线常用于标识禁止通行的区域。特定区域可能存在高压电缆下方、机械设备作业区域等需要限制通行的地方。通过在这些区域设置明显的安全警示线，可以有效防止未经许可的人员进入，保障他们的人身安全，同时确保设备的完整性和正常运行。安全警示线还可以用于引导通行方向。在复杂的作业场所，可能存在多个通行路径或区域，如果没有明确的引导，容易导致人员和车辆混乱通行，增加事故发生的风险。通过设置安全警示线，可以指定清晰的通行路径和方向，确保人员和车辆按照指定路线通行，避免混乱和碰撞，提高作业效率和安全性。

安全警示线还用于警示设备维护区域。有些区域可能需要进行设备维护和检修，这时设置安全警示线可以有效提醒人员注意，避免因操作不当导致事故或设备损坏。这种警示可以让维护人员和周围作业人员都意识到该区域的特殊性，采取相应的防护措施和操作规范，保障作业安全和设备运行稳定。安全警示线的设置还有助于提高作业人员的安全意识。通过频繁接触和观察这些安全警示线，作业人员会形成良好的安全意识，始终牢记安全第一，注意周围环境，做到预防为主，减少安全事故的发生。这种安全意识的提升是保障电力作业安全的重要保障。

二、安全警示线的颜色和标识

红色安全警示线通常用于标识高危险区域，例如高压电力设备周围或禁止通行区域。这种警示线的颜色明显醒目，能够迅速引起人们的注意，提醒他们周围存在潜在的危险因素。在电力作业中，高压电力设备可能存在较高的电压和电流，一旦触碰或操作不当就可能引发严重事故。因此，在这些区域设置红色安全警示线是非常必要的，它有效地降低了人员误入高危险区域的可能性，保障了作业人员的安全。

黄色安全警示线主要用于标识警戒区域，如设备维修区域、工地施工区域等。黄色具有一定的警示作用，能够提醒人们注意安全，谨慎通行。在电力作业中，设备维修区域可能存在正在维修或停用的设备，工地施工区域可能存在施工机械和施工人员。这些区域可能存在隐患或者对外人员造成危险，因此设置黄色安全警示线可以有效地警示人们注意，减少意外发生的可能性，保障了作业人员和外来人员的安全。黑黄相间安全警示线常用于标识临时性的危险区域或特殊警示，例如临时施工区域、临时通道等。黑黄相间的颜色组合既具有醒目性，又能够传达特殊情况的信息。在电力作业中，临时施工区域可能存在暂时性的危险因素，例如正在进行设备维修或施工工程。设置黑黄相间安全警示线可以有效地提醒人们注意这些临时性的危险或特殊情况，采取相应的防护措施，避免发生意外事故。

三、安全警示线的设置要求和规范

安全警示线的设置应符合国家标准和相关规定，这是确保标识的准确性和有效性的重要保障。国家标准和相关规定通常会规定安全警示线的颜色、宽度、长度、设置位置等要求，作业单位应当严格遵守这些规定，确保安全警示线的设置符合标准，能够有效发挥警示作用，提高作业安全水平。

警示线的宽度和长度需根据不同的警示区域和用途进行合理设置。一般来说，对于高危险区域或禁止通行区域，警示线的宽度和长度应该相对较大，以确保人员能够清晰地识别并避开危险区域。而对于一般的警示区域，警示线的宽度和长度可以适当减小，但仍需保证清晰可见，不至于影响警示效果。安全警示线的标识必须清晰可见，不能模糊不清或遮挡。模糊不清的警示线会导致人员无法准确识别警示区域，降低了警示的效果，增加了意外事故的风险。因此，作业单位需要定期检查安全警示线的标识情况，确保清晰可见，并及时清除遮挡物，保持警示线的有效性。定期检查和维护是保持安全警示线有效的关键措施。安全警示线在使用过程中可能会受到日晒、雨淋、车辆碾压等影响，导致标识褪色、损坏或变形。作业单位应定期对安全警示线进行检查和维护，及时修复或更换受损的部分，确保标识清晰、不褪色、不损坏，保持良好的警示效果。

四、安全警示线的管理和培训

相关部门在安全警示线的管理方面应当承担明确的责任。这包括负责安全警示线的定期检查和维护工作，及时发现问题并进行处理。管理部门需要建立健全的安全管理制度和工作流程，确保安全警示线的有效运行和使用。定期组织安全检查和评估，对安全警示线的设置和标识进行检查，及时纠正存在的问题，保障安全警示线的有效性和稳定性。

　　作业人员在使用安全警示线时应接受相关的安全培训，了解安全警示线的含义、作用和使用方法。通过培训，提高作业人员的安全意识和法律意识，使其能够做到知法、懂法、守法，合理正确地使用安全警示线，确保作业安全。还应加强对作业人员的安全意识教育和培训，使其能够及时识别和应对安全隐患，提高应急处置能力，保障作业安全。作业单位在设置安全警示线时应根据实际情况合理设置，确保其作用有效，减少安全隐患。需要对需要设置安全警示线的区域进行认真评估和分析，确定危险程度和警示需求。然后，根据评估结果合理确定安全警示线的颜色、宽度、长度和设置位置，确保符合国家标准和相关规定。最后，对安全警示线的设置和标识进行定期检查和评估，及时调整和完善，保证其持续有效地发挥警示作用，降低安全风险。

第二节 安全标志

一、安全标志的种类

　　安全标志在电力作业中扮演着至关重要的角色，它们通过统一的图案和颜色向作业人员传达安全信息和警示内容，引导人员正确行动，从而减少事故的发生。安全标志的种类繁多，包括禁止通行标志、安全通道标志、应急设施标志等多种类型，每种标志都有其独特的作用和意义。禁止通行标志是用来标识禁止通行的区域或禁止进行某些行为的标志。它通常采用红色圆圈和斜线表示，以明确禁止性质，提醒人员注意并遵守相关规定，避免进入危险区域或进行危险行为，从而确保人员安全。

　　安全通道标志则用绿色表示，标识出安全通道的位置。这种标志的设置有助于引导人员正确通行，特别是在紧急情况下能够迅速找到安全通道，避免混乱和阻塞，保障人员及时安全撤离。应急设施标志是用来标识应急设施的位置和使用方法的标志，如灭火器、紧急停车开关等。这些标志的设置有助于人员在紧急情况下快速找到应急设施，并正确使用，及时处理突发事件，减少损失。这些安全标志的设置应符合相关的标准和规定，保证标志的清晰明确、合理有效。管理部门应对安全标志的管理负起责任，定期检查和维护标志的完整性和清晰度，确保其长期有效运行。作业人员也应接受相关的安全培训，了解各种安全标志的含义和作用，提高安全意识，做到知法懂法守法，确保安全生产。

二、统一的图案和颜色

安全标志在电力作业中扮演着至关重要的角色，它们通过统一的图案和颜色向作业人员传达安全信息和警示内容，起到了提高信息传达效率的作用。不同类型的安全标志采用了特定的图案和颜色，使人们能够快速识别和理解，有效地引导人员正确行动，提高安全意识，降低事故发生的可能性。

禁止通行标志采用了红色圆圈和斜线的图案，具有明确的警示性质。红色通常被视为警示色彩，表示危险和禁止，而圆圈和斜线的组合更加直观地告诉人们某些区域或行为是禁止的，有效提醒人员注意，避免进入危险区域或从事危险行为。安全通道标志采用了绿色表示安全和通行。绿色通常被视为安全的颜色，表示允许通行或安全通道。这种颜色选择有助于人们正确选择通行路线，避免误入危险区域或选择不当的通行路线，确保安全通行。应急设施标志也采用了特定的图案和颜色，使人们在紧急情况下能够快速识别和使用。这些标志通常采用醒目的颜色和图案，如火焰、紧急停车等，以便人们能够在紧急情况下迅速找到应急设施，并正确使用，及时处理突发事件，减少事故损失。

三、明确的设置要求

安全标志在电力作业中的设置至关重要，应该严格符合相关标准和规定，以确保标志的含义清晰明确，避免引起混淆或误解。禁止通行标志、安全通道标志和应急设施标志的设置位置应该合理，以便人员能够快速识别和使用。

禁止通行标志应该设置在禁止通行的区域入口处或显眼位置。这样做可以直接向人员传达禁止通行的信息，避免人员误入危险区域或从事危险行为。标志的图案和颜色应当清晰明确，符合国家标准，使人们一眼就能理解其含义，确保安全警示的有效性。安全通道标志应该设置在安全通道的起点和终点。安全通道的设置应该遵循规范，标志应该清晰可见，用绿色表示安全通行，引导人员正确选择通行路线，确保安全通行。标志的设置位置应当与实际通道路径一致，避免引起误导或混淆。应急设施标志应该设置在应急设施附近。这样可以使人员在紧急情况下能够快速找到应急设施，并正确使用。应急设施标志的图案和颜色应当与实际设施一致，方便人员识别，并在紧急情况下迅速采取措施，保障安全。

四、有效引导作业人员和相关人员行动

安全标志的设置在电力作业中是至关重要的，它的目的是有效引导作业人员和其他相关人员正确行动，从而减少事故和危险发生的可能性。通过明确的标志和颜色，人员可以快速识别出危险区域、安全通道和应急设施，并采取相应的行动，保障人员和设备的安全。

安全标志起到警示作用。比如，禁止通行标志用红色圆圈和斜线表示禁止性质，明确告知人员某一区域或行为是禁止的，有效避免人员误入危险区域或从事危险行为。安全通道标志则

用绿色表示安全和通行，引导人员选择安全通道，避免走入危险区域。安全标志还可以提供方向指引。通过标志的设置，人员可以清晰地了解安全通道的位置和方向，以及应急设施的所在位置，从而在紧急情况下能够快速找到安全通道和应急设施，采取必要的措施，减少事故的发生。安全标志还起到了警示设备维护区域的作用。通过标志的设置，人员可以明确了解到需要进行设备维护和检修的区域，从而提高对设备维护的重视程度，减少因操作不当导致的事故或设备损坏。

第三节 消防标志

一、消防标志的种类

消防标志在工业、商业和公共场所扮演着至关重要的角色，它们通过特定的颜色、图案和文字告知人们在紧急情况下应该采取的行动，从而保障人员的安全和生命。

灭火器标志是用于标识灭火器的位置和类型的标志。通常采用红色背景，配以白色灭火器图案和文字。这种标志在发生火灾或火灾初期时非常重要，它可以帮助人们迅速找到灭火器，并且提醒他们应该如何正确使用灭火器进行灭火救援。应急疏散标志是用于标识逃生通道、安全出口和疏散指示的标志。通常采用绿色背景，配以白色箭头、人形图案和文字。这种标志的设置旨在指引人员沿着指定的逃生通道快速疏散，确保人员安全撤离，避免火灾等紧急情况造成的伤害和损失。消防通道标志是用于标识消防通道和消防通道出口的标志。通常采用红色背景，配以白色消防通道图案和文字。这种标志的作用是指示人员保持通道畅通，确保消防人员和设备能够迅速到达火灾现场，从而有效地控制和扑灭火灾，减少伤亡和财产损失。

二、灭火器标志

灭火器标志的设置在火灾防范和应急救援中扮演着至关重要的角色。它通过特定的颜色、图案和文字，明确地标识出灭火器的位置和类型，为人员在火灾或火灾初期提供了必要的信息和指引，使其能够迅速找到灭火器，采取有效的灭火措施，保障人员的安全和生命。灭火器标志通常采用红色背景，这是因为红色在视觉上具有强烈的警示性和醒目性，能够引起人们的注意，提醒他们注意周围环境可能存在的危险。而红色也是普遍被认可的火灾警示颜色，符合人们对火灾危险的常规认知。

灭火器标志常配以白色灭火器图案和文字。白色图案和文字在红色背景上形成鲜明的对比，使得标志更加清晰和易于辨认。白色的灭火器图案通常是一个简单的灭火器图标，通过图案本身就能够清晰地表达出"这里有灭火器"的含义。而配以白色的文字，通常是"灭火器"的文字说明，进一步强化了标志的信息传达效果。灭火器标志的设置有助于人员在火灾或火灾初期迅速找到灭火器，进行灭火救援。在火灾发生时，人员往往处于一种紧急情况下，情绪容易紧张，时间非常宝贵。这时候，如果能够凭借灭火器标志迅速找到灭火器，就可以迅速采取灭火措施，有效控制火势，减少损失，保障人员的安全。

三、应急疏散标志

应急疏散标志在建筑物和场所中起着至关重要的作用，它们是为了指引人员在紧急情况下安全疏散而设置的。这些标志通常采用绿色背景，这是因为绿色在视觉上给人一种安全、逃生的感觉，同时与国际上通用的疏散标志颜色相符合。配以白色箭头、人形图案和文字，使标志更加清晰易懂，便于人们在危急情况下快速作出正确的逃生决策和行动。

绿色背景的应急疏散标志具有良好的视觉效果。绿色代表安全和逃生,在火灾等紧急情况下,能够给人一种镇定和安全感,帮助人们保持冷静,正确应对危机。标志上的白色箭头和人形图案起到了明确指示和引导作用。箭头指示了逃生方向,人形图案则强调了这是用于人员疏散的通道。这样的设计使得标志信息一目了然,人们能够迅速理解标志的含义,从而采取正确的逃生路线和行动。标志上的白色文字也起到了强化标志意义的作用。文字通常标注了"出口""逃生通道"等内容,进一步确保人们能够清晰明了地理解标志的用途和指示,加强了标志的信息传达效果。

四、消防通道标志

消防通道标志在建筑物和场所中扮演着至关重要的角色,它们是为了指示和保障消防通道畅通而设置的。这些标志通常采用红色背景,红色代表着警示和危险,能够引起人们的警觉和注意。配以白色消防通道图案和文字,使标志更加清晰明了,便于人们理解和遵守,确保消防人员和设备能够迅速到达火灾现场,采取有效措施进行扑救和救援。

红色背景的消防通道标志具有显著的警示性质。红色在视觉上能够引起人们的警觉和注意,代表着危险和紧急情况,能够在火灾等紧急情况下迅速吸引人们的注意力,促使他们采取相应的行动,保障人员和设备的安全。标志上的白色消防通道图案和文字起到了明确指示和提示作用。图案通常标识了消防通道的位置和方向,文字则标注了"消防通道""保持通道畅通"等内容,提醒人们保持通道畅通,确保消防人员和设备能够顺利通过。消防通道标志的设置也需要考虑到视觉效果和信息传达的清晰性。标志应设置在消防通道的起点和终点,以及消防通道出口处,确保人们能够清晰明了地识别标志,准确找到通道,避免因通道堵塞或阻挡而延误救援行动。

五、标志设置的要求

消防标志在建筑物和场所中的设置是为了有效指示和警示消防设施、逃生通道以及其他重要的消防设备，从而在火灾等紧急情况下保障人员安全和设备的有效运作。标志的设置需要符合相关标准和规定，包括标志的位置、高度、大小、颜色和图案等方面，以确保其作用的有效性和可见性。

消防标志应设置在显眼的位置，如入口处、走廊尽头、楼梯口等易于被人员注意到的地方。这样能够使人员在紧急情况下迅速发现标志，采取相应的行动，提高应对火灾等突发事件的效率。标志的高度和大小也需要符合相关标准和规定。一般来说，标志的高度应适中，方便人员直观地看到标志的内容，而标志的大小则应足够明显，不会因为过小而难以辨认。这样可以确保标志在不同角度和距离下都能够清晰可见。

颜色和图案也是消防标志中至关重要的部分。消防标志通常采用醒目的颜色，如红色、绿色等，以及相应的图案和文字，如灭火器标志通常采用红色背景，配以白色灭火器图案和文字。这些颜色和图案具有明显的警示性质，能够引起人们的警觉和注意，提醒他们注意消防设施和逃生通道的位置。消防标志的设置还需要考虑避免遮挡或模糊不清的情况。标志应该避免被其他物体挡住，保持清晰可见，避免文字或图案模糊不清，影响标志的识别和理解。

六、标志定期检查和维护

消防标志在建筑物和场所中扮演着至关重要的角色，它们是指示消防设施、逃生通道以及其他关键安全设备位置的关键元素。这些标志不仅是指引人员在紧急情况下正确行动的指南，也是保障人员生命安全和财产安全的重要措施。因此，在日常管理中对消防标志进行定期检查和维护是非常必要的。

定期检查和维护消防标志的重要性在于确保它们的有效性和可靠性。这包括检查标志的质量和状态，确保其没有褪色、污损或磨损现象，保持清晰可见。消防标志通常采用醒目的颜色和图案，如红色、绿色等，配以相应的文字和符号，以便人员在紧急情况下能够迅速识别和理解。通过定期检查，可以及时发现标志是否存在质量问题，以便及时修复或更换，保证其警示效果不受影响。定期维护还包括检查标志是否被遮挡或损坏。消防标志应设置在显眼的位置，不得被障碍物遮挡，以免影响人员的识别和警示。如果发现标志被遮挡或损坏，需要及时进行修复或更换，确保其警示效果。例如，消防设施标志应设立在消防设备附近，逃生通道标志应设立在通道的起点和终点，确保人员在紧急情况下能够迅速找到逃生通道和消防设施。随着工作环境的变化和标准规定的更新，消防标志的更新和更换也是必要的。原有的消防标志可能不再符合新的标准要求或实际情况。因此，需要根据最新的标准和规定，对标志进行更新和更换，确保其与现行标准保持一致，并能够有效指示和警示人员。这包括更新标志的内容、颜色、大小等，以适应新的工作环境和安全要求。

第四节 交通道路指示标志

一、交通禁止标志

交通禁止标志在道路指示标志中扮演着极为重要的角色，它们的存在和正确设置对于维护交通秩序和确保交通安全至关重要。这些标志旨在明确标识禁止通行或限制通行的区域和条件，通过明确的图案和文字，如禁止停车、禁止通行、限速等，向驾驶员和行人传达清晰的信息，从而避免交通事故和道路混乱。

我们可以看到交通禁止标志的种类丰富多样，其中最常见的就是禁止停车标志。这类标志通常采用红色圆圈和斜线表示，以明确标识禁止停车的区域，如禁止在某段道路或特定区域停车。这样的设置旨在防止交通堵塞，确保车辆通畅通过，避免因停车导致的行车安全问题。禁止通行标志也是交通禁止标志中的重要一环。这类标志常见于禁止通行的区域或限制通行条件较为严格的路段，如限制大型车辆通行、禁止非居民车辆通行等。这些标志通常采用特定的图案和文字，如交叉的红色圆圈和斜线，或者标有"禁止通行"等字样，以警示驾驶员和行人不得通行，确保交通秩序和安全。还有一些限速标志也属于交通禁止标志的范畴。这类标志用于标识某一路段或区域的限速条件，如限速 30km/h、限速 50km/h 等。这些标志通常采用特定的数字和单位，以明确告知驾驶员该区域的限速要求，从而降低车辆行驶速度，确保道路安全和行车顺畅。

二、行车指示标志

行车指示标志在道路指示系统中扮演着至关重要的角色，它们旨在指示车辆行驶方向、道路转向等信息，通过特定的图案、箭头和文字结合的形式，确保驾驶员能够准确理解道路行驶规则，从而避免因驾驶方向不清晰而引发交通事故。可以看到行车指示标志的种类多样化，包括直行、左转、右转、掉头等指示。这些指示标志通常采用箭头、方向图案和文字结合的形式，通过明确的符号和文字传达车辆行驶方向，帮助驾驶员正确行驶，避免混乱和事故。

比如，直行指示标志采用直箭头图案表示，明确告知车辆直行方向。这种标志的设置有助于减少交通拥堵和交叉行驶问题，使车辆按照规定的方向行驶，确保交通秩序和安全。左转和右转指示标志也起着重要作用。左转指示标志通常采用左箭头图案，提示车辆在交叉口或路口处需左转行驶。右转指示标志则采用右箭头图案，告知车辆需要右转行驶。这些指示标志通过清晰的图案和文字，指引驾驶员正确选择行驶方向，避免因方向不明确而引发交通事故。还有掉头指示标志，用于指示车辆需要进行掉头行驶。这类标志通常采用特定的图案和文字，如"掉头"字样或箭头图案，提示驾驶员在特定路段可以进行掉头操作，确保安全行驶。

三、作业区域标志

作业区域标志在道路交通管理中扮演着重要的角色，它们用于标识作业区域的范围和特殊条件，包括施工区域、维修区域、封闭道路等。这些标志通常采用醒目的颜色和图案，如橙色、黄色等，配以相关文字说明，旨在提醒驾驶员注意作业区域的存在，遵守交通规则和标志指示，以确保驾驶员和作业人员的安全。

以施工区域标志为例，它通常采用橙色底色和黑色图案表示，以醒目的颜色和明确的图案提醒驾驶员在该区域注意减速、避让，保障作业人员和驾驶员的安全。这种标志的设置有助于减少因作业区域存在而导致的交通事故，同时也提醒驾驶员在特定路段需谨慎驾驶，避免意外发生。维修区域标志则用于标识车辆维修或施工的区域，通常采用黄色底色和黑色图案，以及相关文字说明，告知驾驶员在该区域需保持警惕，可能存在临时性的交通变化或限制，需要特别注意行车安全。封闭道路标志则表示某段道路已被封闭或关闭，驾驶员需寻找替代路线或遵守标志指示行驶。这类标志通常采用红色底色和白色图案，明确告知驾驶员当前道路不可通行，有助于避免驾驶员误入封闭道路而导致的交通拥堵和混乱。

四、交通指示标志

交通指示标志在道路交通管理中具有重要作用，它们用于指示交通流向、分流情况等信息，包括左右分流、交叉道口、车道合并等指示，旨在确保驾驶员能够正确理解交通指示，遵守交通规则，避免交通事故和混乱。

以左右分流标志为例，这种标志通常采用左右箭头图案表示，明确指示车辆按照箭头指示的方向行驶，避免因交通混乱而导致的交叉行驶问题。左右分流标志的设置使驾驶员能够清晰地理解道路的分流情况，从而减少交通拥堵和行车冲突，提高交通运行效率。交叉道口标志用于指示交叉路口的情况，包括交叉方向、优先通行等信息，通常采用清晰的图案和文字说明。这种标志的设置有助于驾驶员正确判断交叉道口的交通流向和优先通行规则，避免交通事故和混乱。车道合并标志则用于指示车道合并的情况，通常采用合并箭头图案和相关文字说明，提醒驾驶员在车道合并时保持安全距离，避免因合并不当而导致的交通事故和拥堵。

五、标志设置合理性

道路指示标志在道路交通管理中扮演着重要的角色，它们用于指示作业区域、交通指示和行车指示等内容，旨在维护道路交通秩序和安全。道路指示标志的设置应符合道路交通管理规定和标准，其中包括标志的位置、高度、大小、颜色和图案等方面。首先是标志的位置，标志应设置在合适的位置，如交叉口、转弯处、作业区域入口等易被注意到的地方，以确保驾驶员在行车过程中能够迅速识别和理解标志指示。标志的高度和大小，标志的高度应适中，不宜设置过高或过低，以保证驾驶员在正常行车姿态下能够清晰看到标志内容。标志的大小也应根据实际需要合理确定，确保标志内容清晰可见，不会因为尺寸过小而难以辨认。标志的颜色和图案也是道路指示标志的重要组成部分。不同类型的标志采用不同的颜色和图案，如交通禁止标志采用红色圆圈和斜线表示、行车指示标志采用箭头和方向图案等，这些设计旨在让驾驶员能够迅速理解标志所指示的内容，准确执行交通规则。标志的清晰度和可见性也是需要考虑的因素。标志应保持清晰可见，避免因污损、褪色或损坏而影响驾驶员对标志内容的理解和识别。定期检查和维护标志是保证其清晰度和可见性的重要手段，必要时需要进行清洁、涂漆或更换，以保持标志的良好状态。

第五章 个体安全防护

第一节 头部安全防护

一、安全帽的选用

在进行电力作业时，选择适合的安全帽是确保作业人员头部安全防护的重要措施。安全帽的选用应符合国家标准和相关规定，这是确保安全帽质量和性能的基础。安全帽应具备多项功能和特性，以确保在电力作业中对头部提供有效的保护。安全帽应具备防撞击功能。在电力作业过程中，可能会有各种物体从高处坠落或因其他原因造成碰撞，而安全帽的主要作用就是减缓或吸收这些碰撞的力量，保护头部不受损伤。因此，安全帽的材料和结构应具有一定的抗冲击性能，能够有效缓解碰撞力量。

安全帽还应具备防刺穿功能。在作业现场可能存在尖锐物体或者尖角构件，一旦头部受到刺穿可能造成严重伤害。因此，安全帽的材料应该具备较强的抗穿刺性能，能够防止尖锐物体刺入头部，保护作业人员的安全。安全帽还需要具备耐热和耐寒的功能。在电力作业中，作业环境可能会面临高温或低温等极端条件，而安全帽应能够在这些条件下保持良好的性能和功能，不受外界温度影响，确保作业人员头部的舒适和安全。安全帽的材料选择也至关重要。常见的安全帽材料包括聚碳酸酯、聚乙烯、聚丙烯等，这些材料具有较好的抗冲击性能和耐热性能。在选择安全帽时，应考虑作业环境的特点和作业人员的需求，选用合适的材料和结构设计，确保安全帽的有效性和适用性。

二、安全帽的佩戴方法

作业人员在进行电力作业或其他需要头部安全防护的工作时，正确佩戴安全帽是非常重要的。正确的佩戴不仅可以保护头部免受外部物体的撞击和伤害，还可以提高安全帽的有效性，确保其发挥最大的保护作用。

作业人员应正确调整安全帽的帽带和帽扣。帽带应该紧密贴合头部，不可过松或过紧，以确保安全帽稳固地固定在头部上。帽扣应正确扣合，确保安全帽的整体结构稳固，不易脱落或松动。帽舌的位置也非常重要。帽舌应调整到合适的位置，通常应位于头部的正中位置，确保安全帽能够均匀地覆盖头部各个部位，提供全面的保护。过高或过低的帽舌位置都会影响安全帽的保护效果，因此需要仔细调整到适当位置。安全帽的帽檐也需要正确佩戴在前方。帽檐应该遮挡头部的额部和眼部，以防止阳光、雨水或其他物体直接进入到头部区域，保护头部视线和面部皮肤不受损伤。在进行头部安全防护时，还需要注意安全帽的整体质量和状况。安全帽应该是完好无损的，没有裂纹、变形或损坏的迹象，才能确保其具备良好的防护效果。定期检查安全帽的状态，及时更换老化或损坏的安全帽，是确保头部安全防护有效性的重要措施。

三、安全帽的维护和保养

安全帽作为个人防护装备，在确保头部安全的也需要经常进行维护和保养，以保证其有效性和可靠性。

定期检查安全帽的外观是非常重要的。检查时应注意观察安全帽是否有裂纹、变形或磨损的现象。裂纹和变形可能会影响安全帽的结构完整性，磨损则可能降低其防护性能。如果发现安全帽表面有以上问题，应及时更换新的安全帽，以确保头部安全防护效果。需要检查安全帽内部的衬垫是否完好。内部衬垫对于提供舒适性和稳固性非常重要，如果衬垫出现损坏或松动的情况，可能会影响安全帽的佩戴效果，甚至降低其防护性能。因此，定期检查衬垫的完好性，如有问题应及时更换或修复。

还需要检查安全帽的帽壳和帽带是否松动。帽壳的稳固性和完整性对于安全帽的防护效果至关重要，如果帽壳松动或者帽带松紧不当，可能会影响安全帽的稳固性和防护性能。因此，定期检查并调整帽壳和帽带的状态，确保其紧固良好，是保持安全帽有效性的重要措施。

对于安全帽的保养也是必不可少的。在使用过程中，安全帽可能会受到污染或沉积一些杂质，这会影响其外观和清洁度。因此，定期清洁安全帽表面，使用温和的清洁剂和软布擦拭，可以保持安全帽的清洁和光泽。需要注意存放安全帽时的环境和条件。安全帽应该存放在干燥、通风的地方，避免阳光直射和高温环境，以防止安全帽材料老化或变质，影响其使用寿命和防护效果。

四、安全帽的更换周期

安全帽作为个人防护装备的使用寿命和有效性直接关系到工作人员的安全。其材料会随着时间和使用频率逐渐老化，从而影响其防护性能。因此，建议根据安全帽的使用频率和情况制定合理的更换周期，一般建议每1至2年更换一次安全帽，或者在发现安全帽有明显损坏或老化时及时更换，以确保其有效的防护功能。

了解安全帽的使用寿命是非常重要的。安全帽通常由高强度塑料或合金材料制成，具有一定的耐用性。然而，随着时间的推移和长期的使用，安全帽的材料会受到环境因素和外部冲击的影响，逐渐失去原有的强度和防护性能。因此，对于安全帽的使用寿命需要有一个清晰的认识，合理制定替换周期非常必要。根据安全帽的使用频率制定替换周期也很关键。在某些行业或岗位中，工作人员可能需要长时间佩戴安全帽，频繁接触外界环境和物体，这会加速安全帽材料的老化和损坏。因此，应根据具体工作环境和使用频率，定期检查安全帽的状态，及时发现问题并进行更换，以确保安全帽的有效防护性能。发现安全帽有明显损坏或老化的情况时，也应及时更换。安全帽的损坏可能包括裂纹、磨损、变形等，这些问题会严重影响安全帽的防护效果，甚至导致无法发挥防护作用。因此，一旦发现安全帽存在明显的质量问题，应立即更换新的安全帽，保障工作人员的安全。

五、安全帽的配备要求

在电力作业中，安全帽作为头部安全防护的重要装备，其选择和使用必须符合实际情况和作业需求，以确保有效性和适用性。不同的作业环境和作业风险可能需要不同类型的安全帽，具备特殊功能和特性的安全帽能够更好地满足工作需求，提供更全面的头部安全保护。

针对高空作业的情况，需要选择具有防坠落和防碰撞功能的安全帽。高空作业中存在坠落的风险，因此安全帽需要配备可靠的下巴带或头盔带，以确保安全帽牢固地固定在头部，防止在发生意外时脱落。安全帽的帽壳应具备较强的耐冲击性能，能够有效抵御坠落物体的冲击，保护头部免受伤害。对于高温环境下的电力作业，需要选择具有防火和耐热功能的安全帽。在高温环境下，普通的安全帽可能无法有效防护头部免受高温和火焰的伤害，因此需要配备防火材料制成的安全帽或带有隔热层的安全帽，以确保头部安全防护在高温环境中的有效性和可靠性。针对静电环境，还需要选择具有防静电功能的安全帽。

在静电环境中，普通的安全帽可能会导致静电放电，引发安全隐患。因此，应选用带有防静电涂层或材料的安全帽，有效防止静电的产生和放电，保障作业人员的安全。

第二节 眼部安全防护

一、选择合适的眼部防护装备

在电力作业中，选择合适的眼部防护装备至关重要，因为作业环境和作业风险的不同需要采取不同的防护措施，特别是针对眼部的防护。对于存在化学品飞溅的作业环境，如化工厂、实验室等，作业人员需要选择具有防化学品飞溅功能的护目镜或面罩。这些眼部防护装备应具有防护化学物质的能力，材料应为防护级别高、抗腐蚀的特殊材质，确保化学品不能渗透到眼睛造成伤害。面罩还可以提供额外的面部防护，覆盖范围更广，适合于大面积的化学品飞溅环境。

对于粉尘较大的作业环境，如建筑工地、矿山等，作业人员需要选择防尘眼镜或护目镜，以有效防止灰尘和颗粒物进入眼睛造成伤害。这些眼部防护装备应具有密封性强、防尘效果好的特点，确保灰尘和颗粒物不能进入眼睛，并且镜片表面应具有防刮擦、防静电等功能，提高使用寿命和舒适度。对于高温作业环境，如炼钢厂、热处理车间等，作业人员需要选择具有防热功能的护目镜或面罩。这些眼部防护装备应具有耐高温、不易变形、防护紫外线等特点，确保在高温环境下作业人员眼部的安全防护。对于潮湿或污浊的作业环境，如下水道清理、水处理厂等，作业人员需要选择具有防雾和清晰视野功能的护目镜或护目面罩。这些眼部防护装备应具有防雾涂层或通风装置，确保在潮湿或污浊环境下依然能够保持清晰的视野，不影响作业人员的工作效率和安全。如图 5-1 所示。

图 5-1 眼部防护装备

二、保证眼部防护装备的清洁和透明度

确保眼部防护装备的清洁和无污染是保障作业安全的关键。在使用眼部防护装备之前，作业人员应进行必要的清洁和检查，以确保其透明度良好，不会影响视线和作业安全。对于眼部防护装备的清洁，应选择合适的清洁剂或清洁液，使用柔软的干净布或纸巾轻轻擦拭眼部防护装备表面。在清洁过程中应避免使用含有酒精或其他腐蚀性物质的清洁剂，以免损坏防护装备的材质和涂层。清洁后应用清水彻底冲洗，确保眼部防护装备表面干净无污染。

检查眼部防护装备的透明度是否良好。应仔细检查眼部防护装备的镜片或面罩表面是否有污垢、划痕或模糊不清的现象，这些问题都会影响视线和作业安全。如果发现眼部防护装备表面有污垢或模糊不清的情况，应立即进行清洁或更换新的眼部防护装备，确保视线清晰、透明度良好。对于长时间使用的眼部防护装备，应定期进行清洁和检查。一般建议每次使用后都进行清洁，并定期进行彻底的清洁和检查，以确保其保持良好的透明度和清洁度。应定期更换眼部防护装备，一般建议每 6 个月至 1 年更换一次，或根据实际情况和使用频率来确定更换周期，以保证作业人员眼部防护的有效性和安全性。

三、正确佩戴眼部防护装备

佩戴眼部防护装备的正确性对于确保眼部安全防护的有效性至关重要。对于佩戴护目镜或眼镜，需要正确调整镜腿或头带。镜腿或头带的调整应根据个人面部尺寸进行，确保眼部防护装备能够紧密贴合面部，不会晃动或过紧过松。过松的护目镜或眼镜容易脱落，影响防护效果；过紧则会给面部造成不适，影响工作效率。因此，应根据个人需求和面部尺寸适当调整镜腿或头带，确保佩戴舒适且稳固。

护目镜或眼镜的鼻托也是需要注意的部分。鼻托应适合个人鼻梁形状，避免过高或过低造成的不适感。过高的鼻托会使眼部防护装备不稳固，影响视线和防护效果；过低则可能压迫鼻子，引起不适感或留下印痕。因此，应选择适合个人鼻梁形状的护目镜或眼镜，并确保鼻托位置合适，不会影响工作和佩戴舒适度。佩戴眼部防护装备时应注意避免触碰镜片或面罩。过多的手触摸会导致镜片或面罩表面污染，影响视线清晰度和防护效果。因此，应避免用手直接触碰镜片或面罩，避免留下指纹或污渍。

四、避免长时间连续佩戴眼部防护装备

长时间连续佩戴眼部防护装备对于许多从事电力作业等需要眼部安全防护的人员来说是常态，但也需要注意眼部疲劳和不适感的问题。

经常性的眼部休息是非常重要的。在长时间佩戴眼部防护装备后，可以定期进行眼部休息，例如每隔一段时间暂时摘下护目镜或眼镜，让眼睛放松一会儿。这样可以缓解眼部压力，

减轻眼睛的疲劳感，提高工作效率和舒适度。可以采取适当的眼部保护措施。例如，在长时间作业中，可以选择具有防护性能的护目镜或眼镜，避免眼睛直接接触灰尘、颗粒物等有害物质。注意环境卫生，保持作业环境清洁，减少眼部暴露于有害物质的机会。保持良好的工作姿势也对减轻眼部疲劳有帮助。长时间作业时，应保持正确的坐姿或站姿，避免过度用眼或长时间处于不舒适的姿势，以减少眼部疲劳感和不适感的发生。保持良好的生活习惯也是减轻眼部疲劳的重要因素。例如，保持充足的睡眠时间，适当锻炼身体，避免过度疲劳和眼部过度用力，有助于减轻眼睛疲劳感。

五、 定期检查和更换眼部防护装备

眼部防护装备在电力作业等环境下是至关重要的个人防护装备，然而，随着时间的推移和使用频率的增加，这些装备可能会出现磨损、老化或损坏的现象。这些情况会严重影响眼部防护装备的防护效果，因此，定期检查并及时更换眼部防护装备至关重要。

定期检查眼部防护装备的外观是必不可少的。这包括检查眼镜或护目镜的镜片是否有划痕、裂纹或变形现象，检查眼部防护面罩是否有破损或松动等情况。如果发现以上问题，应立即停止使用该眼部防护装备，并及时更换新的装备，确保眼部防护的有效性。检查眼部防护装备的透明度和清晰度也是非常重要的。因为眼部防护装备主要的功能就是保护眼睛免受灰尘、化学品等有害物质侵害，如果眼镜或护目镜的镜片出现模糊或起雾的情况，将严重影响视线清晰度，降低防护效果。因此，应定期清洁眼部防护装备，并确保透明度良好，如发现模糊或起雾情况，也应及时更换新的眼部防护装备。眼部防护装备的舒适度也需要重视。长时间佩戴不舒适的眼镜或护目镜会导致眼部疲劳和不适感，影响工作效率和安全性。因此，应选择适合自己的眼部防护装备，并根据需要进行调整，确保舒适性和有效性。对于那些易于老化或损坏的眼部防护装备，如橡胶密封圈、塑料材质等，应特别关注其使用寿命和更换周期。一般来说，这些易损部件的使用寿命相对较短，应定期检查和更换，以确保眼部防护装备的稳固性和防护性能。

第三节 鼻部安全防护

一、选择合适的鼻部安全防护装备

在进行电力作业时，选择合适的鼻部安全防护装备至关重要。作业人员应根据实际作业环境和作业风险来合理选择鼻部安全防护装备，以保护呼吸道健康和安全。在存在有害气体或化学品的作业环境中，作业人员应选择具有防毒功能的防毒面具。防毒面具是一种重要的防护装备，能够有效阻隔有害气体、蒸汽或化学品对呼吸道的侵害，确保作业人员的呼吸系统不受污染。

对于粉尘较大的作业环境，作业人员可以选择防尘口罩或呼吸防护器。防尘口罩适用于防止粉尘、颗粒物等固体颗粒物质进入呼吸道，提供有效的防护。而呼吸防护器则能够过滤空气中的有害颗粒，确保作业人员呼吸到清洁的空气。选择合适的鼻部安全防护装备需要考虑多个因素。首先是作业环境中存在的具体危险因素，例如有害气体的种类和浓度、粉尘颗粒的大小和浓度等。其次是作业人员的个人健康状况和呼吸系统的敏感度，不同人对于有害物质的耐受程度可能有所差异。还要考虑作业时间和作业强度，长时间高强度的作业可能需要更高级别的防护装备。在选择鼻部安全防护装备时，作业人员应参考相关的标准和规定，确保所选装备符合国家标准并具有有效的防护功能。还要进行适当的培训和指导，确保作业人员正确佩戴和使用防护装备，提高防护效果。

二、了解鼻部安全防护装备的使用方法

作业人员在进行电力作业等环境下需要正确使用鼻部安全防护装备，这对于保护呼吸系统健康至关重要。作业人员应详细了解所使用的鼻部防护装备的使用方法和注意事项。这包括但不限于正确佩戴方式、调节位置、更换周期等方面的知识。正确佩戴鼻部安全防护装备是保证其防护效果的关键。作业人员应按照装备说明书或相关培训教材的指导，学习正确的佩戴方式。通常，防毒面具或防尘口罩等装备需要紧密贴合面部，确保无虚空或漏气现象，防止有害物质通过间隙进入呼吸道。

调节位置是确保鼻部防护装备有效性的重要步骤。作业人员应根据个人面部形状和舒适度，调整装备的带子或固定装置，使之紧密贴合面部，且不产生过紧或过松的情况。特别是对于防毒面具等装备，正确调节鼻托和面罩的位置，确保透气性和防护性的平衡。作业人员需要了解鼻部防护装备的更换周期。不同类型的装备可能有不同的更换频率，一般来说，应根据制造商建议或相关标准，定期更换防毒面具的滤罐或防尘口罩的滤芯等关键部件，以确保防护效果不受影响。作业人员还应注意保持鼻部防护装备的清洁和维护。定期清洗和消毒装备，避免污垢或细菌积聚影响防护效果。对于可更换部件的装备，及时更换损坏或老化的部件，确保装备的完好性和使用效果。作业人员还应接受相关的培训和教育，了解在特定环境下的应对措施和紧急处理方法。对于可能发生的意外情况，作业人员应知晓如何正确应对，保障自身和他人的安全。

三、保持鼻部安全防护装备的清洁和透气性

作业人员在使用鼻部安全防护装备时，定期清洁是确保其

有效性和持久性的关键步骤。这是因为装备表面可能会积聚灰尘、污垢或其他杂质，这些会影响装备的透气性和防护效果。因此，作业人员需要定期对防毒面具、防尘口罩等装备进行清洁，并确保其内部通风良好，以避免细菌滋生和呼吸不畅的情况发生。

定期清洁鼻部安全防护装备有助于保持其防护效果。作业人员应按照装备的使用说明或相关指导，选择适当的清洁方法和清洁剂。通常，可以使用温和的清洁剂和清水，轻轻擦拭装备表面，去除灰尘和污垢。对于内部部件，如防毒面具的滤罐或防尘口罩的滤芯，应根据制造商建议或相关标准，定期更换或清洁。作业人员还应确保清洁后的鼻部安全防护装备内部通风良好。可以将装备放置在通风干燥的地方，避免长时间存放在潮湿或密闭的环境中。这样可以有效防止细菌滋生和异味产生，同时保持装备的舒适度和防护效果。在清洁过程中，作业人员还应注意一些细节。例如，避免使用过热的水或过强的清洁剂，以免损坏装备表面或内部部件。清洁后，应用清水彻底冲洗干净，确保清洁剂残留物不会对装备产生不利影响。清洁后的装备应在通风良好的地方晾干，避免日晒或暴晒，以防止装备老化或损坏。

四、检查鼻部安全防护装备的密封性和稳固性

鼻部安全防护装备的密封性和稳固性对于防护呼吸道至关重要。作业人员在佩戴防毒面具或防尘口罩时，应确保其与面部的密封性良好，避免有害气体或粉尘从边缘渗透进入呼吸道。装备的稳固性也需要关注，确保在作业过程中不会松动或脱落。

保证鼻部安全防护装备与面部的密封性是非常重要的。密封性不良可能导致有害气体、粉尘或颗粒物从装备边缘渗透进入呼吸道，造成呼吸系统的危害。因此，在佩戴防毒面具或防

尘口罩时，作业人员应按照装备的使用说明或相关指导，正确调整装备，确保其与面部的密封性良好。这包括调整面罩或口罩的位置，确保贴合面部的每个部分，特别是鼻子、下巴和两侧的密封边缘。还可以根据需要调节面罩或口罩的带子或头带，确保装备紧密贴合面部，不留间隙。装备的稳固性也是需要关注的重要方面。在进行电力作业等工作时，作业人员可能会面临各种姿势变换或运动，因此装备的稳固性尤为重要。作业人员应确保装备的带子或头带调整到合适的位置，不可过紧或过松，以免影响佩戴舒适度和稳固性。在工作过程中，要定期检查装备是否松动或脱落，如发现问题应及时调整或更换装备，确保其始终保持良好的稳固性。

五、定期检查和更换鼻部安全防护装备

鼻部安全防护装备的使用寿命是关乎呼吸系统健康和安全的重要因素。作业人员应定期检查和更换装备，特别是防毒面具或呼吸防护器等装备，其过滤器、滤芯等部件随着时间的推移会逐渐老化或失效，影响防护效果。因此，应根据实际情况制定合理的更换周期，确保呼吸道始终得到有效保护。

防毒面具或呼吸防护器等装备的过滤器、滤芯等部件会随着使用时间和频率的增加而逐渐老化或失效。这些部件的老化会影响装备的过滤效果，导致有害气体、粉尘或颗粒物渗透到呼吸道中，危害呼吸系统健康。因此，作业人员在使用这些装备时，应定期检查过滤器、滤芯等部件的状态，如发现老化、损坏或失效现象，应及时更换新的部件，确保装备的防护效果。应根据实际情况制定合理的更换周期。不同类型的防护装备，如防毒面具、防尘口罩等，其使用寿命和更换周期可能会有所不同。一般来说，制造商会在产品说明书中标明推荐的更换周期或使用寿命，作业人员应按照这些建议进行更换。也要结合

实际作业环境和使用频率进行评估，制定适合的更换周期，确保装备的防护效果始终处于最佳状态。

第四节 耳部安全防护

一、选择合适的耳部安全防护装备

在电力作业或其他高噪声环境下工作时，选择合适的耳部安全防护装备至关重要。不同类型的装备适用于不同的工作环境和噪声程度，因此作业人员应根据实际情况进行选择。

耳部安全防护装备包括耳塞和耳罩两种主要类型。耳塞适合于噪声不是很高的环境，例如一些轻度噪声的作业场所或者间歇性噪声较小的工作环境。耳塞的优点在于小巧轻便，容易携带和使用，而且不会影响作业人员的活动和操作。而耳罩则适合于噪声较大或持续时间较长的工作环境，例如电力作业中的机械噪声或者设备运转噪声较大的现场。耳罩通常具有更好的隔声效果，能够更有效地降低外界噪声对作业人员的影响。耳罩还可以提供更全面的耳部覆盖，确保耳朵完全被罩住，有效隔离外界噪声。在选择耳部安全防护装备时，作业人员应根据工作环境的实际噪声情况进行评估。可以通过测量噪声水平或者根据作业经验来判断需要选择哪种类型的装备。另外，还要考虑到作业人员的个人舒适度和适应性，确保选用的装备既能够有效防护听力，又不影响作业人员的工作效率和舒适性。

二、正确佩戴耳部安全防护装备

在进行作业时，正确掌握耳部安全防护装备的佩戴方法至关重要。对于耳塞，作业人员应该首先确保双手清洁，并且将耳塞放在手指尖上。然后，轻轻拉起耳朵的上侧，使耳道打开，将耳塞插入耳道内，并且适当旋转耳塞，确保它完全进入耳道并与耳道壁贴合。正确的佩戴方法能够保证耳塞在耳道内稳固而又舒适，有效隔绝外界噪声。

对于耳罩，作业人员应首先确保耳罩的调节带或固定装置处于适当的位置。然后，将耳罩罩住耳朵，并将其轻轻按压以确保密封性。调整耳罩的位置，使得耳朵完全被罩住，耳罩与头部贴合紧密，避免留有缝隙或过松过紧。密封性的耳罩能够更有效地隔绝噪声，保护耳朵不受到外界噪声的侵害。正确的耳部安全防护装备佩戴方法不仅能够提供更好的防护效果，还能够提高作业人员的舒适度和工作效率。因此，作业人员应在使用耳塞或耳罩之前，详细了解其正确的佩戴方法，并严格按照指导进行操作。定期检查耳部安全防护装备的状态，确保其完好无损，也是保证防护效果的重要措施。

三、保持耳部安全防护装备的清洁和干燥

作业人员在使用耳部安全防护装备时，应重视装备的清洁和消毒工作，以确保其清洁卫生，提高防护效果。作业人员应当定期检查耳部安全防护装备的外观和内部状态。检查外观时，注意观察装备表面是否有灰尘、污垢或其他杂质，如果发现污垢应及时清洁。内部状态方面，检查耳塞是否有变形、裂纹或其他损坏，耳罩是否有松动或磨损等情况，如有问题应及时更换或修复。

对于耳塞，作业人员应采取适当的清洁方式，如使用温水和温和的肥皂清洁耳塞表面，然后用清水冲洗干净并晾干。避免使用含有酒精或强酸碱性的清洁剂，以免对耳塞材料造成损害。另外，定期消毒耳塞也是必要的，可以使用专用的消毒液或消毒湿巾进行消毒，确保耳塞清洁卫生。对于耳罩，应采取适当的清洁方法，如用湿布轻轻擦拭耳罩表面，避免用力过猛或使用化学清洁剂。对于可拆卸的耳罩垫，应经常清洗更换，

以保持内部干净和舒适。定期消毒耳罩也是必要的，特别是多人共用的耳罩，可以使用消毒液或紫外线消毒设备进行消毒处理。除了清洁和消毒，作业人员还应注意保持耳部安全防护装备的干燥。潮湿的环境容易导致装备变形、发霉或细菌滋生，影响使用效果和防护效果。因此，在存放耳部安全防护装备时，应选择干燥通风的环境，避免长时间暴露在潮湿或高温环境中。

四、检查耳部安全防护装备的状态

作业人员在进行电力作业或其他高噪声环境下的工作时，经常需要使用耳部安全防护装备，如耳塞、耳罩等，以保护听力免受噪声的损害。然而，这些耳部安全防护装备在长期使用过程中会出现磨损、裂纹、变形或松动等现象，影响其防护效果。因此，定期检查耳部安全防护装备的状态是确保其有效性的关键措施。

作业人员应当定期检查耳塞、耳罩等装备的外观和材质。在检查外观时，要注意观察装备表面是否有明显的磨损痕迹、裂纹、变形或松动等现象。如果发现装备表面存在这些问题，就可能意味着装备的防护效果已经受到影响，需要及时更换新的装备。作业人员还应该检查耳部安全防护装备的材质是否有变化。有些耳部安全防护装备可能采用了特殊的材料，如硅胶、聚氨酯等，这些材料在长时间使用后可能会出现老化或失效的情况。因此，需要定期检查装备的材质是否仍然具有良好的弹性和防护性能，如果发现材质有问题，也需要及时更换新的装备。作业人员在使用耳部安全防护装备时，还要注意其舒适度和密封性。耳塞、耳罩等装备应该能够舒适地贴合耳朵或头部，保持良好的密封性，防止噪声从耳部进入。如果发现装备密封性不佳或舒适度较差，也需要考虑更换新的装备，以确保防护效果不受影响。

五、根据实际需要调整佩戴方式和时间

在不同的工作环境和工作任务中，对耳部安全防护装备的佩戴方式和时间进行调整是非常重要的。特别是在噪声较大或持续时间较长的工作环境中，正确的佩戴方式和合理的佩戴时间可以最大限度地保护听力，提高工作效率和舒适度。

针对噪声较大或持续时间较长的工作环境，作业人员应增加佩戴耳部安全防护装备的时间。这可以通过延长佩戴时间段或增加佩戴频率来实现。例如，对于需要长时间在高噪声环境中作业的人员，可以考虑将佩戴时间从原本的几个小时延长至整个工作时间，或者每隔一定时间就进行一次休息，以减轻耳部受到的噪声刺激。作业人员还应根据个人舒适度和适应性进行调整。不同人的耳朵对于耳部安全防护装备的适应性有所差异，有些人可能会感到不适或压迫感，影响工作效率和舒适度。因此，在佩戴耳部安全防护装备时，应考虑个人的感受，并灵活调整佩戴方式，以保证佩戴效果和舒适性的平衡。还需注意工作环境的实际情况和要求。有些工作环境可能存在噪声程度不一致或噪声频率变化较大的情况，这就需要根据具体情况调整佩戴方式和时间。例如，在频繁变化的噪声环境下，作业人员可以根据实际情况随时调整佩戴时间和方式，确保听力得到有效保护。

第五节 躯体安全防护

一、选择合适的防护服或工作服

作业人员在进行电力作业或其他工作时，选择合适的防护服或工作服至关重要。这些服装需要符合国家标准和相关规定，同时具备防火、防化学品、防高温、防寒冷等功能，以确保作业人员在各种环境下都能受到有效的保护。防护服或工作服应

具备防火功能。在电力作业或其他易发生火灾的环境中，作业人员需要穿戴防火服装，以减少火灾发生时对身体的伤害。防火服装通常采用阻燃材料制成，具有一定的耐高温性能，能够在火焰侵袭下有效保护作业人员。

防护服或工作服需要具备防化学品功能。在接触化学品或有害物质的工作环境中，作业人员需要穿戴防化学品的服装，以防止化学品对皮肤或呼吸系统造成损害。这种服装通常采用特殊的防护材料，能够有效隔离化学品，降低接触风险。防护服或工作服还需要具备防高温和防寒冷的功能。在高温环境下作业时，作业人员需要穿戴具有良好透气性和耐高温性能的服装，以防止过热导致中暑或烫伤。而在寒冷环境下，作业人员需要穿戴保暖性好、防寒冷的服装，以避免体温过低引发冻伤或其他健康问题。针对不同的作业环境和作业风险，作业人员应选择相应类型的防护服或工作服。例如，在高温环境下作业的工人可能需要穿戴耐高温的防护服，而在接触化学品的工作环境中，工人则需要穿戴防化学品的服装。只有选择符合要求的防护服或工作服，才能确保其防护效果达到标准，保护作业人员的身体健康和安全。

二、 正确穿戴防护服或工作服

正确穿戴防护服或工作服对于保证身体安全防护的有效性至关重要。作业人员在穿戴时应注意以下几点，以确保服装能够有效地保护身体，提供良好的舒适性和工作灵活性。作业人员应将防护服或工作服全部穿戴整齐。这包括衣领、袖口、裤腿等部位，应紧贴皮肤，避免留下空隙或松散的部分，以防止外界物体、化学品或其他有害物质侵入。正确的穿戴可以有效地提高防护服或工作服的防护性能，降低外界因素对身体的伤害。

作业人员应注意调整服装的松紧度。服装过紧会限制身体的活动，影响工作的灵活性和舒适性；而过松则容易导致外部物体或有害物质侵入服装内部。因此，应根据个人身材和工作需求适当调整服装的松紧度，确保既能提供良好的防护效果，又不影响正常工作和活动。作业人员还应注意穿戴顺序。通常情况下，应先穿内衣、内裤等基础服装，再穿防护服或工作服，最后再穿外套或其他外部服装。这样可以确保各个部位的防护服装能够紧密贴合身体，达到最佳的防护效果。在穿戴防护服或工作服时，还应注意保持服装的整洁和干燥。及时清洗和保养服装，避免污垢、油渍等物质影响防护效果。应避免长时间穿着潮湿的服装，以防止细菌滋生或导致不适感。

三、定期检查和维护防护服或工作服

防护服或工作服在使用过程中确实会出现各种磨损、裂纹、污渍等现象，这些问题可能会严重影响其防护效果和舒适性。因此，作业人员应对服装进行定期检查、维护和清洁，以确保其完好性和使用效果。

作业人员应定期检查服装的外观和材质，特别注意检查是否有明显的磨损、裂纹或撕裂现象。这些问题可能会导致服装的防护性能下降，甚至无法正常使用。发现任何问题时，应及时更换或修复服装，确保其完好无损。作业人员应定期清洁和消毒服装。使用过程中，服装可能会接触到各种污渍、污垢和细菌，影响其卫生和舒适性。因此，应定期进行清洁和消毒，保持服装干净卫生。清洁时应使用适当的清洁剂和工具，彻底清除污渍和异味，确保服装焕然一新。作业人员还应注意保持服装的干燥。潮湿的服装容易滋生细菌和霉菌，影响穿着舒适性和卫生性。因此，在存放服装时应选择通风干燥的地方，避免长时间受潮或暴晒于阳光下，以延长服装的使用寿命和保持其质量。

四、注意环境因素对防护服或工作服的影响

作业人员在选择和使用防护服或工作服时，确实需要考虑外界环境因素对服装的影响，这对于保障作业人员的安全和舒适至关重要。针对不同的工作环境温度，作业人员应选择适合的服装。在高温环境下工作时，透气性好的服装可以帮助排汗和散热，避免过度热量积聚导致不适和中暑等问题。防高温的服装可以有效减少外界热量对身体的影响。相反，在寒冷环境下工作时，保暖性好的服装可以有效保持体温，避免受到低温侵害。

防护服或工作服的防水性能也是需要考虑的因素。特别是在潮湿或多雨的环境中工作时，选择具有良好防水性能的服装可以避免服装受潮而影响防护效果。防水性能好的服装不仅可以保持身体干燥，还可以有效防止水分对身体造成的不适和伤害。作业人员还应考虑服装的舒适性和灵活性。舒适性好的服装可以减少作业人员的疲劳感和不适感，提高工作效率和舒适度。具有良好灵活性的服装可以保证作业人员的活动自如，不受服装束缚影响正常工作。

五、遵守使用规定和操作要求

作业人员在穿戴和使用防护服或工作服时，确实需要严格遵守相关的使用规定和操作要求，这样才能有效地保护自身安全和健康。

作业人员应严格遵守相关的使用规定，不得随意更改或破坏服装结构。这是因为防护服或工作服的设计通常考虑了特定的安全因素和功能，任意更改或破坏可能会降低其防护效果，增加安全风险。因此，作业人员应按照规定的穿戴方法和步骤进行操作，确保服装能够发挥最大的防护作用。在特定环境下，

作业人员应按照规定配备其他个人防护装备，如手套、护膝等。这些个人防护装备通常与防护服或工作服配合使用，可以提供更全面的保护。例如，在进行高温作业时，配备耐热的手套可以有效防止热量对手部的伤害；在需要蹲下或跪下工作时，配备护膝可以保护膝盖不受损伤。作业人员还应定期接受相关的培训，掌握正确的使用方法和注意事项。培训内容可以包括防护服或工作服的正确穿戴方式、维护保养方法、注意事项等。通过培训，作业人员能够更加全面地了解防护服或工作服的使用要求，提高使用的效果和安全性。

第六节 手部安全防护

一、选择合适的手部安全防护装备

作业人员在选择手部安全防护装备时，需要充分考虑作业环境和工作任务的特点，以确保手部得到有效保护，保障作业安全。不同类型的作业环境可能会面临不同的危险因素，因此选择合适的手部安全防护装备至关重要。

对于接触化学品的作业，应选择具有防化学品腐蚀功能的防护手套。化学品可能对皮肤造成腐蚀或刺激，因此防护手套应具备抗化学品腐蚀的特性，例如采用耐腐蚀的材料制成，能够有效隔离化学品对皮肤的侵害，保护手部免受化学品的伤害。对于高温作业，应选择耐热的防护手套。高温环境可能会对手部造成灼伤或烫伤，因此防护手套应具备良好的耐热性能，能够承受一定温度范围内的高温，保护手部免受热源的伤害。对于机械作业，应选择具有耐磨、防刺穿功能的防护手套。机械作业可能会接触到锐利的物体或具有刺穿性的工具，因此防护手套应具备良好的耐磨性和防刺穿性能，能够有效保护手部免受机械伤害。在选择手部安全防护装备时，还应考虑其舒适性和适应性。手套应具有良好的透气性和舒适性，避免手部过于闷热或潮湿，影响作业人员的工作体验和效率。手套的灵活性也非常重要，能够保持手部灵活自如地进行各种操作，不影响工作效率。

二、正确佩戴手部安全防护装备

确保手部安全防护装备的正确佩戴是保障作业人员手部安全的关键。手套应该完全贴合手部，既不得过紧也不得过松。

过紧的手套可能会限制手部血液循环，影响手部灵活性和舒适性；过松的手套则可能导致手部在操作时出现松动感，影响工作效率并增加意外风险。因此，作业人员在选择手套时应选购合适尺码的手套，确保贴合度适当。手套的穿戴顺序也非常重要。手套应该从手指根部开始穿戴，逐渐向手指顶端展开。这样的穿戴方式能够确保手指能够完全伸展，手套与手部的贴合度更加紧密，提高了手部对外界环境的防护效果。作业人员还应注意手套的指缝部位是否合理。手套的指缝应该与手指长度相匹配，既不得太长导致手指在穿戴时感觉不适和影响操作，也不得太短影响手部灵活性。合理的指缝设计能够确保手指在穿戴手套时能够自然弯曲和伸展，不影响操作性和灵活性。

三、定期检查和维护手部安全防护装备

作业人员在进行工作时，手部安全防护装备的使用至关重要。为确保手部的安全和健康，作业人员应该定期检查手部安全防护装备的状态，并采取相应的措施来保养和维护这些装备。

定期检查手部安全防护装备的状态非常重要。作业人员应该仔细检查手套是否有磨损、裂纹、变形或其他损坏现象。这些问题可能会降低手套的防护效果，增加手部受伤的风险。如果发现手套有以上问题或者失效现象，作业人员应及时更换新的手套，确保手部的安全。定期清洁和消毒手套也是必不可少的。

作业环境中可能会存在各种污染物和细菌，如果手套长时间不清洁或者不消毒，会导致细菌滋生，增加手部感染的风险。因此，作业人员应定期对手套进行清洁和消毒，保持其干净卫生。清洁手套时，可以使用温和的清洁剂和清水，避免使用过于强烈的化学物质，以免影响手套的防护功能。

四、注意手部安全防护装备的防水性能

在需要接触水分的作业环境中，选择具有防水功能的手部安全防护装备至关重要。这种防水手套通常采用特殊的防水材料或涂层，能够有效阻隔水分，保持手部干燥，从而避免水分侵入手部造成不适或影响操作效果。防水手套的选择应符合作业环境的特点。不同的作业环境可能对手部的防护要求不同，因此需要根据实际情况选择适合的防水手套。例如，在进行水污染物清洗、液体处理或者涉水作业时，防水手套就显得尤为重要。这些手套可以有效地防止水分渗透到手部，保持手部干燥，减少不适感和操作障碍。

防水手套的材料和设计也需要考虑。优质的防水手套通常采用具有防水功能的特殊材料，如橡胶、乳胶、聚氨酯等，或者在手套表面涂覆防水涂层。这些材料和设计能够有效防止水分渗透，同时保持手部的灵活性和舒适度，不影响操作效果。作业人员在使用防水手套时也需要注意一些使用和保养方法。应确保手套的尺寸合适，既不过紧也不过松，以保证手套的防水效果和穿戴舒适性。定期检查和清洁手套也很重要，及时发现手套表面的污垢或磨损，并进行清洁或更换，以保持防水手套的功能和使用寿命。

五、注意手部安全防护装备的舒适性和适应性

在选择手部安全防护装备时，作业人员需要综合考虑多个因素，其中舒适性和适应性是至关重要的方面。除了关注防护

功能外，手套应具备良好的通风性和透气性，以确保手部在佩戴过程中不会感到过于闷热或潮湿，从而提高工作舒适度和操作效率。

手套的通风性和透气性对于长时间佩戴至关重要。在工作中，手部容易出汗，如果手套通风性不佳或透气性差，容易造成手部潮湿不适，甚至滋生细菌。因此，选择具有良好通风性和透气性的手套可以有效减少这种不适感，保持手部干燥舒适。手套的灵活性和操作性也是需要考虑的重要因素。作业人员在工作中需要频繁使用手部进行各种操作，如果手套过于僵硬或不灵活，会影响手部的灵活性和操作性，降低工作效率。因此，应选择具有良好灵活性和适应性的手套，确保手部能够自如地进行各种工作操作。手套的质量和材料也会影响舒适性和适应性。优质的手套通常采用柔软、透气性好的材料制成，如天然橡胶、乳胶、聚氨酯等，这些材料具有良好的透气性和弹性，可以提高手套的舒适度和适应性。

第七节 足部安全防护

一、选择适合作业环境的足部安全防护装备

作业人员在选择足部安全防护装备时，需要考虑多种因素，其中包括实际作业环境和工作任务的特点。这些因素直接影响着选择合适的安全鞋或工作靴，以确保足部的安全性和舒适性。需要考虑的是作业环境的特点。不同的作业环境可能存在不同的安全隐患，例如，需要防滑、防静电、防化学品腐蚀等。在需要防滑的工作环境中，比如涉及到油脂、水或其他润滑剂的场所，作业人员应选择具有防滑功能的安全鞋或工作靴，以确保在湿滑地面上步行时不易滑倒或摔倒。对于需要防静电的工作环境，如电子设备制造、精密仪器维护等场所，作业人

员应选择具有防静电功能的安全鞋，避免静电对设备和人员造成损害。

工作任务的特点也是选择足部安全防护装备的重要考虑因素。例如，在需要长时间站立或行走的工作任务中，作业人员应选择具有良好支撑和缓震效果的安全鞋或工作靴，以减轻脚部疲劳和不适感。对于需要频繁弯腰、蹲下或爬升的工作任务，如管道安装、设备维修等，作业人员应选择柔软且具有良好灵活性的安全鞋或工作靴，以确保足部能够自如地进行各种动作而不受限制。还需要考虑安全鞋或工作靴的材质和结构。对于需要防火、防化学品腐蚀等特殊功能的工作环境，作业人员应选择具有相应特性的安全鞋或工作靴，确保足部在面对特定危险时得到有效保护。还应注意安全鞋或工作靴的透气性和舒适度，避免长时间穿戴导致足部潮湿或不适。

二、确保足部安全防护装备符合国家标准和相关规定

作业人员在选择足部安全防护装备时，确保符合国家标准和相关规定是至关重要的。这些标准和规定旨在确保足部安全防护装备具有必要的功能和性能，能够有效保护足部免受外界危险因素的侵害。

符合国家标准和相关规定的安全鞋或工作靴通常具有多种功能，包括防滑、防磨损、防电击等。这些功能是根据工作环境和作业任务的特点而设定的，能够有效应对各种危险因素，保护足部免受伤害。例如，防滑功能能够在湿滑地面上提供良好的抓地力，防磨损功能能够延长安全鞋或工作靴的使用寿命，防电击功能能够避免电击事故发生。

符合标准的安全鞋或工作靴经过严格的检测和认证，质量和性能得到了保证。这意味着这些安全鞋或工作靴在设计、材

料选择、制造工艺等方面符合专业标准，具有较高的品质和可靠性。作业人员选择符合标准的安全鞋或工作靴，可以更加放心地使用，不必担心质量问题或性能不达标的情况。选择符合标准的安全鞋或工作靴也有利于避免违规问题和安全事故的发生。国家标准和相关规定是对安全鞋或工作靴性能和质量的具体要求，遵循这些标准可以降低因安全装备不合格而引发的责任和风险。因此，作业人员应在选择安全鞋或工作靴时，务必查看产品的认证证书、标志或相关标准编号，确保所选装备符合标准要求。

三、正确佩戴足部安全防护装备

作业人员在确保足部安全的过程中，正确佩戴足部安全防护装备是至关重要的。这不仅包括选择合适的安全鞋或工作靴，还包括正确的穿戴方法和注意事项。

作业人员在选择安全鞋或工作靴时，应根据自身需求和工作环境的特点进行选择。不同的工作环境可能需要不同类型的足部安全防护装备，如需要防滑、防刺穿、防静电等功能的安全鞋或工作靴。因此，应对工作环境进行全面的评估，确定所需的安全防护功能，然后选择符合要求的装备。选择合适尺码的安全鞋或工作靴也是十分重要的。安全鞋或工作靴应该贴合足部的曲线，不应过紧或过松，以确保足部的舒适性和稳固性。过紧的鞋子可能导致足部受压，影响血液循环和舒适感；过松则可能导致摩擦或脱落，影响工作安全。因此，应选择合适尺码的鞋子，并在试穿时确保足部没有明显不适感。正确穿戴安全鞋或工作靴也需要注意细节。例如，应确保鞋子的鞋带或鞋扣调整到合适的位置，确保鞋子紧密固定在脚上，避免在工作过程中脱落或松动。还应注意鞋子的内部衬垫和支撑，确保足部在长时间工作时得到充分支撑和舒适度。

四、定期检查和维护足部安全防护装备

作业人员在使用足部安全防护装备时，必须重视装备的维护和保养工作，以确保其防护效果和使用寿命。足部安全防护装备在使用过程中会经历磨损、老化或损坏的情况，这可能会影响其防护效果。因此，作业人员应定期检查安全鞋或工作靴的状态。

检查时应注意观察鞋面、鞋底、鞋带、鞋垫等部位是否有裂纹、变形、磨损等现象。如果发现有问题，应及时更换或修复，确保其完好性和使用效果。也应注意检查鞋子的防水性能，确保其防水功能有效，避免因接触水分而影响防护效果。作业人员还应定期清洁和消毒安全鞋或工作靴。鞋子在使用过程中会接触到灰尘、污垢等杂质，如果不及时清洁，可能会影响鞋子的透气性和舒适性，甚至引发细菌滋生导致脚部感染。因此，应定期使用清洁剂或肥皂水清洁鞋面、鞋底和鞋内，然后用清水冲洗干净并晾干。对于需要消毒的情况，可以使用消毒液或消毒喷雾对鞋子进行消毒处理，确保鞋子干净卫生。对于某些特殊材料制成的安全鞋或工作靴，还应注意避免长时间暴露在阳光下或高温环境中，以防止材料老化或变形。在不使用时应妥善存放，避免受潮或受损。

五、注意足部安全防护装备的舒适性和适应性

作业人员在选择和使用足部安全防护装备时，除了关注其防护功能外，还应特别注意装备的舒适性和适应性。这些因素对于长时间穿戴的安全鞋或工作靴来说至关重要，能够有效减少足部不适和提高工作效率和安全性。

合适的安全鞋或工作靴应具备良好的透气性。透气性能好的鞋子可以有效排除鞋内的潮湿和热量，保持足部干燥和舒适。这对于长时间穿戴来说尤为重要，避免了因鞋子内部潮湿而引

发的细菌滋生和脚部不适。舒适度是选择足部安全防护装备时需要重点考虑的因素。舒适的鞋子能够减少足部疲劳和不适感，提高作业人员的工作效率和舒适性。合适的鞋码、足弓支撑、足部缓冲等设计都可以有效提升鞋子的舒适性。足部安全防护装备还应具备良好的操作性。鞋子的设计应考虑到作业人员在工作中的行走、站立等动作，确保足部可以自如地进行步行和站立。鞋子的底部设计应具有足够的抓地力和防滑性，以避免意外滑倒或摔倒的风险。

第八节 坠落安全防护

一、选择合适的坠落安全防护装备

作业人员在进行高处作业时，首先需要考虑和选择合适的坠落安全防护装备，这对确保工作人员的安全至关重要。这些装备包括安全带、安全绳索、安全网等，每种装备都有其特定的应用场景和使用方法。

在选择坠落安全防护装备时，首先要考虑作业的高度。不同高度的作业可能需要不同类型的装备来确保安全。比如，在较低高度的作业中，可以选择简单的安全带或者安全绳索，而在较高高度或者需要频繁移动的情况下，则需要更为复杂和可靠的装备组合，比如安全带和安全绳索的组合使用。需要考虑作业的环境因素。作业环境可能包括室内和室外环境，还有可能存在各种障碍物和特殊条件。针对不同的环境，选择合适的坠落安全防护装备至关重要。例如，在室内狭窄的空间中作业时，可以选择安全绳索和安全带的组合，以确保在有限空间内也能够有效防止坠落事故发生。

作业方式也是选择装备的考量因素。有些作业可能需要工作人员频繁地上下移动，这就需要考虑使用方便、灵活性高的装备，比如带有快速扣的安全带或者具有伸缩功能的安全绳索等。对于垂直作业来说，安全带和安全绳索的组合是比较常见和有效的选择。安全带可以固定在腰部或者全身，而安全绳索则可以连接到固定点或者安全支架上，以提供坠落防护功能。在使用安全带和安全绳索时，作业人员需要确保正确穿戴，调整到合适的紧度，避免过紧或者过松导致安全带滑落或者不适。还需要注意安全网等装备的使用。安全网可以用于覆盖作业区域，防止作业人员坠落到地面或者其他危险区域。选择安全网时，需要考虑网格的密度、强度和安装方式等因素，确保其能够有效承载和阻挡坠落物体。

二、 正确佩戴和使用坠落安全防护装备

正确的佩戴和使用坠落安全防护装备是确保其有效性的关键。作业人员在进行高处作业时，安全带是保障个人安全的重要装备。要注意调整安全带的带子长度和紧固方式。带子长度应根据个人身高和体型进行合适的调整，确保安全带能够紧密固定在身体上，避免过紧或过松造成不适或安全隐患。在紧固时，要确保扣环牢固，不得松动或打开，以保证安全带的稳固性。

作业人员还应定期检查安全带和安全绳索的状态，以确保其安全性和可靠性。检查时要注意观察带子、扣环、接头等部位是否有磨损、裂纹或者锈蚀等问题。如果发现有以上情况，应及时更换或修复，以免影响安全带的使用效果和防护功能。特别是安全绳索的检查要更加仔细，确保其结实耐用、无断裂现象，以保证在坠落时能够有效承受身体重量并起到缓冲作用。

三、 加强坠落安全意识和培训

作业人员在进行高处作业时，坠落安全是至关重要的。因此，他们需要加强对坠落安全的意识和培训，以保障自身的安全。他们应该了解如何正确使用坠落安全防护装备。这包括正确穿

戴安全带、安全绳索等装备，并确保其紧固牢固，以有效防止坠落事故的发生。

作业人员还应学习如何判断作业环境的安全性。他们需要注意观察工作场所的环境因素，如地面的平整度、固定装置的稳固性等，判断是否存在坠落的风险。在进行高处作业前，应对工作环境进行全面的安全评估，并采取必要的防护措施，确保作业安全进行。作业人员还需要掌握如何应对突发情况。他们应该了解坠落事故的常见原因及应急处理方法，例如如何正确使用紧急下降装置、如何进行自救等。在紧急情况下，作业人员需要保持冷静，迅速采取正确的行动，以最大限度地减少事故带来的伤害。作业人员应定期进行坠落安全培训和演练，提高自身对于坠落安全的认识和应对能力。通过模拟实际作业场景进行演练，可以帮助他们熟悉正确的操作流程和应急处理方法，增强应对紧急情况的反应速度和准确性。

四、作业前进行综合评估和规划

在进行高处作业之前，进行综合评估和规划是确保作业人员安全的关键步骤。这个过程涉及对作业环境的全面评估，确定适当的安全防护装备和使用方式，制定详细的作业流程和紧急救援预案等方面。

综合评估作业环境的安全性是至关重要的。作业人员应该对作业场所的各个方面进行仔细观察和评估，包括工作高度、工作平台的稳定性、周围环境的情况等。他们需要确定是否存在坠落、滑倒、碰撞等风险，并采取相应的措施进行预防和控制。确定适当的安全防护装备和使用方式是必不可少的。根据作业环境和风险评估结果，作业人员应选择合适的安全带、安全绳索、安全网等装备，并确保其符合相关标准和规定。他们还应了解这些装备的正确使用方式，包括如何正确穿戴、调整和紧固，以及如何进行安全连接和锁定。

　　制定详细的作业流程和操作规范也是必要的。作业人员应该清楚了解整个作业流程，包括上岗前的准备工作、作业过程中的注意事项、作业结束后的清理工作等。他们需要遵守相关的作业规定和操作程序，确保每个步骤都符合安全要求，并严格执行。制定紧急救援预案是应对意外情况的重要措施。作业人员应该针对可能发生的紧急情况，如坠落、受伤等，制定相应的应急预案和救援流程。这包括确定紧急联系人、准备必要的救援装备和工具、培训作业人员应对紧急情况的方法等。

五、定期检查和维护坠落安全防护装备

　　坠落安全防护装备的定期检查和维护是确保作业人员安全的重要环节。作业单位应建立健全的装备管理制度，以确保安全带、安全绳索等装备的状态良好、功能完整，从而保障作业人员的安全。

　　装备的磨损、老化或损坏是使用过程中常见的情况，因此定期检查是必不可少的。检查应包括对装备外观的检视，查看是否有明显的磨损、裂纹或变形等情况，同时也需要对装备的功能进行测试，确保其正常运作。这样的检查应该在每次使用前都进行，并定期进行更加详细和彻底的检查，以确保装备处于良好状态。维护工作也是至关重要的一部分。对于发现的磨损、老化或损坏情况，应及时进行修复或更换。修复工作需要由专业人员进行，确保修复后的装备能够恢复原有的功能和性能。另外，还需要对装备进行清洁和保养，避免灰尘、污垢或其他杂质影响装备的使用效果。作业单位应建立健全的装备管理制度，明确责任人和管理流程。管理人员应具备相关的专业知识和技能，能够对装备进行正确的检查和维护。还需要建立详细的记录和档案，记录每次检查和维护的结果，以便于日后的跟踪和查阅。

第九节 个体防护用品的选用

一、作业环境评估和作业风险分析

在选择个体防护用品之前，必须进行全面的作业环境评估和作业风险分析。这一过程是确保作业人员安全的基础，能够帮助确定所需的个体防护用品种类和规格，以有效应对可能存在的危险因素。作业环境评估是对作业现场进行全面的观察和分析，以识别可能存在的危险因素。这些因素可能包括但不限于化学品、高温、高噪声、机械刺激、电击等。评估过程需要考虑作业环境的特点，包括作业场所的大小、通风情况、光照程度、工作高度、作业时间等因素。通过对作业环境的全面了解，可以有针对性地选择合适的个体防护用品。

作业风险分析是对可能发生的危险和风险的评估和预测。这需要综合考虑作业环境的特点以及作业任务的要求，分析可能导致意外伤害或事故的因素和潜在危险点。例如，在化学品作业环境中，可能存在化学品飞溅、腐蚀气体等危险；在高温环境下作业，可能存在热量过高导致烫伤等风险。通过对风险的分析，可以确定需要防护的部位和防护级别，从而选择合适的个体防护用品。综合作业环境评估和作业风险分析的结果，可以更准确地确定所需的个体防护用品种类和规格。例如，在化学品作业环境中，可能需要选择具有防腐蚀功能的防护眼镜、防护面罩、防护手套等；在高温环境下作业，可能需要选择耐高温的防护服、防热手套等。不同作业环境和作业任务可能需要不同类型和级别的个体防护用品，因此必须根据实际情况进行选择。

二、 选择符合标准的个体防护用品

确保个体防护用品符合国家标准和相关规定是保障作业人员安全的重要措施。个体防护用品的选择不仅涉及到品种和规格，还需要对其质量、性能、安全性等方面进行全面评估，确保其能够有效地保护作业人员免受外界危险因素的侵害。

个体防护用品必须符合国家标准和相关规定。这包括了对防护用品的设计、生产、测试和认证等方面的要求。例如，防护眼镜、防护面罩、防护手套等个体防护用品应该具有相应的防护功能和防护等级，能够有效阻隔化学品、高温、高压、机械刺激等外界危险因素的侵害。只有符合标准和规定的个体防护用品才能够确保其安全性和有效性。个体防护用品的质量是保障作业人员安全的基础。优质的个体防护用品应该具有坚固耐用、防护性能稳定、舒适性好等特点。在选择个体防护用品时，作业单位应重视产品的质量标准和制造工艺，确保所选用品质量可靠，能够长期保持防护效果。

除了质量，个体防护用品的性能也至关重要。不同类型的个体防护用品具有不同的防护性能和防护等级，需要根据具体作业环境和风险评估结果进行选择。例如，在化学品作业环境中，需要选择具有防腐蚀功能的防护眼镜、防护面罩、防护手套等；在高温环境下作业，需要选择耐高温的防护服、防热手套等。个体防护用品的性能应与作业环境和作业任务相匹配，确保其防护效果符合要求。个体防护用品的安全性也需要重视。安全性包括了对使用过程中可能出现的问题进行评估和预防，例如防护用品的材料是否安全无害、是否易于清洁和消毒等。作业单位应定期对个体防护用品进行检查和维护，确保其安全性能得到保障。

三、考虑作业任务和工作环境特点

在选择个体防护用品时，考虑作业任务和工作环境的特点是至关重要的。不同的工作任务可能需要不同类型的个体防护装备，因此应根据实际情况选择最适合的个体防护用品，以确保作业人员在工作中得到有效的保护。

对于化工作业等可能接触化学品的工作环境，应选择具有防化学品腐蚀功能的个体防护用品。这包括防护眼镜、防护面罩、防护手套等，这些防护装备应具有良好的防护性能，能够有效隔离化学品对眼睛、面部和手部的侵害，确保作业人员的安全。在高温作业环境下，应选择耐热的个体防护用品。例如，耐高温的防护服、防热手套等可以有效保护作业人员免受高温灼伤的危险，确保其在高温环境下的工作安全。在高噪声环境下作业，应选择具有防噪声功能的个体防护用品。防噪声耳塞、防噪声耳罩等可以有效减轻作业人员受到的噪声刺激，保护其听力不受损伤。对于需要进行机械作业的环境，应选择具有防机械刺激功能的个体防护用品。例如，防护头盔、防护面具、防护手套等可以有效保护作业人员的头部、面部和手部不受机械冲击和刺激。对于特殊环境或特殊作业任务，可能还需要选择其他类型的个体防护用品。例如，在辐射环境下作业需要选择防辐射服装，而在粉尘环境下作业需要选择防尘口罩等。

四、培训和使用说明

在选择个体防护用品后，作业人员必须接受相关培训，以确保他们了解如何正确佩戴和使用这些个体防护装备。

培训内容应包括个体防护用品的选择。作业人员需要了解不同类型的个体防护用品及其适用范围，例如防护眼镜、防护面罩、防护手套等。他们需要了解在不同的作业环境和作业任务下应选择何种个体防护用品，以确保其防护效果能够最大化。

培训内容还应涵盖个体防护用品的佩戴方法。作业人员需要学习如何正确佩戴各种个体防护装备，包括调整带子或松紧度、固定装置等。正确的佩戴可以有效地提高装备的防护效果，并减少因佩戴不当导致的安全隐患。培训还应包括个体防护用品的调整和维护。作业人员需要了解如何根据实际情况调整个体防护用品，确保其紧密贴合身体且舒适灵活。他们还需要学习如何对个体防护装备进行日常的维护保养，包括清洁、消毒、存放等，以延长装备的使用寿命并确保其正常功能。

培训的另一个重要内容是了解个体防护用品的使用注意事项和应对突发情况的方法。作业人员需要了解在特定作业环境或工作任务下，个体防护用品可能面临的挑战和问题，并学习相应的解决方法和对策。他们还需要了解如何应对突发情况，包括紧急撤离、紧急救援等，以确保在发生意外情况时能够及时有效地采取措施。个体防护用品的使用说明书也是必不可少的参考资料。作业人员应仔细阅读个体防护用品的使用说明书，并按照说明正确使用装备。这些说明书通常包含了关于装备的详细信息、使用方法、注意事项等，对于作业人员正确使用个体防护装备起到了重要的指导作用。

第十节 个体防护装备

一、个体防护装备的选择原则

个体防护装备的选择是确保作业人员安全的重要环节。选择合适的个体防护装备需要考虑多个方面，包括作业环境、风险特点以及装备本身的适合性、符合性、有效性、舒适性和便捷性等因素。

装备必须适合具体的作业环境和任务。不同的作业环境可能存在不同的危险因素，例如，化学品飞溅、高温热源、机械冲击等，因此需要选择相应的个体防护装备来进行防护。比如，化学品作业可能需要防护眼镜和防护手套，高温作业可能需要耐热的防护服，而机械作业可能需要防护头盔和防护靴等。装备必须符合国家标准和相关规定。这是保证装备质量和性能达到要求的重要保障。只有符合标准的个体防护装备才能有效地保护作业人员免受外界危险因素的侵害。

有效性意味着装备能够有效地防护作业人员。这包括装备的防护功能、防护等级以及使用方法是否正确。有效的个体防护装备能够最大限度地减少作业人员受伤的可能性，提高工作安全性。舒适性和便捷性也是重要的考量因素。作业人员在使用个体防护装备时需要感到舒适，并且装备不应影响正常的工作操作。否则，作业人员可能会感到不适，影响工作效率和工作质量。

二、头部防护装备

头部防护装备在工业作业和特定环境下具有重要作用，主要包括安全帽和防护头盔。这些装备的选择和正确佩戴对于保护作业人员头部免受打击、冲击或其他危险因素的影响至关重要。头部防护装备的重要性不可忽视。在许多作业环境中，头部是最容易受到伤害的部位。例如，在建筑工地、机械加工厂、高空作业场所以及某些运动比赛中，都存在着可能导致头部受伤的危险因素，如落下的物体、冲击力、高温、电击等。因此，选择适合的头部防护装备并正确佩戴是保障作业人员安全的重要步骤。

选择头部防护装备应遵循一定的原则。首先是符合标准。安全帽和防护头盔应符合国家标准或相关行业标准，具有相应的防护等级和功能。其次是根据作业环境选择合适的头部防护装备。不同的作业环境可能需要不同类型的头部防护装备，如安全帽适用于一般工地作业，而防护头盔适用于高空作业或特殊工种。最后是确保装备的质量和性能良好，经常检查和维护装备，及时更换损坏或老化的装备。正确佩戴头部防护装备也是至关重要的。首先是选择合适尺码的安全帽或防护头盔，确保能够完全覆盖头部，并留有适当的空间以容纳头发或头巾。其次是调整头部防护装备的带子或固定装置，确保装备紧密贴合头部，不过紧也不过松，能够稳固地固定在头部位置。佩戴头部防护装备时还应注意头部清洁和保持干燥，避免长时间潮湿或污染影响防护效果。

三、眼部防护装备

眼部防护装备在工作场所中起着至关重要的作用，特别是在存在化学品飞溅、粉尘、异物飞射等危险因素的作业环境中。正确选择和使用眼部防护装备不仅可以保护作业人员的视力，还可以预防眼部伤害和事故发生。眼部防护装备的重要性不可忽视。在许多工作场所中，眼睛是最容易受到伤害的部位。例如，在化工厂、实验室、建筑工地、木工厂等环境中，可能存在化学品飞溅、粉尘、木屑、金属碎片等危险因素，这些都有可能对眼睛造成损伤。因此，选择适合的眼部防护装备是非常必要的。

选择眼部防护装备应遵循一定的原则。首先是符合标准。眼部防护装备应符合国家标准或相关行业标准，具有相应的防护等级和功能。例如，防护眼镜应具有防护化学品飞溅、防护粉尘等功能。其次是根据作业环境选择合适的眼部防护装备。不同的作业环境可能需要不同类型的眼部防护装备，如防护眼镜适用于一般工业作业，而防护面罩适用于高风险、粉尘密集的环境。最后是确保装备的质量和性能良好，经常检查和维护装备，及时更换损坏或老化的装备。为了保证清晰视野和不影响正常视觉，作业人员在选择和使用眼部防护装备时需要注意以下几点。首先是选择透明度高、防雾性好的眼部防护装备，确保清晰视野。其次是选择合适尺寸和舒适度好的眼部防护装备，确保佩戴时不会产生不适感。另外，还应注意清洁眼部防护装备，避免灰尘或污物影响视线。

四、呼吸道防护装备

呼吸道防护装备在许多作业环境中扮演着至关重要的角色，特别是在需要防护吸入有害气体、粉尘、烟雾等危险因素的作业环境中。正确选择和使用呼吸道防护装备不仅可以保护作业人员的呼吸系统健康，还可以有效预防各种呼吸道疾病和损害。呼吸道防护装备的重要性不容忽视。在许多工作场所中，可能存在各种有害气体、粉尘、烟雾等危险因素，长期暴露于这些环境中会对作业人员的呼吸系统造成损害，甚至引发严重的呼吸道疾病。因此，选择适合的呼吸道防护装备对于保护作业人员的健康至关重要。

选择呼吸道防护装备应遵循一定的原则。首先是根据作业环境和危险因素选择合适的呼吸道防护装备。不同的作业环境可能需要不同类型的口罩或防毒面具，例如一次性口罩适用于一般工业环境，而防毒面具适用于高风险的化学品作业环境。其次是确保呼吸道防护装备符合国家标准或相关行业标准，具有良好的密合性和过滤效果。最后是经常检查和更换呼吸道防护装备，避免使用过期或损坏的装备，保证其有效性和可靠性。为了确保呼吸道防护装备的密合性和过滤效果，作业人员在选择和使用时需要注意以下几点。首先是选择适合的口罩或防毒面具，确保其密合性良好，没有漏气现象。其次是选择具有良好过滤效果的装备，可以有效过滤空气中的有害颗粒和气体。另外，还应注意调整和佩戴装备的方法，确保贴合面部，避免气体或颗粒从边缘渗透。最后是定期更换滤芯或过滤器，避免因使用时间过长而影响过滤效果。

五、手部和足部防护装备

在工作环境中，特别是在接触化学品、高温、机械刺激等危险因素的情况下，选择适合的手部和足部防护装备至关重要。这些装备包括防护手套、安全鞋、防护靴等，它们的正确选择和使用可以有效保护作业人员免受外界危险因素的侵害，保障其健康和安全。手部防护装备在作业中起着至关重要的作用。对于接触化学品的作业环境，应选择具有防化学品腐蚀功能的防护手套，确保手部不受化学品侵害。对于高温作业环境，应选择耐热的防护手套，以防止热源对手部造成伤害。而在机械作业中，应选择具有耐磨、防刺穿功能的防护手套，保护手部不受机械刺激的伤害。无论是哪种作业环境，都应确保防护手套的干净和完好，及时更换损坏或老化的手套，以保证有效的防护效果。

足部防护装备同样至关重要。在危险作业环境中，应选择符合国家标准和相关规定的安全鞋或防护靴，确保其具有防滑、防磨损、防电击等功能。对于需要防水的作业环境，应选择具有防水功能的足部防护装备，避免水分侵入对足部造成不适或影响操作效果。足部防护装备也需要保持干净和完好，定期检查和维护，及时更换损坏或老化的装备，以确保足部的有效防护。在选择和使用手部和足部防护装备时，还应注意以下几点。首先是确保装备符合国家标准和相关规定，具有良好的防护功能和防护等级。其次是选择适合的尺寸和材质，确保装备能够贴合手部和足部，不影响正常工作操作。另外，还应定期检查和维护装备的状态，保持其干净卫生和完好性，以保证其有效性和可靠性。

第六章 安全生产管理体制机制与主要方法

第一节 安全生产管理体制机制

一、确定各级管理部门的职责和权限

在建立安全生产管理体制机制时，首要任务是明确各级管理部门的职责和权限。这包括安全生产领导小组、安全生产管理部门以及安全生产监督检查部门等。安全生产领导小组应负责制定安全生产工作的总体方针和政策，明确各级管理部门的职责范围和管理权限。安全生产管理部门则负责具体的安全生产管理工作，包括安全检查、事故调查处理、安全培训等。而安全生产监督检查部门则承担监督检查和评估安全生产工作的职责，确保各项安全措施得到有效执行和落实。

在安全生产领导小组的组建中，应确定领导小组成员，明确各成员的职责和权责，确保各成员能够履行职责并协同配合，形成合力推进安全生产工作的局面。领导小组应制定安全生产的总体工作方针和政策，为安全生产工作提供指导和保障。领导小组应定期召开会议，对安全生产工作进行评估和调整，及时研究解决安全生产中的重大问题和难点。安全生产管理部门是负责具体执行安全生产工作的部门，其职责范围涵盖了多个方面。安全生产管理部门应负责制定和实施安全生产管理制度，包括安全检查制度、事故调查处理制度、安全培训制度等，确保安全生产工作有序开展。安全生产管理部门要组织开展安全生产检查和评估工作，发现和解决安全隐患，预防和减少安全事故发生。安全生产管理部门还要开展安全培训工作，提高员工的安全意识和应急处置能力，确保员工安全生产知识和技能的掌握和运用。安全生产监督检查部门是对安全生产工作进行监督和检查的机构，其主要职责是监督各级管理部门和相关单位落实安全生产措施，确保各项安全制度得到有效执行和落实。监督检查部门应制定监督检查计划，定期对各单位进行安全生产检查和评估，发现和纠正安全生产中存在的问题和缺陷。监督检查部门还要对安全生产工作进行评估和统计，定期向上级管理部门报告工作进展和问题反馈，推动安全生产工作的持续改进和提升。

二、建立健全安全生产管理制度

在安全生产管理体制机制中，建立健全的管理制度是至关重要的。这包括安全生产责任制度、安全生产规章制度以及安全生产操作规程等。安全生产责任制度要求各级管理部门和相关人员明确安全生产的责任和义务，确保责任到人、分工明确。安全生产规章制度则规定了安全生产工作的具体规范和标准，包括作业规范、安全操作流程等。安全生产操作规程则是针对具体工作环节的安全操作程序，旨在指导员工正确、规范地进行安全生产工作。

安全生产责任制度的建立是确保安全生产工作有效推进的重要保障。各级管理部门和相关人员必须明确自己在安全生产中的责任和义务，包括安全生产目标的达成、安全措施的执行、安全隐患的排查整改等。责任到人意味着责任人要承担起自己的责任，积极履行职责，确保安全生产工作有序推进。分工明确则是指各部门、各岗位在安全生产工作中的具体职责和分工要明确清晰，避免责任模糊或推诿责任的情况发生。安全生产规章制度是规范安全生产工作的基础，它规定了安全生产工作的具体规范和标准。这些规章制度包括了安全生产的基本原则、安全操作的流程和要求、应急预案等内容。通过规章制度的建立，可以统一安全生产工作的标准和要求，提高工作的规范性和标准化水平，减少安全事故的发生。安全生产操作规程是具体工作环节的安全操作程序，是将安全生产规章制度转化为实际操作的具体指导。例如，在进行高危作业时，应该有相应的安全操作规程，明确操作流程、安全防护措施、应急处理方法等，确保作业人员在操作过程中严格按照规程要求进行，最大限度地避免事故发生。

三、建立健全安全生产信息报告和反馈机制

安全生产信息报告和反馈机制是保障安全生产管理有效运行的重要环节。这一机制包括及时收集、汇总和分析安全生产相关信息，为决策提供科学依据和数据支持。通过建立信息报告和反馈机制，可以及时发现安全隐患和问题，并采取有效措施加以解决，确保安全生产工作持续稳定运行。

安全生产信息报告和反馈机制的建立涉及多方面的内容和环节。需要建立完善的信息收集系统，包括对安全生产相关信息的定期收集、整理和归档。这些信息包括安全事故报告、安全检查结果、隐患排查信息、安全生产投入和产出情况等。建立信息汇总和分析机制，将收集到的信息进行汇总和分析，发现问题、总结经验，并及时反馈给相关部门和责任人。还需要建立信息报告和反馈的流程和机制，明确信息报告的来源、报告对象、报告内容和报告频率等，确保信息流畅、准确、及时。信息报告和反馈机制的建立有助于及时发现和解决安全生产工作中存在的问题和隐患。通过及时收集和分析信息，可以发现安全隐患和问题的根源，采取针对性的措施进行整改和改进。信息报告和反馈机制也有助于评估安全生产工作的效果和成效，

及时调整工作策略和措施，提高安全生产管理的科学性和有效性。在建立安全生产信息报告和反馈机制时，需要注意以下几点。信息报告和反馈应该及时准确，确保信息的真实性和可靠性。信息报告和反馈应该充分利用现代化信息技术手段，提高信息处理和传递的效率。建立信息报告和反馈的责任制度，明确各级管理部门和相关人员的责任和义务。最后，信息报告和反馈应该与安全生产管理体制机制相配合，形成有机统一的管理体系，实现信息的无缝衔接和有效利用。

四、建立安全生产教育培训机制

建立健全的安全生产教育培训机制是提升员工安全意识和应急处置能力的重要途径，也是安全生产管理体制机制中不可或缺的一环。通过教育培训，可以有效提高员工对安全生产的认识和理解，增强其安全意识和自我保护能力，从而有效预防和减少安全事故的发生。

建立安全生产教育培训机制需要制定详细的安全生产培训计划。这个计划应该包括培训内容、培训对象、培训形式、培训周期等方面的具体安排。培训内容可以包括安全生产法律法规、安全操作规程、应急预案、安全设备使用等相关知识，针对不同岗位和工种的员工进行有针对性的培训。需要开展安全生产知识培训，通过讲座、培训班、在线课程等形式向员工传授安全生产知识。这种培训不仅可以提高员工对安全规定和操作流程的了解，还可以增强其对安全风险的识别和评估能力，使其具备自我保护和应急处置的能力。组织安全演练也是安全生产教育培训的重要方式。通过模拟真实的安全事故场景，让员工参与演练并学习正确的处置方法和应急反应，提高其应对突发情况的能力。安全演练还可以发现培训不足之处，及时调整培训计划和内容，提升培训的实效性和针对性。在建立安全生产教育培训机制时，还应注重培训效果的评估和反馈。通过定期对员工进行培训效果评估，收集员工的培训反馈和意见建议，及时调整和改进培训计划，确保培训工作持续有效地进行。

五、依托科学的组织结构和高效的信息反馈机制

建立和完善安全生产管理体制机制需要依托科学的组织结构和高效的信息反馈机制，这两者相互配合、相互促进，共同构建起一个有效、高效的安全生产管理体制机制。

科学的组织结构是保障安全生产管理体系有序运行和高效管理的基础。在安全生产管理体制中，应该明确各级管理部门的职责和权限，建立起分工明确、责任到人的管理体系。安全生产领导小组应负责制定安全生产工作的总体方针和政策，明确各级管理部门的职责范围和管理权限。安全生产管理部门则负责具体的安全生产管理工作，包括安全检查、事故调查处理、安全培训等。安全生产监督检查部门则承担监督检查和评估安全生产工作的职责，确保各项安全措施得到有效执行和落实。这种科学的组织结构可以保证安全生产管理工作有序、高效地开展，形成协同合作、责任明确的管理体系。

高效的信息反馈机制是确保安全生产管理体系运行的重要保障。信息反馈机制包括及时收集、汇总和分析安全生产相关信息，并将这些信息反馈给相关管理部门和责任人。通过信息反馈，可以及时发现安全隐患和问题，加强对安全生产工作的监督和管理。信息反馈还可以为管理决策提供科学依据和数据支持，使管理者能够更加准确地判断当前安全生产状况，及时调整和改进管理措施。高效的信息反馈机制可以使安全生产管理体系更加灵活、高效，更好地适应和应对不断变化的安全生产环境。

第二节 安全生产管理主要方法

一、系统性安全风险识别评估方法

在安全生产管理中，采取系统性的安全风险识别评估方法是确保安全生产的首要步骤。这一过程涉及对电力生产过程中可能存在的各类安全风险进行全面分析和评估。需要对电气安全、火灾爆炸、机械安全、化学品安全等方面的风险进行深入的分析。电气安全方面主要考虑电路和设备是否符合标准，电气设备是否存在漏电、短路等隐患；火灾爆炸方面需考虑电力设施和化学品可能引发的火灾爆炸风险；机械安全方面则需关注设备运行过程中可能出现的机械故障、设备损坏等情况；化学品安全方面则需要评估化学品的储存、使用过程中可能引发的安全风险。

通过这种系统性的评估方法，企业能够全面了解各类安全风险的来源和特点。例如，对于电气安全，企业可以对电路和设备进行定期检查，确保其符合安全标准，预防漏电、短路等问题；对于火灾爆炸安全，企业可以建立火灾预防和扑救措施，加强火灾风险管理；对于机械安全，企业可以实施设备定期检修、维护保养计划，预防机械故障导致的安全事故；对于化学品安全，企业可以建立安全的储存和使用程序，加强对化学品的管理和监控，减少化学品泄漏或事故的发生。这种系统性的安全风险识别评估方法为企业制定有效的安全管理措施提供了科学依据。通过对潜在风险的清晰认识和了解，企业可以有针对性地制定安全管理措施，减少事故发生的可能性，保障员工和设施的安全。这种方法还能够帮助企业预见可能发生的安全问题，及时采取措施加以解决，确保安全生产工作的持续稳定运行。

二、有效的预防控制措施

在识别评估安全风险的基础上，实施有效的预防控制措施是确保安全生产的关键步骤。制定和执行安全操作规程是预防控制的重要手段。安全操作规程旨在明确安全操作流程和标准，确保员工在工作中按照规定进行操作，避免操作失误或不当操作导致的安全事故发生。通过规范的安全操作流程，可以有效减少操作风险，保障员工的安全。

配备和使用符合标准的个体防护装备也是预防控制的重要环节。个体防护装备如防护眼镜、耳塞、防护手套等，可以有效防止员工在作业过程中受到外界危险因素的侵害，保护其身体部位免受伤害。企业应根据实际情况，选择符合标准、适合作业环境的个体防护装备，并确保员工正确佩戴和使用。加强设备设施的定期检查和维护也是预防控制的关键环节。定期检查设备设施可以及时发现潜在的安全隐患和问题，采取措施修复或更换设备，确保设备运行的正常和安全。维护设备设施可以延长其使用寿命，减少因设备故障引发的安全事故。因此，企业应建立健全的设备设施维护管理制度，制定定期检查和维护计划，确保设备设施的安全可靠性。

三、建立健全的应急处理机制

企业在安全生产管理中，应急处理是一个至关重要且不可或缺的环节。为此，建立健全的应急预案是必要的措施。应急预案需要详细规定各类突发事件和安全事故的处理流程、责任分工、应急措施等内容，以确保在发生突发事件时，能够迅速、有效地进行应对和处置。这种预案的建立可以使企业在应对突发事件时有章可循，减少混乱和失控的可能性。

除了建立应急预案，组织开展应急演练也是非常重要的。应急演练是指通过模拟实际情况，检验应急预案的可行性和有效性，提高员工应对危机的能力和水平。通过演练，可以发现预案中存在的不足之处，及时进行改进和完善，确保在实际发生突发事件时，能够做到应对有序、迅速、有效。建立应急处置队伍也是应急处理机制的关键举措。应急处置队伍应当包括专业的应急处理人员，他们应具备应急处置的专业知识和技能，能够迅速响应并有效地处置突发事件。企业还应为应急处置队伍提供必要的应急设备和资源，确保他们在危机时刻能够快速出动并有效执行应急措施。

四、加强安全监督检查

安全监督检查在保障安全生产方面具有非常重要的作用。企业应该加强对安全生产工作的监督检查，以确保各项安全措施能够得到有效执行和落实。这种监督检查包括了定期组织安全检查和评估，以便及时发现问题并进行整改和处理，及时采取有效措施防范安全事故的发生。通过对安全生产工作的全面监督，可以有效降低安全风险，提高安全管理水平，从而保障员工的生命安全和企业的正常运营。

在进行安全监督检查时，需要重点关注以下几个方面：对生产设施、设备的安全性进行检查评估，确保设施设备符合安全标准，不存在安全隐患；对工作环境进行检查，包括对通风、照明、防火等方面的检查，确保工作环境符合安全要求；对员工的安全操作行为进行检查，确保员工严格遵守安全操作规程，正确使用个体防护装备；最后，对安全管理制度和应急预案的执行情况进行检查，确保制度的严格执行和应急预案的可行性。除了加强安全监督检查外，企业还应该加强对员工的安全教育培训，提高员工的安全意识和应急处置能力。安全教育培训应该包括安全知识的传授、安全操作技能的培养、应急演练的开展等内容，以增强员工对安全事故的防范意识和自救能力。

第七章 日常工作管理

第一节 主要日常工作管理

一、日常工作流程

在日常工作管理中，明确工作流程是非常重要的，这包括了工作的开展顺序、各个环节的流程和衔接、相关文件和资料的使用等。

工作任务的来源可以是上级领导、工作计划会议或其他部门的需求等。下达方需要确保任务的明确性和可执行性，并及时传达给相关责任人员，以便他们能够准确理解任务内容和要求。一旦工作人员接收到任务，他们需要进行确认并理解任务的内容、要求和期限。在这个过程中，与下达方积极沟通是至关重要的，以明确任务细节并消除可能存在的误解。根据接收到的任务，工作人员需要制定详细的工作计划。这包括确定工作的时间安排、人员配备、资源需求等，以确保工作计划的合理性和可执行性。工作人员应严格按照工作计划和要求进行工作执行。他们需要按照规定的程序和标准进行工作，确保工作质量和安全。完成工作后，工作人员需要及时向上级或相关部门进行工作汇报。汇报内容应包括工作完成情况、遇到的问题及解决方案、工作成果等，以便上级或相关部门了解工作进展情况。在工作结束后，进行工作总结和评估是非常重要的。这包括对工作过程中存在的问题和不足进行分析，提出改进措施和建议，以确保类似工作在未来能够更加顺利进行。

二、责任分工

在日常工作管理中，明确责任分工是确保工作有序进行、提高工作高效性和安全性的关键环节。领导责任方面，各级领导需要全面负责工作的组织和管理。这包括确定工作任务和目标，制定工作计划，指导和督促工作人员，以及解决工作中遇到的问题。领导的责任是确保整个工作流程有序、高效、安全地进行。

工作人员责任方面，工作人员需要按照领导的要求和安排进行工作。这包括执行工作任务，遵守工作规定和程序，保证工作质量和安全，以及及时向领导汇报工作情况等。工作人员的责任是在工作中尽职尽责，保证任务按时完成且质量可控。部门协作责任方面，不同部门之间需要进行有效的协作，确保工作的顺利进行。部门之间应明确职责分工和协作方式，加强沟通和配合，共同完成工作任务。部门之间协作的良好与否直接影响到整个工作流程的顺畅性和效率。安全责任方面，所有工作人员都要对工作安全负有责任。要求工作人员严格遵守安全操作规程，加强安全意识培训，及时发现和报告安全隐患，确保工作安全进行。安全责任的重要性不可忽视，因为安全问题可能对整个工作流程造成严重影响。管理责任方面，管理人员需要对工作的组织和管理负有更加具体的责任。包括制定工作流程和规范，指导工作人员执行工作任务，监督工作进展和质量，及时解决工作中出现的问题等。管理责任是确保工作有序、高效、安全进行的关键。

三、工作程序

工作程序是指按照一定规范和程序进行工作的方法和步骤。在日常工作管理中，工作程序的合理性和执行情况直接影响到工作的高效性和安全性。

制定标准化的工作程序是至关重要的。这意味着明确工作的各个环节和步骤，确保工作流程的规范性和可控性。工作人员需要严格按照这些标准程序进行工作，以保证工作顺利进行，并且规范了工作流程，减少了不必要的错误和混乱。流程优化也是工作程序的重要方面。通过不断地优化工作流程和程序，可以提高工作的效率和质量。这需要工作人员积极提出改进意见和建议，以实现工作的精细化和高效化。通过流程优化，可以节省时间和资源，提高工作的整体效益。紧急处理程序也是工作程序的必备部分。制定紧急处理程序可以指导工作人员在突发情况下迅速有效地采取应对措施，减少损失。工作人员需要熟悉紧急处理程序，以确保在紧急情况下能够迅速应对，保障工作的顺利进行。

质量控制程序是保证工作质量的重要手段。建立质量控制程序可以确保工作的质量符合要求。工作人员需要严格执行质量控制程序，加强对工作质量的监督和检查，及时发现和解决质量问题，以确保工作的质量和可靠性。安全操作程序也是工作程序中不可或缺的一部分。制定安全操作程序可以指导工作人员进行安全操作，保障工作安全进行。工作人员需要严格遵守安全操作程序，加强安全意识培训，以确保工作安全进行，减少安全风险和事故发生的可能性。

第二节 安全例行监督管理

一、安全例行监督管理的责任人

安全例行监督管理的责任人主要包括安全主管、安全管理员和相关部门负责人。安全主管负责整体的安全工作，包括安排安全例行监督管理的具体内容和时间安排，确保安全管理工作的有效开展。安全管理员负责具体的安全检查和隐患排查工作，协助安全主管进行安全管理。相关部门负责人则负责各自部门的安全工作，配合安全主管和安全管理员进行安全例行监督管理。

安全主管作为安全管理的核心人员，承担着全面负责安排和管理安全工作的职责。他需要对整体的安全工作进行有效的规划和组织，确保安全管理工作有序开展。安全主管需要制定具体的安全例行监督管理计划，包括时间安排、检查内容和标准等，确保安全管理工作能够按照规定的程序和要求进行。安全管理员则是负责具体的安全检查和隐患排查工作的专业人员。他需要按照安全主管的安排和要求，对各项安全工作进行检查和排查，发现并及时解决存在的安全隐患。安全管理员需要具备专业的安全知识和技能，能够独立开展安全检查工作，并向安全主管及时汇报工作进展和问题情况。各相关部门负责人也是安全例行监督管理的重要责任人。他们需要对各自部门的安全工作负责，配合安全主管和安全管理员进行安全例行监督管理。相关部门负责人需要积极配合安排的安全检查和隐患排查工作，及时整改和解决部门内存在的安全问题，确保部门的安全管理工作顺利进行。

二、安全例行监督管理的时间安排

安全例行监督管理的时间安排应根据实际情况进行合理规划，以确保安全管理工作的有效开展和安全生产的顺利进行。

日常安全检查是安全管理工作中至关重要的一环。每日对各项安全设施和工作环境进行检查，能够及时发现并解决存在的安全问题，确保安全设施的正常运行和工作环境的安全性。通过日常安全检查，可以有效预防和遏制安全事故的发生，提高工作人员对安全的重视程度，保障员工的生命安全和财产安全。周期性安全检查是对各个部门的安全情况进行定期检查的重要手段。每周进行周期性安全检查，能够及时发现和排查潜在的安全隐患，及时采取措施进行整改和解决，防止事故的发生。通过周期性安全检查，可以促进各部门的安全管理工作有序进行，及时发现和解决问题，确保工作环境的安全性和稳定性。

季度安全检查是对全公司或单位进行综合性安全检查的重要环节。每季度进行一次综合性安全检查，可以对各项安全工作进行全面总结和评估，发现并解决存在的安全隐患和问题，及时调整和改进安全管理工作。通过季度安全检查，可以为企业或单位的安全生产提供有力的保障和支持，确保安全生产工作的顺利进行。年度安全检查是对全面安全工作进行全面检查和评估的重要环节。每年进行一次全面安全检查，可以对全面安全工作进行全面的总结和评估，总结经验，提出改进措施，推动安全管理工作的不断发展和完善。通过年度安全检查，可以进一步提升企业或单位的安全管理水平，确保安全生产工作的稳定和可持续发展。

三、安全例行监督管理的检查内容

安全设施和装备检查是安全管理中非常重要的一环。包括消防设施、应急救援设备、安全防护装备等的检查，旨在确保这些设施和装备的完好有效。消防设施的检查包括消防器材是否齐全、是否过期失效、灭火器是否定期充装等。应急救援设备的检查包括急救箱、安全带、救生衣等是否齐全并处于可用状态。安全防护装备的检查包括头盔、安全鞋、防护眼镜等是否符合标准并得到正确使用。通过这些检查，能够及时发现问题并进行整改，确保安全设施和装备的可靠性和有效性，为应对紧急情况提供保障。

工作环境检查是保障员工工作条件的重要环节。包括工作场所的卫生状况、通风情况、危险品存放情况等的检查，旨在保证工作环境的安全舒适。卫生状况的检查包括厕所、饮用水、垃圾处理等是否符合卫生标准。通风情况的检查包括是否有通风设备，是否通风良好。危险品存放情况的检查包括危险品的存放位置、标识是否清晰、是否有泄漏隐患等。通过这些检查，能够及时发现环境问题并进行整改，保证员工的工作环境安全、舒适，提高工作效率和员工满意度。作业程序和操作规程检查是保证工作流程正常进行的关键环节。检查作业程序和操作规程的执行情况，确保工作人员按照规定程序进行工作。包括各种作业程序、操作规程、安全操作流程等的检查，以确保工作过程中不发生违章操作或危险行为。通过这些检查，能够及时发现并纠正工作过程中的问题，提高工作质量和安全性。

安全培训和教育检查是确保工作人员具备必要的安全知识和技能的重要手段。检查安全培训和教育的情况，包括培训内容、培训方式、培训效果等，以确保工作人员具备必要的安全知识和技能。通过这些检查，能够及时发现培训问题并加以改进，提高工作人员的安全意识和技能水平。安全生产记录检查是对安全管理工作进行追踪和评估的重要途径。检查安全生产记录的完整性和准确性，包括事故记录、隐患排查记录、安全培训记录等，以确保记录的真实性和完整性。通过这些检查，能够及时发现记录问题并进行修正，为安全管理工作的持续改进提供依据和支持。

四、安全例行监督管理的检查标准

安全例行监督管理的检查标准是确保安全管理工作有效开展和安全生产顺利进行的重要依据。安全设施和装备的检查标准主要包括以下几个方面：安全设施和装备必须符合国家标准和公司规定，包括消防设施、应急救援设备、安全防护装备等。安全设施和装备必须完好有效，不能有损坏和漏检情况，必须处于可用状态。通过严格按照这些标准进行检查，能够及时发现问题并进行整改，确保安全设施和装备的可靠性和有效性。

工作环境的检查标准是保障员工工作条件的重要依据。工作环境必须符合卫生要求和通风要求，不能有明显的安全隐患存在。卫生要求包括厕所、饮用水、垃圾处理等符合卫生标准；通风要求包括工作场所是否有通风设备、是否通风良好等。通过对这些标准的检查，能够及时发现环境问题并进行整改，保证员工的工作环境安全、舒适，提高工作效率和员工满意度。作业程序和操作规程的执行标准是保证工作流程正常进行的关键依据。作业程序和操作规程必须严格按照规定进行操作，不能存在违章操作。通过对作业程序和操作规程执行情况的检查，能够及时发现问题并进行纠正，提高工作质量和安全性。安全培训和教育的检查标准是确保工作人员具备必要的安全知识和技能的重要手段。安全培训和教育必须定期进行，确保工作人员安全意识和技能的提升。通过对安全培训和教育情况的检查，能够及时发现培训问题并加以改进，提高工作人员的安全意识和技能水平。安全生产记录的检查标准是对安全管理工作进行追踪和评估的重要依据。安全生产记录必须记录完整、准确，及时更新，不能有遗漏和错误。通过对安全生产记录的检查，能够及时发现记录问题并进行修正，为安全管理工作的持续改进提供依据和支持。

第三节 安全生产信息报告

一、报告情况和要求

安全生产信息报告是企业或单位对工作中发生的与安全生产相关的重要信息进行汇总和报告的过程。

对于事故或事件的报告，应包括事故的基本情况，如时间、地点、涉及人员等；原因分析，即导致事故发生的原因及责任方；影响范围，包括对企业或单位以及周边环境的影响；采取的应对措施，即针对事故所采取的应急处理措施；后续处理计划，包括对事故的彻底处理和预防类似事故再次发生的措施。对于安全隐患的报告，应包括隐患的具体情况，如隐患的类型、位置、危害程度等；危害程度评估，即对隐患造成的危害进行评估；整改措施，即针对隐患采取的整改措施；整改计划，包括整改的时间节点和责任人。对于安全检查情况的报告，应包括检查的时间、地点、检查内容，即对哪些方面进行了检查；检查结果，即检查中发现的问题和存在的隐患；存在的问题及整改情况，即对问题的整改措施和整改进展情况。对于安全培训情况的报告，应包括培训的内容，即培训的主题和内容；对象，即接受培训的人员范围；时间和地点，即培训的具体时间和地点；效果评估，即对培训效果进行评估和总结。

二、报告时间要求

报告的时间要求对于安全生产信息的传递和处理至关重要。一般来说，根据情况采取及时报告的原则是安全生产信息报告的基本准则。尤其对于事故、突发事件和重大安全隐患，必须立即进行报告，以便及时采取应对措施和进行紧急处理。对于定期的安全检查和安全培训情况，也应在规定的时间内进行报告，以便及时评估工作进展和效果。

具体的时间要求通常会在安全生产管理制度或相关规定中明确规定。不同类型的安全事件或工作任务可能有不同的报告时间要求，这取决于其紧急程度和对安全生产的影响程度。各级责任人员和相关部门应严格按照规定的时间要求进行报告，确保信息的及时性和准确性。及时报告的重要性在于能够及时采取措施应对突发事件和重大安全隐患，防止事态扩大和造成更大的损失。对于定期的安全检查和培训情况的及时报告，能够帮助管理者及时了解工作进展和效果，及时调整工作计划和措施，提高工作效率和安全性。

三、报告的接收和处理程序

安全生产信息报告的接收和处理程序是确保信息得到有效处理和应对的关键环节。一般来说，报告的接收人员通常是指定的安全管理责任人员或安全管理员，他们负责接收并处理相关的安全生产信息报告。接收程序可以采用多种方式，包括书面报告、电子邮件、电话通知等，具体方式应根据实际情况和要求来确定。

接收到安全生产信息报告后，接收人员首先会对报告的内容和情况进行分类和评估。这包括区分事故的严重程度、隐患的危害程度、安全检查的结果情况等。根据不同情况，接收人员会采取相应的处理措施和应对方案。对于重大事故和突发事件，接收人员会立即启动应急预案，进行紧急处置并通知相关部门和人员。这包括迅速采取措施限制事态的扩大，并尽快展开调查和处理工作，以减少损失和风险。对于安全隐患，接收人员会进行隐患排查和整改工作，确保隐患得到及时解决。这包括对隐患的定位、评估危害程度，然后制定整改计划，并监督整改进展，确保整改措施有效执行。对于安全检查和培训情况，接收人员会进行评估和总结，提出改进建议和措施。这包括对检查结果进行分析，发现问题并提出改进意见，同时对培训效果进行评估，为今后的安全工作提供指导和支持。

四、信息报告的保密性和透明度

安全生产信息报告在企业或单位的安全管理中具有重要的保密性要求。这些报告涉及到内部的安全情况和管理措施，需要保护企业或单位的安全资产和敏感信息，避免泄露给不相关的人员或单位。因此，在报告的接收、处理和传递过程中，必须严格遵守保密性原则，确保信息的安全性和保密性。

报告的接收需要指定专门负责的安全管理责任人员或安全管理员。这些人员需要具有专业的安全意识和保密意识，能够保证信息的安全接收和处理。接收程序可以采用多种方式，例如通过加密的电子邮件、安全通信软件或内部网络进行传递，确保报告在传递过程中不被非法获取或窃听。在报告的处理过程中，需要严格控制报告的查阅和访问权限。只有经过授权的相关责任人员才能查看或处理报告内容，避免信息泄露给不相关人员或单位。对于涉及到机密信息或敏感信息的报告，更需要采取额外的保护措施，如设置访问密码、限制访问 IP 范围等。报告的传递也要确保信息的安全性和保密性。在报告传递过程中，可以采用加密传输、安全通道或安全协议等技术手段，防止信息被篡改或窃取。传递过程中要注意避免使用公共网络或不安全的传输方式，确保信息传递的安全可靠。报告的内容和处理结果应保持透明度，及时向相关责任人员和部门通报处理情况。这可以通过定期的安全会议、报告汇报或内部通知等方式进行，确保信息的准确传达和有效应对。对于重大事故或突发事件的报告处理，还应及时向相关监管部门或公安机关报备，遵守法律法规的规定，保障企业或单位的合法权益。

五、信息报告的反馈和追踪

安全生产信息报告的反馈和追踪是确保问题得到解决和安全管理工作持续改进的重要环节。接收人员在接收到安全生产信息报告后，应及时对报告的处理情况进行反馈，并向报告人员通报处理结果和措施，解释处理原因和后续工作计划。

反馈过程中，接收人员需要明确向报告人员传达处理结果和措施。这包括对报告中涉及的问题或事项进行详细的解释，说明处理的具体方法和措施，以及后续的工作计划和预期效果。通过清晰的反馈，可以增强报告人员对问题解决过程的信心和理解，促进问题的及时解决和改进。对处理结果进行追踪和评估也是至关重要的。接收人员需要跟踪问题的整改进展和效果，确保问题得到彻底解决和整改。这包括监督整改措施的执行情况，评估整改效果，并及时调整和改进工作方法，避免问题反复出现或产生新的安全隐患。报告的反馈和追踪应在安全管理制度或相关规定中明确规定，并由相关责任人员负责执行和监督。这些规定应包括反馈的时间要求、反馈内容的具体要求、追踪和评估的方法和标准等，以确保反馈和追踪工作的有效进行和结果达到预期的效果。

第四节 违章管理

一、违章行为的定义和分类

违章行为在安全生产管理中具有重要意义，因为它们直接影响到安全生产的正常进行和员工的安全。违章行为可以分为严重违章和一般违章两类，每种类型都有其特定的影响和处理方式。严重违章行为是指那些对安全生产造成严重影响的行为。这些行为可能导致严重的安全事故或生产事故，对员工的生命财产安全构成直接威胁。比如，违反安全操作规程，如操作机器时不穿戴安全帽或防护眼镜；进行无证操作，如未经培训就操作危险设备；进行超范围操作，如未经授权就擅自修改设备操作程序。这些行为都属于严重违章行为，需要严肃处理和追究责任，以避免严重的安全事故发生。

一般违章行为指对安全生产有一定影响但程度较轻的行为。这些行为可能影响到工作环境和员工的工作效率，但并不直接导致安全事故。比如，未按规定穿戴安全防护用品，如工作时未戴上安全手套或防护面罩；擅自更改工艺，如在生产过程中私自改变操作流程或调整设备参数。虽然这些行为不像严重违章那样直接威胁到生命安全，但也不能被忽视，应采取相应的措施进行纠正和规范。对于严重违章行为，管理部门应该严肃处理，依法依规给予处罚，并进行相关人员的教育和培训，以确保类似事件不再发生。对于一般违章行为，管理部门可以采取警告、记录扣分等方式进行处理，同时加强对员工的安全培训和宣传，提高员工的安全意识和法规意识。

二、违章行为的发现和报告程序

违章行为的发现是安全管理工作中至关重要的环节，它直接关系到安全生产的顺利进行和员工的安全。发现违章行为的方式多种多样，主要包括日常巡查、安全检查和员工举报等途径。这些方式的有效运用可以及时发现潜在的安全隐患和违章行为，从而采取及时有效的措施进行处理和整改。

日常巡查是发现违章行为的重要手段。通过定期对工作场所进行巡查，可以及时发现存在的安全问题和违章行为。巡查范围应包括生产车间、办公区域、设备设施等各个方面，重点关注安全设施的使用情况、员工的安全行为等。巡查人员应当具备一定的安全知识和经验，能够准确判断违章行为，并及时向相关负责人员报告。安全检查也是发现违章行为的重要方式。安全检查可以由安全管理责任人员或安全管理员负责组织和实施，也可以委托专业机构进行检查。检查内容应包括对安全设施的运行情况、作业程序的执行情况、员工的安全行为等进行全面检查。检查结果应及时记录并报告，发现问题要及时整改，确保安全生产工作的顺利进行。

员工举报也是发现违章行为的重要途径。员工作为生产一线的参与者，更容易发现工作中存在的安全问题和违章行为。

因此，鼓励员工积极举报违章行为，建立畅通的举报渠道，保护举报人员的合法权益，对举报行为进行及时核实和处理，对经核实的违章行为及时处理并通报相关责任人员。无论是通过日常巡查、安全检查还是员工举报，发现违章行为的人员都应当立即向安全管理责任人员或安全管理员报告，并提供相关证据和信息。报告程序应当明确，确保违章行为的及时发现和上报。管理部门应当建立健全的报告机制，对报告人员给予奖励和保护，激发员工的安全意识和责任感，提高违章行为的发现率和处理效率。

三、违章行为的处理程序

对发现的违章行为进行及时、有效的处理是安全管理工作的重要环节，可以有效维护安全生产秩序，保障员工的生命财产安全。处理程序应当符合法律法规和企业内部规定，并由安全管理责任人员或安全管理员负责执行和监督。

对违章行为进行调查核实是处理程序的第一步。在接到违章行为的报告或发现违章行为后，安全管理责任人员或安全管理员应当立即展开调查核实工作。通过调查核实，确定违章行为的事实、涉及的人员和具体情况，获取相关证据和信息，为后续处理提供依据和参考。根据调查核实的结果，制定具体的处理方案。针对严重违章行为，处理方案可能包括停工整顿、责令停工整改、责令停产整改等严厉措施。停工整顿是指对涉事部门或岗位进行停工处理，直至问题得到彻底解决；责令停工整改是要求涉事部门或岗位停止生产活动，进行整改工作，直至问题得到解决；责令停产整改是对整个生产线或生产过程进行停产处理，以解决严重违章行为带来的安全隐患。对于一般违章行为，处理方案可以采取口头警告、书面警告、记过处分等措施。口头警告是通过口头形式对违章行为进行警告，并要求及时整改；书面警告是以书面形式对违章行为进行警告，要求整改并做出书面承诺；记过处分是对涉事人员做出记录处分，通常记录在个人档案中，对涉事人员的晋升和奖惩等方面可能产生影响。

实施处罚措施是处理程序的关键步骤。根据制定的处理方案，安全管理责任人员或安全管理员应当及时对违章行为进行处罚，确保处罚措施的执行到位。处罚措施的实施应当公正、合理，依法依规进行，保障相关人员的合法权益。对处理结果进行记录和跟踪。处理结果应当进行书面记录，包括处理过程、处理措施、处理结果等内容，并留存相关证据和资料。对于严重违章行为，还需要进行后续的跟踪和评估工作，确保问题得到彻底解决，避免问题再次发生。对于一般违章行为，也应进行适当的跟踪和督促，确保整改措施得到落实。

四、处理结果的记录和跟踪

违章行为的记录和跟踪是安全管理工作的重要环节，可以帮助企业或单位及时总结经验、改进管理，并确保类似问题不再发生。记录和跟踪工作应当及时、详细、全面，包括违章行为的基本情况、处理措施、处理结果等内容。

对于违章行为的记录应当包括违章行为的基本情况。这包括违章行为的时间、地点、涉及的人员、违章行为的具体内容和影响程度等。记录应当真实客观，避免夸大或缩小违章行为的情况，确保记录的准确性和完整性。记录应包括对违章行为的处理措施。处理措施包括采取的具体行动、责任人员的分工和执行情况等。记录应当清晰明了，确保每一步处理措施都能够被准确记录，便于后续的跟踪和评估工作。记录应当包括对违章行为的处理结果。处理结果包括处理措施的执行情况、处理效果的评估、问题是否得到解决等内容。记录的处理结果应当客观公正，避免主观臆测或夸大处理效果，确保记录的真实性和可信度。

在进行记录的还需要进行违章行为的跟踪工作。跟踪工作应当及时进行，查看处理措施的执行情况和处理结果的有效性。通过跟踪工作，可以发现问题和不足之处，及时调整和改进管理措施，确保问题得到彻底解决。对于处理过的违章行为，还应当对处理效果进行评估和总结。评估工作包括对处理措施的执行情况进行检查和评价，查看处理结果的实际效果，并根据评估结果进行总结和反思。评估和总结工作应当客观公正，发现问题并提出改进意见和建议，为类似问题的处理提供经验和参考。

五、责任人的职责和权利

安全管理责任人员在反违章管理工作中扮演着至关重要的角色，他们的职责和权利需要明确规定，以保证反违章管理工作的有效进行。他们的职责包括发现违章行为、调查核实、制定处理方案、实施处罚措施等。这些职责不仅要求他们对违章行为的发现和核实有敏锐的眼光和专业的能力，还要求他们能够根据实际情况制定合理的处理方案，并且有能力和权威对违章行为进行处罚和整改。

安全管理责任人员在反违章管理工作中应享有一定的权利，包括要求相关人员配合调查、提供相关证据和信息、对违章行为采取相应措施等。这些权利的行使不仅有利于他们更好地开展工作，还有助于确保反违章管理工作的顺利进行。例如，他们有权要求相关人员积极配合调查，提供真实的证据和信息，这有助于他们更准确地了解违章行为的实际情况和影响，进而制定更为合理的处理方案和处罚措施。为了确保安全管理责任人员在反违章管理工作中能够行使职责和权利，需要对其权利和责任进行明确规定。这包括明确他们的工作范围、权限边界、行使权利的程序和方式等方面的规定，确保他们在工作中的合法权益和权威性。还需要对其进行相关培训和指导，提升其对反违章管理工作的理解和能力，使其能够更加有效地开展工作。

第五节 隐患排查管理

一、隐患排查计划

隐患排查计划在安全生产管理中具有重要作用，可以帮助企业及时发现和解决安全隐患，预防事故的发生，保障员工的生命财产安全。

隐患排查计划的制定需要由安全管理部门或专业人员负责。需要确定排查的时间周期，这取决于企业的实际情况和安全风险，可以是每月、每季度或每半年进行一次排查，也可以根据需要进行不定期排查。排查的时间周期应能够保证对各个方面的排查覆盖，并且具有连续性和持续性，确保安全隐患得到及时发现和处理。排查计划需要明确排查的范围和重点。企业可以根据自身的生产经营情况和安全风险特点，确定需要排查的区域、部门、设施设备等对象，将排查的范围划分清楚，确保全面覆盖，并重点关注安全隐患易发多发的区域和环节，确保排查工作的针对性和有效性。

排查计划还需要明确排查的方法和程序。排查的方法可以包括定期检查、专项检查、突击检查和员工参与检查等多种方式。定期检查是按照计划和周期进行的例行检查，主要用于全面了解安全情况；专项检查是针对某一特定领域或问题展开的检查，用于深入排查特定问题；突击检查是针对突发事件或重大安全风险进行的紧急检查，用于应对突发情况；员工参与检查是通过员工参与发现和排查隐患，增加排查的全面性和深度性。在排查的程序上，需要明确排查的具体步骤和流程，包括组织、计划、实施、记录和整改等环节。组织阶段包括确定排查负责人员、组建排查小组、制定排查方案等；计划阶段包括确定排查时间、范围和重点、准备排查工具和资料等；实施阶段包括按照计划进行排查、记录发现的隐患等；记录阶段包括对排查情况进行记录和归档，包括隐患的基本情况、位置、危害程度等信息；整改阶段包括制定整改方案、实施整改措施、跟踪整改进展等。

二、排查内容和方法

隐患排查的内容涵盖了工作环境、设施设备、作业程序、安全管理制度等多个方面。工作环境的安全状况是指对工作场所进行全面的检查，包括卫生清洁、通风状况、消防设施的完好性等，确保员工的工作环境安全舒适。设施设备的完好性和安全性是指对生产设备、机械设备、电气设备等进行检查，确保设备运行正常、无漏电、无泄漏等安全隐患。作业程序的规范性和合理性是指对工作流程、操作规程、应急预案等进行检查，确保作业程序符合规范、合理可行，并且能够有效应对突发事件。安全管理制度的执行情况是指对企业的安全管理制度、规章制度的执行情况进行检查，包括安全培训、应急演练、安全督导等方面，确保安全管理制度得到全面贯彻执行。

隐患排查的方法主要包括定期检查、专项检查、突击检查和员工参与检查等。定期检查是企业按照计划和周期进行的例行检查，通常安排在每月、每季度或每年等固定时间，对工作环境、设施设备、作业程序、安全管理制度等进行全面排查。专项检查是针对某一特定领域或问题进行的检查，例如对新设备投产前的安全检查、对危险化学品储存区域的安全检查等，旨在发现和解决特定领域的安全隐患。突击检查是针对突发事件或重大安全风险进行的紧急检查，例如突发火灾、泄漏事故等，需要立即组织检查人员进行现场排查，及时发现和处置安全隐患。员工参与检查是指通过员工的参与和反馈，发现和排查工作中存在的安全隐患，增强员工的安全意识和责任感，提高排查的全面性和深度性。

三、发现隐患后的整改措施

发现隐患后，企业应当及时记录隐患的基本情况、位置、危害程度等信息，并对隐患进行分类和评估。记录隐患的基本情况包括隐患的具体描述、发现时间、发现人员等信息，位置是指隐患所在的具体位置或部门，危害程度是指隐患对安全生产造成的潜在危害程度。根据隐患的分类和评估结果，企业可以将隐患分为严重隐患、一般隐患和较轻隐患，以便后续的整改工作和优先处理。

企业应根据隐患的不同性质和危害程度，制定相应的整改方案。整改方案应明确整改的责任人、时间节点、具体措施和预防措施等内容。责任人是指负责整改工作的具体人员或部门，时间节点是指整改工作应在规定的时间内完成，具体措施是指对隐患进行的具体改善措施，预防措施是指为避免类似隐患再次发生而采取的预防性措施。责任人员应按照整改方案和时间节点，及时组织实施整改工作，确保隐患得到有效控制和解决。实施整改工作包括采取相应的措施对隐患进行改善和处理，确保整改措施的有效性和实施的及时性。整改工作需要与隐患的严重程度相匹配，对于严重隐患应采取更加严格和有效的整改措施，确保安全生产工作的顺利进行和员工的安全健康。

第六节 职工安全培训

一、安全知识的传授

职工安全培训是企业安全管理的重要组成部分，旨在提升职工的安全意识和应对能力，确保工作场所的安全生产。其中，传授安全知识是职工安全培训的首要任务。安全知识的传授内容包括但不限于工作场所的安全规定和操作规程、安全设施的使用方法、应急预案和逃生路线等方面。

对于工作场所的安全规定和操作规程，培训内容应包括对各项安全制度和规范的讲解，例如关于安全标识的含义与作用、禁止操作的设备和区域、作业操作流程与程序、应急通信联系方式等。这些内容有助于职工了解工作中应该如何遵守安全规定，从而减少事故和伤害的发生。安全设施的使用方法也是培训的重点。这包括如何正确使用各类安全设施，例如消防设备、应急救援设备、个人防护装备等。职工需要了解这些设施的使用方法、存放位置以及使用时的注意事项，以确保在危险发生时能够及时、有效地进行安全应对和自救。

培训还应涵盖应急预案和逃生路线等内容。应急预案是在突发事件发生时的行动指南，包括火灾、泄漏事故、意外伤害等不同场景下的应对措施和应急联系方式。逃生路线则指导职工在紧急情况下如何安全、迅速地撤离工作场所，避免受到伤害。针对不同岗位和工作内容，培训内容可以有所差异，但必须确保覆盖全面、系统地传达安全知识。例如，对于生产岗位的职工，培训应重点强调设备操作安全、化学品安全、作业流程规范等方面的知识；对于办公岗位的职工，培训则更加注重办公环境的安全、电器设备的安全使用等内容。

二、操作技能的培训

职工在工作中除了需要掌握安全知识外，还需要具备相关的操作技能，以确保工作过程中的安全性和高效性。这些操作技能包括但不限于机械设备的正确使用方法、化学品的安全操作、高空作业和电气设备的安全使用等方面。培训过程中应重点注重实操，通过模拟场景或实际操作让职工熟悉操作流程和安全规范，提升其操作技能水平。

对于机械设备的正确使用方法，培训应该包括设备的启动、停止、调节和维护等方面的知识。职工需要了解设备的工作原理和操作规程，掌握正确的操作步骤和安全操作要点，以确保设备能够正常运行并避免发生意外事故。化学品的安全操作也是培训的重要内容。这包括化学品的储存、使用、处置和应急处理等方面的知识。职工需要了解化学品的性质、危害、防护措施以及急救方法，保证在操作化学品时能够安全有效地进行工作。

针对高空作业，培训内容应包括安全防护装备的使用方法、高空作业的操作流程、安全标准和注意事项等。职工需要了解高空作业的危险性，严格按照规定的操作程序和安全措施进行作业，避免发生高空坠落等事故。电气设备的安全使用也是重点培训内容。职工需要了解电气设备的安全操作规程、电气火灾的防范措施、设备的维护和检修等知识。培训中应重点强调电气设备的接线、接地、绝缘等安全要求，确保电气设备的正常运行和使用安全。

三、应急处理能力的提升

职工安全培训的重要性不仅在于传授安全知识和操作技能，还应重点培养职工的应急处理能力。这包括对突发事件的处理方法、紧急救援知识和技能的培训，以及如何有效地使用应急设备和器材等内容。通过培训提升职工的应急反应速度和处理能力，保障在紧急情况下能够迅速、有效地采取措施保障人身安全。

培训应重点介绍各类突发事件的处理方法和应对策略。这包括火灾、泄漏事故、自然灾害等不同类型的突发事件。职工需要了解如何正确报警、疏散、撤离以及在紧急情况下如何保护自己和他人的安全。应急救援知识和技能的培训也是关键内容。职工需要掌握基本的急救技能，包括心肺复苏、止血包扎、人工呼吸等常用的急救方法。培训还应包括对常见伤病的识别和处理，提高职工的应急救援能力。培训内容还应涵盖如何有效地使用应急设备和器材。这包括消防设备、急救箱、安全逃生装备等应急设备的使用方法和操作流程。职工需要了解这些设备的作用和使用注意事项，以便在需要时能够迅速、准确地使用。

四、岗位培训计划的制定

针对不同岗位和工作内容，应制定相应的培训计划。例如，生产岗位的培训重点可能在于机器设备的安全操作和维护，办公岗位的培训可能更注重办公环境的安全和应急逃生知识。培训计划应根据实际情况和职工需求进行科学设计，确保培训内容与岗位职责相符合，提高培训的针对性和实效性。

针对生产岗位的培训计划，重点应放在机器设备的安全操作和维护方面。培训内容可以包括机器设备的使用规范、操作流程、安全防护措施、设备故障排查和处理等内容。培训还应涉及设备的定期检查和维护，以及紧急情况下的应急处理方法。通过这些培训，可以提高生产岗位职工的安全意识和操作技能，降低工作中发生意外事故的风险。对于办公岗位的培训计划，重点可以放在办公环境的安全和应急逃生知识方面。培训内容可以包括办公室安全规定、消防逃生通道的位置和使用方法、火灾应急处理流程、应急装备的使用等内容。培训还可以涉及办公设备的安全使用和维护，以及应对突发事件时的应急反应和处理方法。通过这些培训，可以提高办公岗位职工的安全意识和应急处理能力，保障办公环境的安全和职工的生命健康。

五、培训方式的多样性

为了提高培训效果，培训方式应该多样化。可以采用课堂培训、实地指导、案例分享、模拟演练等方式进行培训，以激发职工学习的兴趣和参与度。利用现代化的教学技术和工具，如多媒体教学、虚拟仿真等，也能有效提升培训效果，使培训内容更加生动和易于理解。课堂培训是常见的培训方式，可以通过讲解、演示和讨论等形式向职工传授安全知识和操作技能。在课堂上，可以结合实例进行讲解，引导职工理解和掌握知识点，提高学习效果。

实地指导是指在实际工作场所进行的培训，通过现场展示和操作演示，让职工亲身体验和学习安全操作流程和规范。这种培训方式可以直观展示工作环境和操作要点，帮助职工更好地理解和应用知识。案例分享是通过分享真实的案例和事例来进行培训，让职工了解事故原因和解决方法，从中吸取教训，提高安全意识和应对能力。通过案例分享，可以让职工更加直观地理解安全问题的严重性和重要性。模拟演练是通过模拟真实场景进行的培训，让职工参与角色扮演和实际操作，培养其应急处理能力和操作技能。模拟演练可以帮助职工在安全事件发生时做出正确的反应和处理，提高应对突发事件的能力。利用现代化的教学技术和工具也能有效提升培训效果。多媒体教学可以通过图像、视频、音频等方式展示培训内容，使培训更加生动和直观。虚拟仿真技术可以模拟真实工作场景和情况，让职工进行虚拟操作和体验，加深理解和记忆。

第七节 票证管理

一、票证领取

票证管理的领取程序是确保票证使用的合规性和有效性的关键环节。责任人员在领取票证时需要遵循一定的程序和规定，以保证领取的票证符合实际需要并且被正确使用。

责任人员应当明确了解领取的票证种类和用途。不同的票证可能对应不同的工作场景和使用要求，例如工作证主要用于身份识别和进出场所，入场证则用于进入特定区域或场所，培训证则用于参加安全培训等。因此，在领取票证之前，责任人员应了解领取的票证种类，并明确领取的目的和用途。在领取票证时需要核对领取人员的身份信息和相关资料。这包括核对姓名、岗位、工作单位等信息，确保领取人员符合领取条件并具备使用票证的资格。这样可以避免未经授权或者不符合条件的人员领取票证，从而确保票证的合规性和安全性。领取程序应明确规定，包括领取的时间、地点、流程等。责任人员应按照规定的程序进行领取操作，并在领取过程中对相关信息进行记录。记录的内容应包括领取人员的姓名、岗位、领取日期等信息，以便后续对票证的使用情况进行跟踪和管理。

二、票证使用

票证的使用是确保安全管理有效运行的关键环节。不同种类的票证具有不同的用途和限制，责任人员需要对其进行明确说明，并加强对职工的培训和指导，以确保票证的正确使用和防止滥用或误用。

对于工作证，其主要用途是进行身份识别和进出场所。职工在工作期间需要随身携带工作证，并在进出场所时进行有效展示和验证，以确保身份的合法性和准确性。工作证可能还具有特定的权限和功能，例如可以进入特定区域或参与特定活动，因此职工需要明确了解工作证的使用范围和限制，并遵守相关规定。入场证通常用于进入特定区域或场所，例如工地、生产车间等。职工在持有入场证时，应按照规定的时间和地点进入相应的区域，并在需要时出示入场证以获得授权进入。责任人员应对入场证的使用范围和有效期限进行明确说明，并加强对职工的培训和指导，确保他们正确使用入场证，并避免滥用或误用。培训证主要用于参加安全培训和教育活动。职工在参加培训时需要携带有效的培训证，并在培训结束后进行归还或报销。培训证可能对应不同类型的培训课程和内容，责任人员应对培训证的使用方式和要求进行明确说明，并加强对职工的培训和指导，确保他们正确使用培训证，并遵守相关规定。

三、票证归还

票证的归还是票证管理中非常重要的环节，它确保了票证的规范使用和管理完整性。在票证使用完毕或失效后，责任人员应及时收回票证，并按照规定的程序进行归还操作，同时记录相关的归还信息，包括归还人员的姓名、岗位、归还日期等内容。

归还程序应该在票证管理制度或相关规定中明确规定。责任人员需要了解归还的具体要求和流程，并按照规定的程序进行操作。通常，归还程序包括归还时限、归还地点、归还方式等内容，责任人员应确保严格按照这些要求进行归还操作，以保证归还的规范性和及时性。责任人员应对归还的票证进行记录。记录应包括归还人员的姓名、岗位、归还日期等基本信息，这些信息有助于追踪票证的使用情况和管理情况。记录的方式可以是书面记录或电子记录，具体根据实际情况和管理要求来确定。归还程序也需要与领取程序相对应，确保票证的领取、使用和归还都在规定的流程和时间内进行。这样可以有效避免票证滞留或遗失的情况发生，保证票证管理工作的顺利进行和合规落实。

四、票证记录

票证管理的记录系统是确保票证管理工作正常运行和信息完整性的关键。该系统应包括对票证的领取、使用、归还等过程进行记录和管理，以确保相关信息的真实性、完整性和及时性。记录系统应包括票证的种类信息。不同种类的票证可能有不同的使用规定和管理要求，因此需要明确记录各种票证的名称、用途、有效期限等基本信息，以便后续管理和追溯。

记录系统应包括领取人员的信息。对于每一张票证的领取，应记录领取人员的姓名、工号、部门、领取日期等信息，以便确定票证使用的合法性和责任归属。记录系统应包括票证的使用情况。对于每一张票证的使用情况，应记录使用时间、使用地点、使用目的等信息，以便监控票证的实际使用情况和合规性。记录系统应包括票证的归还情况。当票证使用完毕或失效后，应记录归还人员的信息、归还日期、归还方式等内容，以确保票证的及时归还和管理完整性。记录系统还应包括相关事件的记录。对于与票证管理相关的重要事件，如票证遗失、滞留、滥用等情况，应及时记录并进行处理，以防止管理漏洞和风险发生。责任人员应按照规定的要求进行记录和更新，确保记录系统的完整性、准确性和及时性。定期对记录系统进行审核和整理，发现问题及时处理和纠正，以保证票证管理信息的真实性和完整性。

第八节 应急管理

一、应急预案的制定

应急管理是企业保障生产安全和人员安全的重要环节，需要建立完善的应急预案和管理机制。明确应急组织机构和人员职责是应急管理的基础。在应急预案中应明确应急组织的架构，包括领导小组、指挥部、各级应急响应队伍等。不同职责和岗位的人员应在预案中有明确的职责描述，包括领导指挥、信息通报、资源调配、应急处置等方面。

应急响应流程和程序是应急管理的核心内容。预案中需要详细规定各类突发事件的应急响应流程，包括事件识别、信息采集、级别评估、应急启动、任务分工、指挥调度等流程。各级人员应清楚了解应急响应的程序和要求，确保在突发事件发生时能够快速、有序地进行应对。确定应急资源调配和支援方式是保障应急工作顺利开展的重要保障。预案中应明确各类应急资源的种类、数量、存储位置等信息，并制定调配和支援的具体措施和流程。与相关部门和单位建立紧密的合作关系，确保在需要时能够及时获取支援和协助。规定信息通报和发布机制是应急管理的重要环节。预案中应明确信息通报的范围、对象、方式和内容，确保信息的及时准确传达。建立信息发布机制，制定信息发布的时间节点和程序，保障信息的迅速发布和传播。明确应急演练和评估计划是应急管理工作的持续改进保障。预案中应明确应急演练的频次、内容、形式和评估方式，定期开展应急演练，检验预案的有效性和实用性。建立评估机制，对演练效果和预案进行评估，发现问题并及时改进，提高应急管理工作水平和效率。

二、应急演练的开展

应急演练是提高应对突发事件能力的重要手段。通过定期组织应急演练，可以有效检验应急预案的可行性和有效性，发现问题并及时改进，提高员工的应急处理能力和协同配合能力，培养应对紧急情况的应变能力。

在应急演练中，首先要确保演练的真实性和逼真性。模拟突发事件时，要尽量还原实际发生的情况，包括事件的发生过程、场景设置、人员行为等，以便真实地检验应急预案和人员的应急处理能力。演练中要充分考虑各种应急资源的调配和支援情况，确保资源的有效利用和协同配合。在演练结束后，要及时对演练效果进行评估。评估内容包括演练的顺利程度、人员的反应和处理能力、资源调配和协作情况等。通过评估，可以发现问题并及时改进，提高应急预案和应急处理的针对性和实效性。

应急演练还可以有效提高员工的应急处理能力和协同配合能力。通过参与演练，员工可以熟悉应急预案和处理流程，掌握应急处理技能，增强应对紧急情况的信心和能力。演练中要注重协同配合，加强各部门之间的沟通和协作，提高应急响应的效率和效果。应急演练也是培养员工应对紧急情况的应变能力的重要途径。在模拟的紧急情况下，员工需要迅速做出反应和决策，有效应对各种突发情况，这有助于培养员工的应变能力和应急思维能力。

三、应急处置流程和措施

根据预案确定应急响应级别是应急管理中的重要步骤。预案通常包括了不同级别的突发事件应对措施，例如一般事件、重大事件和特别重大事件等级别。根据事件的性质、规模和影响程度，确定适当的应急响应级别，以便有针对性地采取应对措施，有效控制事件发展。

组织应急小组开展应急处置工作是应对突发事件的关键步骤。应急小组通常由经验丰富、责任明确的成员组成，负责制定应对方案、指挥调度、协调资源、监督执行等工作。应急小组在事件发生后应迅速行动，根据预案和实际情况制定应对方案，有效组织处置工作，确保应急处置工作的及时性和有效性。采取紧急措施遏制危害，保护生命财产安全是应急管理工作的核心任务。在突发事件发生后，应急小组应立即采取紧急措施，包括但不限于启动应急设备、疏散人员、封锁危险区域、控制火灾扩散等，以最大限度地减少危害和损失，保护生命和财产安全。及时向相关部门和人员通报情况是应急管理工作的重要环节。通报内容应包括事件发生的时间、地点、性质、影响范围、采取的应对措施等，确保信息的准确性和及时性。通报对象可能包括企业内部各部门、相关政府部门、承包商和供应商等相关方，以便他们了解事件情况，采取相应的应对措施，协同配合应急处置工作。

四、应急救援和支援

组织应急救援队伍是应急管理工作中非常重要的一环。这些队伍通常由专业的急救人员和应急处理人员组成，他们在突发事件发生时能够迅速行动，进行救援和处置工作。

必须确保救援队伍的人员具备必要的培训和技能，能够应对各种突发事件。这可能包括急救技能、灭火技能、应急处置技能等，以便他们在发生事故或灾害时能够快速有效地展开救援工作。应及时配备和更新应急救援装备和工具。这包括但不限于急救箱、消防器材、救生器材、通信设备等，确保在应急情况下能够及时有效地使用这些装备和工具。建立应急救援队伍的组织结构和工作流程也非常重要。需要明确各个队员的职责和权限，建立指挥调度机制，确保在发生突发事件时能够迅速响应和展开救援工作。除了组织应急救援队伍，还需要提前做好应急物资的准备工作。这包括但不限于食品、水源、药品、救护用品、通信设备等，确保在应急情况下能够及时提供给受影响的人员或地区，保障他们的基本生活和安全需求。

协调相关单位和部门提供支援和帮助也是应急管理工作的重要方面。在突发事件发生后，可能需要其他单位和部门的支援和协助，例如消防部门、医疗机构、政府部门等，因此需要建立起有效的协调机制，确保能够及时获得所需的支援和帮助。与政府和相关机构建立沟通合作机制也是至关重要的。政府和相关机构通常具有更多的资源和权力，能够提供更多的支援和帮助，因此建立良好的沟通合作机制能够更好地应对突发事件，保障人员和财产的安全。

第八章 重点工作和专项工作管理

第一节 高风险作业安全管理

一、高风险作业识别和评估

在电力生产中，高风险作业的识别和评估是确保安全生产的关键步骤。需要建立高风险作业的识别标准，这包括但不限于以下几个方面：作业环境、作业工艺、作业人员、作业设备、作业时间和频率。作业环境主要考虑作业是否处于高度复杂、密闭、高温、高压等特殊条件下，以及是否存在可能导致事故的特殊地形或气候条件。作业工艺方面要考虑作业过程中是否涉及高空作业、电气作业、机械作业等高风险作业类型，以及这些作业是否依赖于特殊的工艺或设备。作业人员方面需要考虑参与作业的人员是否具有相关的专业技能和经验，以及是否接受过相关的安全培训和指导。作业设备方面需要考虑作业所涉及的设备是否属于特种设备或需要特殊操作技能的设备，以及这些设备是否处于良好的工作状态。作业时间和频率方面需要考虑作业的时间和频率是否较高，是否存在连续作业、长时间作业等情况。

基于以上标准，可以对可能的高风险作业进行初步识别。接下来是对这些高风险作业进行全面的风险评估，包括风险的概率和影响程度等方面。评估的具体步骤如下：风险辨识、风险分析、风险评估、风险控制。风险辨识阶段要对高风险作业中可能存在的各种风险进行辨识，包括人员伤害、设备损坏、环境污染等方面。风险分析阶段要对辨识出的风险进行分析，确定其可能发生的原因、影响范围和可能导致的后果。风险评估阶段要将分析得出的风险进行评估，包括确定风险的概率和影响程度，以及对不同风险等级的分类。风险控制阶段要针对评估结果中的高风险作业，制定相应的风险控制措施，确保作业过程中能够有效地控制和降低风险。

二、高风险作业的控制措施

高风险作业的控制措施是确保作业安全的重要手段，需要综合考虑技术、管理和人员培训等多个方面。技术措施是其中，根据高风险作业的具体特点，采取相应的技术措施至关重要。这包括使用安全防护设备，比如安全带、头盔、防护眼镜等，以确保作业人员在高风险环境下的安全；优化作业工艺，通过改进流程和操作方式来降低事故风险；采用安全监测和控制系统，实时监测作业环境和设备状态，及时发现异常情况并采取措施防止事故发生。

管理措施同样至关重要，需要建立完善的管理制度和流程来确保高风险作业的安全进行。这包括制定作业规程，明确作业流程和安全操作要求；编制安全操作指南，为作业人员提供具体的操作指导和安全注意事项；制定事故应急预案，规定应急处理程序和责任分工，以便在事故发生时能够快速、有效地应对。人员培训也是不可忽视的一环，对参与高风险作业的人员进行专业的安全培训至关重要。这包括安全操作技能的培训，使作业人员能够正确使用安全防护设备和遵循安全操作规程；事故应急处理培训，培养作业人员的应急反应能力和正确的处理事故的方法，以及提高其安全意识和应对能力。

技术装备更新也是确保高风险作业安全的重要环节，定期对作业所需的技术装备进行更新和维护是必不可少的。这包括设备的定期检查和维护，确保设备运行状态良好；技术装备的升级更新，采用更先进、更安全的技术装备来替代旧设备，减少事故发生的可能性。监测和反馈机制也是高风险作业安全控制的关键环节。建立作业现场的监测和反馈机制，能够及时发现和处理可能存在的安全隐患，确保作业安全稳定进行。这包括设立监控设备，对作业现场进行实时监测；建立反馈渠道，鼓励作业人员和管理人员及时报告问题并采取解决措施；建立事故报告和处理机制，对事故进行及时的报告和处理，总结经验教训，提高安全管理水平。

三、高风险作业的监督和检查

监督机构建设是其中，需要建立专门的高风险作业监督机构或岗位，明确监督职责和权力，确保监督工作的有效开展。这包括制定监督机构的组织结构和职责分工，明确监督人员的责任范围和权力，确保他们有足够的权限和资源来开展监督工作。建立监督工作的工作流程和工作制度，明确监督的内容、方法和频率，确保监督工作的全面性和及时性。

检查程序规范也是非常重要的一环，需要制定详细的高风险作业检查程序和标准，包括检查频率、内容、方式等，确保检查工作的规范和全面性。这包括确定检查的时间节点和频率，例如每日、每周、每月的检查计划；确定检查的内容和范围，明确要检查的对象、要求和标准；确定检查的方式和方法，包括现场检查、文件核查、设备测试等，确保检查工作能够全面、客观、公正地进行。检查人员培训也是关键步骤，对参与检查的人员进行专业的培训是确保检查工作有效进行的基础。这包括对检查人员进行安全检查技能的培训，使其具备正确的检查方法和技巧；对检查人员进行法律法规知识的培训，使其了解相关的法律法规要求和标准；对检查人员进行相关技术知识和作业流程的培训，使其能够准确理解作业过程和风险点，提高检查的准确性和专业性。检查记录和反馈也是非常重要的一环，建立高风险作业检查记录和反馈机制，对检查结果进行记录和分析，及时向相关部门反馈问题和建议，对发现的问题和隐患，建立整改责任追踪机制，确保问题得到及时处理和解决。

第二节 发包工程安全管理

一、发包工程安全责任划分

在发包工程中，安全责任的划分是确保工程安全的关键。发包方和承包方在安全管理中分别承担不同的责任，这需要建立清晰的责任体系来确保工程安全。发包方需要制定符合国家标准和行业规范的安全管理制度，明确工程安全的管理要求和措施，确保承包方全面落实这些要求。这包括了对工程安全方面的各项规定和操作流程的详细规范，例如工程现场的安全管理制度、事故应急处理程序等，这些都是为了确保工程施工过程中能够有效地应对各种安全风险。

发包方还需要为承包方提供必要的安全培训和指导，包括但不限于安全操作规程、事故应急处理程序等方面的培训内容。这些培训旨在提高承包方及其工程人员的安全意识和技能水平，使其能够正确理解并遵守相关的安全管理规定，从而降低工程施工中的安全风险。发包方还有责任提供必要的安全设施和装备，确保工程施工过程中的安全防护措施得到落实。这包括但不限于安全防护设备、消防设备等，这些设备的使用和维护对于工程安全具有重要意义，因此发包方需要保证这些设备的有效性和及时性。发包方还需要派遣专业的安全督导人员对工程安全进行监督和检查。这些督导人员需要具备专业的安全管理知识和技能，能够对工程现场进行全面的安全检查和评估，确保施工过程中符合安全规定和标准，及时发现并解决存在的安全隐患。

二、发包工程安全标准和规范

发包工程安全标准和规范是保障工程安全的重要依据。发包方需要制定符合国家标准和行业规范的安全管理标准，以确保工程安全施工。

发包方应根据国家相关标准和行业规范，制定符合工程实际情况的安全施工标准。这些标准应明确安全管理要求和作业规程，涵盖工程施工的各个环节，包括但不限于施工前的准备工作、施工中的安全操作、施工后的安全检查等。这样可以确保工程施工过程中的各项安全要求得到全面落实，从而保障施工的安全性和可靠性。发包方需要对所使用的安全设备和材料进行严格的质量把关，确保它们符合国家标准和行业规范要求。这包括但不限于对安全设备的性能、稳定性以及对安全材料的原材料来源、生产工艺等进行检查和审核，以确保安全设备和材料的质量符合标准，能够在施工过程中发挥应有的安全保障作用。

发包方还需要制定安全操作流程和程序，以确保施工全过程的安全可控。这包括但不限于制定安全操作规程、安全作业流程图、事故应急处理程序等，明确施工人员在工程施工中应该遵循的操作步骤和安全措施，从而降低工程施工中的安全风险，提高施工的安全性和效率。发包方需要规范安全管理措施，包括但不限于安全检查、安全培训、事故应急处理等方面。这需要建立健全的安全管理体系，确保安全管理工作的全面性和有效性。通过规范的安全管理措施，可以有效提高工程安全施工的水平，保障工程安全可靠进行，达到预期的安全目标。

三、发包工程安全监督和评估

建立发包工程安全监督和评估机制是确保工程安全的关键

措施。发包方需要建立监督机制，对工程安全执行情况进行评估和监督，及时发现并解决安全隐患。发包方应建立专门的安全监督机构或岗位，明确监督职责和权力，确保对工程安全的有效监督。这个机构或岗位应具备专业的安全监督人员，能够全面了解工程施工的安全情况，及时发现并处理安全问题。

发包方应制定工程安全监督计划，明确监督的对象、内容、方式和周期，确保监督工作的全面性和及时性。监督计划应包括对施工现场的安全检查、安全操作规程的执行情况、安全设备和材料的使用情况等方面的监督内容，确保施工过程中各项安全要求得到有效遵守。监督机构应派遣专业的安全监督人员对工程安全进行监督和检查，发现问题及时整改，确保施工过程安全。监督人员需要具备专业的安全知识和技能，能够对施工现场的安全情况进行全面、深入的检查和评估，及时发现存在的安全隐患，并采取有效的措施加以解决，确保施工过程的安全可控。发包方应对工程安全执行情况进行定期评估，分析评估结果，发现问题并及时改进，提高工程安全水平。评估内容应包括对监督工作的效果评估、安全问题的整改情况评估、安全管理措施的有效性评估等方面，以此为基础不断改进和提升工程安全管理水平。

四、发包工程安全培训和教育

发包工程安全培训和教育是提高工程安全施工水平的重要手段。发包方需要对参与工程的人员进行专业的安全培训和教育，以提高其安全意识和技能水平。

发包方应制定工程安全培训计划，明确培训的对象、内容、方式和周期，确保培训工作的全面性和及时性。这需要根据工程的实际情况和参与人员的特点，制定相应的培训计划，包括但不限于施工人员、监理人员、安全管理人员等不同岗位的安全培训内容和要求。发包方应组织安全培训活动，包括安全操作规程培训、事故应急处理培训等方面，提高工程人员的安全意识和技能水平。培训内容应包括但不限于安全操作流程、安全设备使用方法、事故应急处理程序等，旨在使工程人员熟悉并掌握相关的安全知识和技能，增强他们在工程施工中的安全意识和应对能力。

发包方还应开展工程安全教育活动，通过宣传教育、安全知识讲座等形式，提高工程人员对安全管理的重视和理解。安全教育内容可以包括但不限于安全意识培养、安全责任意识强化、安全事故案例分析等，帮助工程人员形成正确的安全观念和行为习惯。发包方应定期评估安全培训的效果，分析培训效果和改进空间，持续提高工程人员的安全意识和技能水平。评估内容可以包括但不限于培训后的安全行为改变、事故发生率变化、安全管理执行情况等，通过评估结果不断完善培训计划和内容，确保安全培训工作的有效性和持续性。

五、发包工程安全记录和反馈

建立发包工程安全记录和反馈机制是保障工程安全的重要环节。发包方需要对工程安全情况进行记录和分析，及时向相关部门反馈问题和建议。

发包方应建立完善的工程安全记录系统。这个系统应包括安全检查记录、事故报告、安全培训记录等相关信息和数据。安全检查记录包括对施工现场的安全检查情况、安全设备使用情况等；事故报告包括对发生的安全事故进行记录和分析；安全培训记录包括对工程人员进行的安全培训情况进行记录。这些记录有助于及时发现安全问题和隐患，为安全管理提供数据支持。发包方应定期对工程安全记录数据进行分析和评估。通过分析数据，发包方可以发现安全问题和趋势，了解工程安全的整体情况和存在的风险，为制定改进措施提供依据。

发包方应及时向相关部门反馈工程安全问题和建议。这包括但不限于向施工现场管理部门、安全管理部门等部门反馈问题和建议。通过反馈，可以引起相关部门的重视，促进问题的及时解决和改进措施的实施。发包方应建立问题处理和整改责任追踪机制。对发现的安全问题和隐患，发包方应采取有效的措施加以处理和整改，并建立责任追踪机制，确保问题得到及时解决和整改。这需要明确责任人员和责任部门，并对整改情况进行跟踪和监督，以确保整改措施的有效性和持续性。

第三节 安全风险评估

一、安全风险评估方法

安全风险评估是电力安全管理中的基础工作，是为了识别潜在的安全隐患和风险点，为后续的安全管理措施提供依据。常用的安全风险评估方法包括事件树分析和故障树分析等。事件树分析是一种递归树结构，用于描述可能发生的事件和其可能的后果，从而评估风险的概率和影响程度。故障树分析则是一种逻辑树结构，用于分析导致系统故障的各种可能性和概率，进而评估风险的来源和可能性。

在进行安全风险评估时，首先需要收集相关的数据和信息，包括设备参数、操作过程、环境条件等，以便建立准确的分析模型。然后，利用事件树分析和故障树分析工具进行模拟和计算，得出各种事件和故障发生的概率，以及可能导致的影响程度。事件树分析通过分析事件发生的可能性和后果，可以帮助评估风险的概率和影响程度。它从一个特定的起始事件开始，通过递归地考虑各种可能的发展路径和结果，最终得出风险发生的概率和可能的后果。这种方法可以帮助确定关键事件和控制点，从而采取相应的安全管理措施。故障树分析则着重于分析系统故障的可能性和影响。它通过逻辑树结构描述系统各个部分的故障事件，分析各种可能导致系统故障的基本事件，进而评估整个系统发生故障的概率。这种方法可以帮助识别系统的薄弱环节和故障原因，为系统的安全设计和管理提供依据。

二、风险评估指标和标准

为了确保安全风险评估的客观准确性，需要建立一套科学的风险评估指标体系和评估标准。事故频率和严重程度是评估风险的关键指标。事故频率指的是特定事件在一定时间内发生的次数，而事故严重程度则指的是事故可能造成的损失或影响程度。这两个指标可以通过历史数据、专业统计分析等方式进行评估和测算。通过对事故频率和严重程度的评估，可以较为准确地判断特定事件的风险程度，从而采取相应的措施进行风险管控。

风险等级划分是对风险进行分类和评级的重要步骤。根据风险的概率和影响程度，可以将风险划分为不同等级，如低风险、中风险、高风险等。这种分类有助于对不同等级风险采取相应的管理措施，提高风险管控的针对性和有效性。例如，对于高风险事件，应采取更加严格和有效的措施进行管控和预防，以降低可能的风险影响。安全指标体系是评估安全管理水平和风险控制效果的重要工具。建立全面的安全指标体系，包括安全生产指标、安全管理指标、安全技术指标等，可以全面客观地评估企业或项目的安全管理水平和风险控制效果。这些指标可以包括事故率、事故处理及报告程序、安全培训覆盖率、安全设备维护情况等方面，通过数据和指标的分析，可以及时发现问题和改进空间，提高安全管理的科学性和有效性。

三、风险评估结果的应用

对于得出的风险评估结果，需要进行全面分析和应用，以制定相应的安全管理措施和预防措施，提高安全生产水平。需要对风险评估结果进行全面分析，包括分析风险的来源和可能导致的影响。通过深入了解风险的本质和特点，可以更加准确地把握风险的实质，为后续制定管理措施提供基础。

针对分析得出的风险来源和影响，需要制定相应的安全管理措施。对于不同等级的风险，应采取针对性的安全管理措施，包括技术措施、管理措施和人员培训等方面。技术措施可以包括安全设备的更新和升级、工艺流程的优化改进等，以提高系统的安全性和稳定性。管理措施则涉及建立健全的安全管理制度和流程，明确责任分工和安全操作规程，加强对风险源头的管控和监督。人员培训也至关重要，通过提供专业的安全培训和教育，提高员工的安全意识和应对能力，从而有效降低事故发生的可能性。需要将制定的安全管理措施和预防措施实施到实际操作中。这包括设备的维护保养工作，确保设备处于良好状态，减少设备故障引发的安全风险；作业流程的优化，简化作业步骤、提高作业效率，减少人为操作失误带来的风险；人员的安全培训，不断加强员工的安全意识，使其能够正确应对各类紧急情况，有效防范和减少事故发生。

第四节 特种设备安全管理

一、特种设备安全检查和维护

特种设备在电力生产中的重要性不言而喻。为确保其安全运行，必须建立一套完善的定期检查和维护制度。这项工作涵盖了对特种设备的定期检查和维护，旨在确保其运行状态良好、安全可靠。

定期的设备检查是预防安全问题的关键一环。通过定期检查，可以及时发现潜在的故障隐患和问题，避免设备在运行过程中出现意外事故。这种及时性的维护修理，是保障设备运行安全的有效手段。建立设备运行记录也是非常重要的。这些记录详细记录了设备的运行情况和维护保养情况，为设备的安全管理提供了可靠的数据支持。通过分析这些数据，可以更好地了解设备的运行状况，及时发现问题并采取措施解决，从而确保设备运行的安全可靠性。

二、特种设备操作培训

特种设备的操作需要特别的技能和经验，因此对特种设备操作人员进行专门的培训是至关重要的。这种培训应涵盖广泛的内容，包括但不限于设备的操作原理、安全操作规程以及设备故障排除方法等方面。通过系统的培训，可以提高操作人员的技能水平和安全意识，从而保障设备和人员的安全。

在培训中应重点介绍特种设备的操作原理。操作人员需要了解设备的工作原理和结构，掌握设备的基本运行方式，才能够准确、安全地操作设备。还需要详细讲解设备的安全操作规程，包括操作步骤、注意事项、紧急停机程序等，以确保操作人员在操作过程中能够遵守安全规定，减少意外事故的发生。除了基本的操作原理和安全操作规程外，培训还应包括设备故障排除方法。操作人员需要了解设备可能出现的故障类型和常见问题，学会分析故障原因，并掌握正确的排除故障的方法和步骤。这样可以有效提高操作人员的应急处理能力，确保在设备故障时能够及时、正确地处理，避免进一步损坏设备或造成人员伤害。培训还应结合实际操作情况进行模拟演练。通过模拟演练，可以让操作人员在实际操作环境中练习和应用所学知识和技能，增强其操作经验和应对能力。模拟演练还可以帮助操作人员熟悉设备的操作流程和操作步骤，提高操作的准确性和安全性。

三、特种设备事故应急处理

特种设备事故的发生可能对生产造成严重影响，因此建立特种设备事故的应急预案和处理流程至关重要。应急预案应包括多个方面，如应急处理组织机构、应急响应程序、事故报告和通知程序、应急资源准备等内容。处理流程则应明确事故发生时各岗位的责任和行动方案，以及如何进行事故应急处理，最大限度地保障人员安全和减少设备损失。

应急预案需要建立应急处理组织机构。这包括明确各级责任人员和应急小组成员，确定各自的职责和任务，确保在事故发生时能够迅速、有序地进行应急处理。应急响应程序则需要明确事故发生后的应急响应流程，包括紧急通知、人员疏散、事故隔离、应急控制等程序，以便迅速采取有效的措施应对事故。预案中应包括事故报告和通知程序。这涵盖了事故发生后应如何及时向相关部门和人员报告事故情况，以及如何进行信息传递和沟通，确保信息畅通和协调配合。应急资源准备则需要做好应急资源的储备和调配工作，包括人员、设备、物资等方面的准备，以便在事故发生时能够迅速投入应急救援工作。处理流程方面，应明确事故发生时各岗位的责任和行动方案。例如，对于事故现场的管理人员、救援人员、通知人员等，需要明确其应急处理的具体职责和行动步骤。应对事故进行调查分析，找出事故原因并采取措施防止类似事故再次发生。这包括对事故发生的原因、过程和影响进行全面调查和分析，提出改进建议和措施，以确保类似事故不再发生或减少发生的可能性。

第五节 起重设备安全管理

一、起重设备的安全操作规程

起重设备的安全操作规程和标准作业流程对于确保设备操作安全至关重要。这些规程和流程包括了许多关键的方面，如操作步骤、安全操作要求、设备使用限制以及事故应急处理程序等，其制定应当基于国家相关标准和行业规范，并结合实际情况进行细致制定，以确保操作人员能够严格遵守规程，有效预防和应对各种事故风险。

安全操作规程应包含清晰明了的操作步骤，详细说明了设备的启动、停止、操作过程中的注意事项、设备检查和维护等内容。操作步骤应该简洁明了，易于操作人员理解和遵守，确保设备的正常运行。安全操作规程应明确安全操作要求，包括但不限于操作人员的技能要求、操作环境的要求、安全防护措施的使用要求等。这些要求能够帮助操作人员正确理解和执行操作，降低操作过程中的事故风险。安全操作规程还应规定设备的使用限制，包括设备的负荷限制、使用场景限制、使用时间限制等。这些限制能够有效防止设备的过载使用，保障设备的安全运行和使用寿命。安全操作规程还应包括设备事故应急处理程序，明确各种事故发生时的应急响应措施、责任人员、通知流程、事故报告和记录等。这些程序能够帮助操作人员在事故发生时迅速、有效地应对，最大限度地减少事故造成的损失。

二、起重设备的定期检查和维护

对起重设备进行定期的检查和维护是保证设备运行良好、安全可靠的重要措施。定期检查的范围应该涵盖设备各个方面，包括但不限于机械性能、电气系统和安全保护装置等。通过定期检查，可以及时发现设备存在的问题和隐患，从而采取及时的维护修理措施，确保设备在正常运行状态下工作，降低事故风险，保障人员和设备安全。

定期检查需要对设备的机械性能进行全面评估。这包括设备结构、传动系统、液压系统等方面的检查，确保设备各部件运行正常、无异常磨损和松动现象。电气系统是起重设备中的关键部分，定期检查应重点关注设备的电气连接、控制系统、传感器等。确保电气系统的正常运行，避免因电气故障导致的设备事故。安全保护装置也是起重设备安全运行的关键，定期检查需要对安全保护装置进行功能性测试和调试，确保其在需要时能够有效发挥作用，保障设备和操作人员的安全。维护工作不仅包括对设备问题的修理，还应包括设备的清洁、润滑和调整等。定期清洁设备可以有效防止灰尘和杂物积累，减少设备故障的发生；适时润滑设备可以减少摩擦，延长设备零部件的使用寿命；调整设备可以保证设备各部件的正常运行，提高设备的工作效率和安全性。

三、起重设备操作人员的培训

起重设备操作人员的系统培训是提高操作安全性的关键手段。这种培训应该涵盖多个方面，包括设备的操作原理、安全操作规程、事故应急处理方法等内容。通过系统培训，可以培养操作人员正确的操作习惯和安全意识，从而确保设备的安全运行。培训内容应包括设备的操作原理。操作人员需要了解设备的工作原理、结构和功能，包括起重设备的吊钩、起重机构、传动系统等组成部分的工作原理。这样可以让操作人员对设备的工作机制有一个全面的了解，有助于他们正确操作设备，避免误操作导致的事故。

安全操作规程是培训的重要内容。操作人员需要了解设备的安全操作规程，包括操作流程、操作步骤、设备使用限制、安全预防措施等。这些规程和措施可以帮助操作人员规范操作行为，避免操作中出现安全隐患，确保设备操作的安全性和稳定性。培训还应包括事故应急处理方法。操作人员需要了解各种可能发生的事故类型，以及应对这些事故的紧急处理方法。培训内容可以涵盖事故的识别、报警程序、紧急停机操作、人员疏散等方面，让操作人员能够在发生事故时迅速做出正确反应，最大限度地减少事故的损失。培训还应该结合实际操作情况进行模拟演练。通过模拟演练，可以让操作人员在真实环境下进行实际操作，熟练掌握设备的操作技能，增强应对突发情况的能力。这种培训方式可以提高操作人员的实操能力，确保设备操作的安全性和稳定性。

第六节 危险化学品安全监督管理

一、危险化学品安全存储和使用

危险化学品在电力生产中扮演着至关重要的角色，但同时也带来了潜在的安全风险。为了保障生产安全和人员健康，必须建立严格的危险化学品安全存储和使用制度。这个制度涵盖了多个方面，包括确定合适的存储场所和容器、确保标签清晰明了、规定存储条件和温度要求、建立危险化学品登记台账等。

对于危险化学品的存储场所和容器选择至关重要。应根据危险化学品的性质和特点，选择符合要求的存储场所，如化学品仓库或专用储存柜。存储容器应符合国家标准和行业规范，具有耐腐蚀性、密封性好等特点，以确保化学品的安全存储。危险化学品的标签应当清晰明了，包括化学品名称、危险性等级、安全操作注意事项等内容。标签应采用耐腐蚀、不易褪色的材料制作，并定期检查和更换，确保标签的有效性和可读性。规定存储条件和温度要求是保障化学品安全的重要环节。根据化学品的性质和要求，规定存储条件和温度范围，确保化学品在适宜的环境下存储，避免因温度过高或过低导致化学反应或安全事故。建立危险化学品登记台账也是必要的。登记台账应包括化学品的名称、数量、性质、存储位置、存储时间等信息，用于记录化学品的存储和使用情况，及时了解危险化学品的库存情况，做好安全管理和风险控制。

二、危险化学品事故应急预案

针对危险化学品事故，制定完善的应急预案是确保生产安全和应对突发事件的关键。需要建立事故应急处理组织机构。这个机构应明确组成人员、职责分工和联系方式，确保在事故发生时能够迅速有效地展开应急工作。组织机构的建立可以提高应急响应的效率和协调性。

应急预案应包括详细的应急响应程序。这包括对事故发生时的应急流程、信息收集和报告程序、人员疏散和救援程序等方面进行详细规定，确保在事故发生时能够有序、迅速地进行应急响应和处理。应急预案还应包括事故报告和通知程序。这包括对事故报告的要求、报告对象、通知方式等方面进行规定，确保相关部门和人员能够及时获知事故情况，做好应对准备。应急预案还需要考虑应急资源的准备和调配。这包括对应急资源的种类、数量、存放位置等进行明确规定，以及如何进行资源调配和利用，确保在应急情况下能够及时获取必要的资源支持。应急预案还应明确事故发生时各岗位的责任和行动方案。这包括对各岗位人员的职责、行动程序、应急装备使用方法等进行详细规定，确保每个岗位人员能够清楚了解自己的责任和行动方案，在事故发生时能够迅速、有序地进行应急处理。

三、危险化学品安全培训

危险化学品的安全知识培训对相关人员来说是至关重要的

一环。这种培训的内容必须涵盖多个方面，以确保人员对危险化学品的正确理解、安全操作和应急处理能力。培训应涵盖危险化学品的特性。这包括了解危险化学品的物理化学性质、毒性特征、燃爆性质等，以便在实际操作中正确识别和判断危险化学品的性质和潜在危险。

培训内容应包括危险化学品的危害和风险。相关人员需要了解不同危险化学品对人体健康和环境可能造成的危害，以及如何通过正确的防护措施降低风险。培训还应包括危险化学品的防护措施。这包括正确使用个人防护装备（如防护服、手套、面罩等）、安全操作流程、通风设备的正确使用等，以确保在接触危险化学品时能够有效保护自己的安全。培训还应涵盖危险化学品事故应急处理知识。相关人员需要了解不同类型的危险化学品事故可能导致的后果，如泄漏、爆炸、火灾等，以及如何正确应对这些突发情况，采取适当的紧急措施和报告程序。培训应该结合实际案例和模拟演练进行。通过实际案例的分享和模拟演练的实施，可以使培训更加生动、具体，提高参与者对危险化学品安全知识的理解和应用能力。

四、定期检查和评估

定期检查和评估危险化学品的存储和使用情况是保障安全的重要措施。这种机制的建立可以有效监督和检查危险化学品的管理情况，及时发现问题并采取整改措施，确保符合标准要求，保障生产安全和环境保护。

通过定期的检查和评估，可以全面了解危险化学品的存储和使用情况。检查人员需要对危险化学品的存储条件进行检查，包括存储场所的环境条件、温度、湿度等是否符合要求，存储容器是否密封、标识是否清晰等。需要对危险化学品的使用情况进行检查，包括使用过程中是否有泄漏现象、是否正确使用个人防护装备等。在检查过程中，需要针对发现的问题进行详细记录，并及时通知相关部门进行整改。整改措施应该具体明确，包括修正存储不当的问题、更换老化的容器、强化员工的安全意识培训等。对整改措施的执行情况也需要进行跟踪和检查，确保问题得到有效解决。除了定期检查外，还需要建立评估机制，对危险化学品的安全管理进行综合评估。评估内容应该包括安全设施的完善程度、安全操作规程的执行情况、事故应急处理能力等方面。评估的目的是发现管理上的不足和漏洞，及时采取措施加以改进。

五、技术改进和管理创新

技术改进和管理创新在危险化学品安全管理中起着至关重要的作用。通过不断引入先进的监测技术和设备，加强信息化管理，可以提高事故预警和应对能力，从而有效减少危险化学品带来的安全风险。

技术改进方面可以采用先进的监测技术和设备。这包括利用传感器、监控系统等先进设备对危险化学品进行实时监测和数据采集，及时发现异常情况并进行预警。例如，可以安装气体监测仪器来监测空气中危险化学品的浓度，及时发现泄漏情况并采取措施防止事故发生。还可以利用无人机等现代技术手段进行巡检和监测，提高监测范围和效率。管理创新方面可以加强信息化管理。建立完善的危险化学品信息管理系统，对危险化学品的存储、使用、运输等进行全面管理和跟踪。通过信息化管理，可以实现对危险化学品的实时监控、追溯溯源，及时掌握危险品的运行状态和风险情况。还可以利用大数据分析技术对危险化学品管理数据进行分析和挖掘，发现问题和趋势，为安全管理决策提供科学依据。技术改进和管理创新还应重点关注事故预警和应对能力的提升。通过引入智能化的预警系统，及时发现危险化学品可能发生的安全风险，提前采取措施防范事故发生。建立完善的应急响应机制，明确各岗位责任和行动方案，确保在事故发生时能够迅速、有效地进行应急处理和救援，最大限度地减少事故带来的损失和影响。

第九章 主要安全风险防控管理

第一节 高处作业安全防控管理

一、作业前准备

在进行高处作业前，必须进行充分的作业准备工作。这包括对作业现场进行检查评估，确认安全设施是否完备，确定作业方案和程序，并提前制定应急预案。作业前的准备工作是保障高处作业安全的重要环节。对作业现场进行检查评估是必不可少的。检查评估的目的是确定作业环境的安全性，包括地面的平整度、工作场所的通风情况、周围的环境因素等。通过评估，可以发现潜在的安全隐患，并及时采取措施加以解决，确保作业环境符合安全要求。确认安全设施是否完备也是作业前准备的重要内容。高处作业需要特定的安全设施来保障作业人员的安全，如防护栏杆、安全网、安全带等。必须确保这些安全设施的完好性和有效性，以提供足够的安全保障措施。

确定作业方案和程序是高处作业前的必要步骤。作业方案应包括作业的具体内容、作业的时间计划、作业的步骤和流程等。而作业程序则是指导作业人员进行操作的指南，包括安全操作规程、作业步骤说明、应对突发情况的处理方法等。通过明确的作业方案和程序，可以提高作业的组织性和规范性，降低事故发生的可能性。制定应急预案也是作业前准备的重要内容。高处作业存在一定的安全风险，事故难以完全避免。因此，必须提前制定应急预案，明确应急响应程序和措施，以保障作业人员在发生事故时能够迅速、有效地进行自救和救援。应急预案的制定应考虑各种可能发生的事故情况，并制定相应的处理方案和流程。

二、安全设施设置

对于高处作业场所，必须设置必要的安全设施，如防护栏杆、安全网、安全带等，确保作业人员在高处作业时有足够的安全保障措施。

防护栏杆是高处作业必备的安全设施。在高处作业现场的边缘和危险位置，必须设置坚固可靠的防护栏杆，以防止作业人员从高处坠落。防护栏杆的设置应符合相关安全标准和规范，确保其稳固性和有效性。安全网也是高处作业的重要安全设施。安全网应设置在可能发生坠落的位置下方，以减轻作业人员坠落的冲击力，保障其安全。安全网的选用应符合相关标准和规范，保证其承载能力和防护效果。安全带也是高处作业必备的个人防护装备。作业人员在进行高处作业时，应佩戴合适的安全带，并正确使用。安全带的选用应符合相关标准和规范，确保其承载能力和安全性。以上安全设施的设置应根据实际作业情况进行合理规划和布置，确保作业人员在高处作业时能够得到充分的安全保障。

三、作业人员培训

对参与高处作业的人员进行专门的培训是确保作业安全的重要措施。培训内容包括安全操作规程、使用安全设施方法、应对突发情况等，旨在提高作业人员的安全意识和应对能力。

安全操作规程是高处作业培训的重点内容。作业人员必须熟悉并严格遵守安全操作规程，包括作业步骤、安全要求、禁止行为等，以确保作业安全。培训内容应包括对规程的解读和实际操作演示，帮助作业人员理解和掌握规程要求。使用安全设施方法也是培训的重点内容。作业人员必须了解并正确使用安全设施，如安全带的佩戴方法、防护栏杆的使用方法等，以保障作业安全。培训内容应包括安全设施的功能、使用方法、检查维护等内容，帮助作业人员掌握安全设施的正确使用技能。应对突发情况也是培训的重点内容。作业人员必须具备处理突发情况的能力，如突然恶劣天气、设备故障等，能够迅速、有效地应对并采取相应措施，保障自身和他人的安全。培训方式可以采用课堂教学、现场演示、模拟演练等多种形式，确保培训内容的全面性和有效性。培训结束后，还应进行考核评估，确保作业人员达到培训要求和标准。

四、作业监管

建立作业监管机制是保障高处作业安全的重要措施。通过监管机制，可以有效监督和管理高处作业现场，确保作业符合安全规范和程序要求。

指定专人负责监督和管理高处作业现场是作业监管的基础。监管人员应具备专业知识和丰富经验，能够对作业现场进行全面、细致的监督和管理，及时发现和解决安全问题。建立监管制度和程序是作业监管的重要内容。监管制度应包括作业前、作业中和作业后的监管要求和程序，明确监管人员的职责和权限，确保监管工作的有序进行。加强对作业人员的安全教育和培训也是作业监管的重要内容。监管人员应定期组织安全教育和培训活动，加强作业人员的安全意识和应对能力，提高其遵守安全规范和程序的自觉性。建立作业记录和反馈机制是作业监管的重要环节。监管人员应及时记录作业情况和安全问题，并向相关部门反馈，促使问题得到解决和改进，确保作业安全。

五、事故应急处理

制定高处作业事故应急处理预案是保障作业安全的关键措施。预案应明确应急响应程序和措施，保障作业人员在发生事故时能够迅速、有效地进行自救和救援。

应急响应程序是事故应急处理预案的核心内容。程序应包括事故发生后的应急响应流程、报警程序、人员疏散和救援程序等，确保作业人员能够迅速、有序地应对事故。应急响应措施是事故应急处理预案的重要内容。措施包括对事故现场的紧急处置、作业人员的疏散和救援、事故原因的调查和处理等，确保事故得到及时有效地处理，最大限度地减少损失和影响。应急演练也是事故应急处理预案的重要内容。定期组织应急演练活动，检验和评估预案的可行性和有效性，发现问题并及时改进，提高应急响应的能力和水平。

第二节 起重作业安全防控管理

一、设备检查与维护

对起重设备进行定期的检查和维护是确保作业安全的重要措施。通过定期检查，可以及时发现设备存在的问题和隐患，如机械部件磨损、润滑不良等，并进行相应的维护修理，保障设备的运行良好和安全可靠性。检查内容包括但不限于机械性能、电气系统、安全保护装置等方面，确保设备符合安全要求。定期检查和维护的过程需要细致、全面，以确保设备处于最佳工作状态。

机械性能是起重设备正常运行的关键，因此需要重点检查机械部件的磨损和松动情况。定期检查机械部件如齿轮、轴承、传动装置等，发现磨损严重或松动现象时，及时进行维护修理，避免因机械故障导致的安全事故发生。电气系统也是起重设备运行中不可或缺的部分，需要定期检查电气元件和线路的工作状态。包括检查电缆接头、开关、断路器等设备，确保电气系统正常运行，避免因电气故障引发的安全隐患。安全保护装置是起重设备安全的重要组成部分，需要定期检查保护装置的功能是否正常。包括安全限位器、过载保护装置、紧急停车开关等，确保这些安全装置在作业过程中能够及时起到作用，防止意外事故的发生。

二、安全操作规程

制定起重作业的安全操作规程和标准作业流程是保障操作安全的关键。安全操作规程是在起重作业中必不可少的指导文件，其内容应该包括但不限于操作步骤、安全要求、禁止行为等内容，明确了作业人员在起重作业中应遵守的规定和标准。这些规定和标准的制定需要结合实际情况和相关法律法规，确保起重作业的安全性和规范性。

在安全操作规程中，应包括对操作步骤的详细描述。这包括起重设备的启动步骤、操作程序、操作顺序等内容。操作步骤的描述应清晰明了，避免模糊和歧义，确保作业人员能够正确地执行操作步骤，保障作业安全。安全操作规程还应明确作业中的安全要求。这包括对作业人员的身体状况要求、操作环境要求、安全设施要求等内容。安全要求的明确可以有效地避免因作业人员操作不当而导致的安全事故发生，提高作业的安全性和稳定性。安全操作规程中还应明确禁止行为。这些禁止行为是基于安全考虑，避免作业中可能出现的危险和风险。例如，禁止在起重作业中吸烟、喝酒、无证操作等行为，以确保作业安全。

第三节 物体打击安全防控管理

一、作业区域划分

作业现场的合理划分是防止物体打击事故的关键。需要在现场设立安全警示区域和禁止区域，以确保人员和设备的作业范围明确，有效降低物体打击风险的发生。安全警示区域应设立在潜在物体打击风险较高的区域，用于提醒作业人员注意安全。而禁止区域则应设立在危险性较大的区域，严禁非作业人员进入，从而有效减少物体打击事故的发生可能性。

在作业现场进行合理的区域划分，不仅有助于规范作业流程，提高作业效率，更重要的是可以有效预防和控制物体打击事故的发生。作业现场安全警示区域的设置，可以通过明显的标识和标志，警示作业人员注意周围环境的安全风险，加强安全意识，从而减少意外伤害的发生。在危险性较大的区域设立禁止区域，可以有效隔离危险源，防止非作业人员误入，避免不必要的安全风险和事故发生。作业现场的安全警示区域和禁止区域应根据实际情况进行合理划分和设置。在划分区域时，应考虑到作业过程中可能存在的物体掉落、倾倒、滚动等风险，特别关注高空、悬崖边缘、机械设备周围等易发生物体打击的区域，加强警示和防范措施。对禁止区域的标识和管理也应严格执行，确保禁止区域内无非作业人员进入，避免发生不必要的安全事故。

二、作业人员防护

作业现场的安全防护装备对作业人员的安全至关重要。其中，安全帽、安全鞋和护目镜等防护装备是必不可少的，它们可以有效地提高作业人员在作业过程中的安全防范意识和能力，降低物体打击事故的发生率。

安全帽是作业人员必备的防护装备。安全帽的作用主要是防止头部受到物体打击而造成伤害。在作业现场，可能存在高空坠落物、坠落工具、建筑材料等危险物体，安全帽可以有效地减轻或避免头部受伤的风险，保障作业人员的头部安全。安全鞋也是非常重要的防护装备。安全鞋具有防护脚部免受碰撞、压力和刺穿的功能。在作业现场，可能存在坠落物、机械设备、尖锐物体等，安全鞋可以有效地保护作业人员的脚部不受伤害，提高作业人员的安全性和舒适性。护目镜也是必备的防护装备。护目镜主要用于防止眼部受伤，如避免异物飞溅、刺入眼睛等情况发生。在作业现场，可能存在飞溅的化学品、粉尘、细小的碎片等危险物体，护目镜可以有效地保护作业人员的眼睛免受伤害，提高作业安全性。

第四节 触电（电气作业）安全防控管理

一、作业人员资质

电气作业的安全性与作业人员的资质和技能密切相关。作业人员在进行电气作业时，需要具备相应的资质和技能，这是保障电气作业安全的基础。只有经过专门的培训和考核，掌握了电气设备操作的技能和知识，了解了电气作业的安全规范和操作要求，作业人员才能够正确、安全地操作电气设备，降低触电事故的发生概率，从而保障作业安全。

电气作业涉及到复杂的电气设备和系统，其中包括高压电力设备、电缆线路、控制装置等，具有较高的安全风险。因此，参与电气作业的作业人员必须具备相应的资质和技能。作业人员需要通过相关的培训课程，学习电气设备的基本知识和操作技能，了解电气作业的相关法律法规、安全标准和操作规程。培训内容通常包括电气设备的识别和分类、安全操作流程、事故应急处理等方面的知识，以及对各类电气设备进行安全操作的技能培训。除了培训之外，作业人员还需要经过相关的考核，以确保其掌握了必要的知识和技能。考核内容包括理论知识考试和实际操作考核，通过考核合格后才能取得相应的电气作业资质。考核过程旨在评估作业人员对电气设备操作的熟练程度、安全意识和应对突发情况的能力，确保他们具备安全操作电气设备的能力。具备资质的作业人员在进行电气作业时，能够准确判断电气设备的工作状态和安全性，正确使用工具和设备，遵守操作规程和安全标准，严格执行安全操作程序，提高对电气设备作业环境的风险识别能力和应对能力。他们能够有效预防触电事故的发生，及时处理各类电气故障和突发情况，保障作业现场的安全和稳定运行。

二、安全操作规程

制定电气作业的安全操作规程和标准作业流程是保障操作安全的重要措施。安全操作规程应包括但不限于操作步骤、安全要求、禁止行为等内容，明确作业人员在电气作业中应遵守的规定和标准。标准作业流程则是指导作业人员进行操作的指南，包括安全操作步骤、操作顺序、事故应急处理程序等，确保作业流程规范、安全。通过严格执行安全操作规程和标准作业流程，可以有效降低电气作业的安全风险，保障作业人员的安全和健康。

电气作业是电力生产中不可或缺的环节，但同时也是极具危险性的作业形式。不正确的操作或规避安全规程可能会导致严重的事故发生，因此，制定详尽的安全操作规程和标准作业流程显得尤为重要。安全操作规程应明确规定作业人员在电气作业中的操作步骤。这包括但不限于设备开关操作、线路接触方式、工具使用方法等。规程应详细说明每个操作步骤的安全要求，包括防止触电、防止设备故障、防止火灾等内容。作业人员必须严格遵守操作规程，不得违反规程进行操作。安全操作规程还应明确规定禁止行为。这些禁止行为可能包括但不限于擅自操作设备、私自改动线路、无证擅自进行电气维修等。

禁止行为的规定旨在避免作业人员因不当行为而导致的安全事故，保障作业环境的安全和稳定。标准作业流程则是指导作业人员进行操作的指南。它包括作业前的准备工作、作业过程中的注意事项、作业后的整理工作等内容。标准作业流程应明确每个步骤的操作顺序和要求，确保作业的连贯性和安全性。作业流程还应包括事故应急处理程序，指导作业人员在发生突发情况时的应对措施，保障人员和设备的安全。

第五节 高温作业安全防控管理

一、作业前准备

在进行高温作业前，必须进行充分的作业准备工作。确认作业场所的温度和环境条件是高温作业安全防控的基础。在进行高温作业之前，必须对作业场所的温度进行准确的测量和评估。这需要使用专业的温度计等工具来完成，确保测量结果准确可靠。还需要评估作业场所的其他环境条件，如通风情况、空气湿度等，这些因素都会影响高温作业的安全进行。只有充分了解作业环境的温度和其他相关条件，才能有效地制定出相应的防控措施，为高温作业提供安全保障。

制定作业方案和程序是高温作业的关键步骤。在确认了作业环境的温度和条件后，需要制定具体的作业方案和程序。这包括确定作业的时间安排，合理安排作业人员的轮班和休息时间，避免高温作业时间过长导致作业人员疲劳。需要考虑作业人员的配备，确保其配备了适当的防护装备，如隔热服、防护眼镜、防护手套等，以及所需的工具和设备。作业方案和程序还应该考虑到作业环境的高温特点，明确作业的具体步骤和流程，确保作业的顺利进行。通过制定详细的作业方案和程序，可以有效地规范和指导高温作业的进行，提高作业效率和安全性。提前制定应急预案是高温作业安全防控的重要环节。在高温作业中，事故和意外情况可能随时发生，因此必须提前制定应急预案，明确各种应急情况下的应对措施和程序。应急预案应该包括对可能发生的各类事故的预防和处理措施，如火灾、电气事故、中暑等。还需要考虑作业人员的自救和救援方法，培训作业人员掌握应急处理技能，提高应对突发情况的能力。应急预案还应该与相关部门和机构进行沟通和协调，建立起应急响应机制，确保在发生事故时能够迅速、有效地进行应对和处理，最大限度地减少损失。

二、作业人员防护

在高温作业中，作业人员必须配备适当的防护装备，以确保其在高温环境下作业时不受伤害。这些防护装备包括隔热服、防护眼镜和防护手套。

隔热服是高温作业中必备的防护装备。它能有效地隔离热量，减少热能对作业人员的影响，保护其皮肤不受热量伤害。隔热服通常采用特殊的材料制成，具有良好的隔热性能和透气性，可以有效地降低作业人员在高温环境中的热负荷，减轻其体感温度，提高作业舒适度和安全性。作业人员还需要配备防护眼镜，在高温环境中可能存在各种灰尘、烟雾等对眼睛有害的物质。防护眼镜能够有效地保护眼睛不受刺激和伤害，避免灰尘、烟雾等物质进入眼睛引起不适或损伤。防护眼镜还能防止作业人员因眼睛不适而影响作业效率，保障作业质量和安全。

防护手套也是高温作业中必备的防护装备。在高温作业中，作业人员可能需要接触到热物体或者液体，如果没有适当的防护手套，手部容易受到热量和其他危害物质的侵害，导致烫伤或化学灼伤等问题。因此，配备防护手套能有效地保护作业人员的手部不受伤害，提高其在高温环境下的安全性和舒适度。

除了以上基本的防护装备之外，作业人员还应根据具体的作业环境和要求配备其他必要的防护装备，确保其全面地受到保护。这可能包括呼吸防护装备、耳塞、安全鞋等，根据实际情况进行合理选择和配备，从而最大限度地降低高温作业对作业人员的安全和健康造成的风险。

三、安全操作规程

为了保障高温作业的安全进行，需要制定高温作业的安全操作规程和标准作业流程。明确操作步骤是高温作业安全操作规程的核心内容。规定作业人员在进行高温作业时应按照具体的操作步骤进行，包括作业前的准备、作业中的操作、作业后的清理等。

作业前的准备包括对作业环境的检查和评估，确保环境符合安全要求；作业中的操作要按照规定的程序和方法进行，避免擅自改变作业步骤和程序，确保作业的安全性和有效性；作业后的清理包括对作业场所的清理和整理，保持工作环境的整洁和安全。安全要求是高温作业安全操作规程中的重要内容。规定作业人员在高温作业中应该遵守的安全要求，包括不得擅自改变作业程序、不得超负荷作业等。作业人员必须严格遵守安全要求，确保作业的安全进行。事故应急处理程序是高温作业安全操作规程中必不可少的内容。明确高温作业中可能发生的各类事故的应急处理程序，包括作业人员应该如何迅速报警、如何进行自救和救援等。在发生事故时，作业人员必须按照规定的应急处理程序进行，保障自身和他人的安全。

四、作业监管

建立作业监管机制是确保高温作业安全进行的重要一环。监管工作应包括监督作业环境、管理作业人员以及应急响应等内容。监督作业环境是监管机制的基础。监督工作需要专人负责监督作业现场的温度和环境条件，确保其符合安全要求。这包括对作业环境的定期检查和评估，使用温度计等工具进行温度测量，检查通风情况、空气湿度等。只有确保作业环境符合安全要求，作业人员才能在相对安全的环境下进行高温作业。

管理作业人员也是监管机制的重要内容。监管人员需要管理作业人员的防护装备配备情况，确保作业人员配备了适当的防护装备，如隔热服、防护眼镜、防护手套等。监管人员还需要监督作业人员是否严格遵守操作规程和安全要求，防止擅自改变作业程序、超负荷作业等行为的发生。通过对作业人员的管理，可以有效地提高作业人员的安全意识和自我保护能力，降低作业风险。应急响应是监管机制中不可或缺的一部分。监管人员需要负责高温作业中发生的各类事故的应急响应工作，保障作业人员的安全。这包括制定和实施应急预案，明确应急响应程序和措施，如何迅速报警、疏散、急救等。监管人员还需要组织应急演练，培训作业人员掌握应急处理技能，提高其在应急情况下的应对能力。通过有效的应急响应工作，可以最大限度地减少事故损失，保障作业人员的安全。

第六节 机械作业安全防控管理

一、设备检查与维护

对机械设备进行定期的检查和维护是机械作业安全防控的重要措施。通过定期检查设备，可以及时发现设备的故障和隐患，采取有效的维护和修复措施，确保设备运行良好，减少因设备故障引发的安全事故。检查内容包括设备的外观、结构、功能等方面，特别是关键部件和安全装置的工作状态。维护工作则包括设备的清洁、润滑、调整、更换零部件等，保证设备处于良好的工作状态，提高设备的可靠性和安全性。

设备的定期检查是确保机械作业安全的关键步骤。通过对设备的定期检查，可以及时发现设备存在的问题和隐患，防止因设备故障导致的安全事故发生。检查内容包括对设备的外观、结构、功能等方面进行全面的检查，特别是关键部件和安全装置的工作状态。例如，检查设备的传动系统、液压系统、电气系统等是否正常运行，检查设备的安全防护装置是否完好有效，确保设备在运行过程中能够及时发现并应对突发情况，保障作业人员和设备的安全。设备的定期维护也是保障机械作业安全的重要环节。维护工作包括设备的清洁、润滑、调整、更换零部件等，确保设备处于良好的工作状态。例如，定期清洁设备表面和内部，防止灰尘和杂物堆积导致设备故障；定期润滑设备的运动部件，减少摩擦损耗，延长设备使用寿命；定期调整设备的工作参数，保证设备正常运行；定期更换磨损严重的零部件，避免因零部件失效导致的安全隐患。

二、安全操作规程

制定机械作业的安全操作规程和标准作业流程是确保作业安全的重要手段。安全操作规程应该明确操作步骤、安全要求和事故应急处理程序，指导作业人员正确进行机械作业，减少事故发生的可能性。操作步骤包括作业前的准备、设备操作、作业后的清理等内容，确保作业流程合理有序。安全要求则规定了作业人员在机械作业中应该遵守的规范和要求，如不得超负荷操作、不得擅自改变作业程序等。事故应急处理程序则明确了在发生事故时作业人员应该如何迅速报警、疏散、救援等，保障作业安全。

机械作业的安全操作规程和标准作业流程是确保作业安全的基础。通过明确的操作步骤，可以规范作业流程，避免操作不当导致的安全事故。作业前的准备包括对作业环境和设备的检查和评估，确保作业环境符合安全要求，设备状态良好。设备操作阶段要求作业人员严格按照规程操作，不得超负荷操作，不得擅自改变作业程序，确保作业过程安全可靠。作业后的清理也是非常重要的，要对作业现场进行清理和整理，确保作业环境干净整洁，减少安全隐患。安全要求是保障作业安全的重要保障措施。规定了作业人员在机械作业中应该遵守的规范和要求，如正确使用防护装备、遵守操作规程、不得超负荷操作等。作业人员必须严格遵守安全要求，保证作业的安全进行。事故应急处理程序是在发生事故时作业人员应该如何迅速应对的指导和规范。明确了作业人员应该如何迅速报警、疏散、救援等，保障作业安全，减少事故造成的损失。应急处理程序要结合实际情况进行制定，确保能够在事故发生时迅速有效地应对。

三、作业前准备

在进行机械作业前，必须进行充分的作业准备工作。这包括确认作业场所的环境条件和设备状态，制定作业方案和程序，并提前制定应急预案。作业前的准备工作是确保机械作业安全进行的前提条件，通过对作业环境和设备的全面评估，可以有效地识别和解决潜在的安全风险，保障作业的顺利进行。

作业前的准备工作至关重要，它是确保机械作业安全进行的前提条件。需要确认作业场所的环境条件，包括空气质量、温度、湿度等方面的情况。特别是对于密闭空间或者特殊环境下的机械作业，更需要对环境条件进行详细评估，确保作业环境符合安全要求。需要对设备状态进行确认和评估，检查设备的运行状况、关键部件的工作状态、安全装置的有效性等，确保设备处于良好的工作状态，可以安全地进行作业。如果发现设备存在问题或者安全隐患，必须及时进行处理和修复，确保设备安全可靠。制定作业方案和程序也是作业前准备的重要内容。作业方案应该明确作业的内容、范围、时间安排、作业人员分工等，确保作业过程合理有序。作业程序则是指导作业人员进行作业的具体步骤和方法，包括作业前的准备、设备操作、作业后的清理等内容，确保作业流程规范安全。作业方案和程序需要根据具体的作业内容和环境进行制定，要考虑到作业过程中可能存在的安全风险，制定相应的防范措施和应对方案。提前制定应急预案也是作业前准备工作的重要内容。应急预案应该包括各种可能发生的事故和突发情况的预防和处理措施，明确作业人员在发生事故时应该如何迅速报警、疏散、救援等，保障作业安全。应急预案需要与作业方案和程序相结合，确保在发生突发情况时能够迅速有效地应对，最大限度地减少事故损失。

四、作业人员培训

对参与机械作业的人员进行专门的培训是保障作业安全的重要环节。培训内容包括安全操作规程、设备使用方法、应对突发情况等，旨在提高作业人员的安全意识和应对能力。培训应该针对不同岗位和作业内容进行，包括操作人员、维护人员、监管人员等，确保每位作业人员都具备必要的安全知识和技能，能够正确、有效地进行机械作业，并在发生突发情况时能够迅速应对，保障作业安全。

机械作业涉及复杂的操作和环境，因此对参与机械作业的人员进行专门的培训是非常重要的。培训内容应该包括安全操作规程，即明确作业过程中应该遵守的安全规范和要求，如正确使用防护装备、不得超负荷操作等。还应该培训人员掌握设备的使用方法，包括操作流程、设备功能、常见故障处理等，确保他们能够熟练、正确地操作设备。应对突发情况的培训也至关重要，包括火灾、泄漏、电气故障等突发情况的处理方法，以及疏散逃生的程序和技巧，确保作业人员在发生突发情况时能够迅速冷静地应对，减少事故发生的可能性。培训应该根据不同岗位和作业内容进行，因为不同岗位的人员所需的安全知识和技能可能有所不同。例如，操作人员需要掌握设备的具体操作方法和安全注意事项；维护人员需要了解设备的维护保养流程和常见故障处理方法；监管人员需要具备安全监管和应急处理能力。通过针对性的培训，可以确保每位作业人员都具备必要的安全知识和技能，能够在机械作业中正确、有效地进行操作，并在发生突发情况时能够迅速应对，保障作业安全。

五、作业监管

建立作业监管机制是确保机械作业安全进行的重要保障措施。作业监管应加强对机械作业现场的监督和管理，确保作业符合安全规范和程序要求。监管内容包括对作业环境、设备状态、作业人员行为等方面的监督，发现问题及时纠正，确保作业安全。监管人员需要具备专业知识和技能，能够有效指导和管理机械作业现场，提高作业的安全性和效率。通过严格的监管措施，可以有效地减少机械作业中可能发生的安全事故，保障作业人员和设备的安全。

作业监管是确保机械作业安全进行的重要环节。它的目的是通过加强对作业现场的监督和管理，发现并及时纠正存在的安全问题，确保作业符合安全规范和程序要求，从而保障作业人员和设备的安全。监管内容涉及作业环境、设备状态、作业人员行为等多个方面，需要监管人员具备专业的知识和技能，能够有效地指导和管理机械作业现场。作业监管应加强对作业环境的监督。监管人员需要对作业现场的空气质量、温度、湿度等环境条件进行监测和评估，确保作业环境符合安全要求。特别是对于特殊环境下的机械作业，如高温、有毒气体等作业环境，监管人员需要加强对环境的监督，确保作业人员的健康和安全。作业监管还需对设备状态进行监督和管理。监管人员需要定期检查设备的运行状况、关键部件的工作状态、安全装置的有效性等，发现问题及时进行修复和维护，确保设备处于良好的工作状态，减少设备故障引发的安全事故。监管人员还需要对作业人员的行为进行监督。他们需要确保作业人员严格遵守安全操作规程和程序要求，不得擅自改变作业程序、超负荷操作等，保障作业过程安全可靠。监管人员在进行作业监管时，需要具备专业的知识和技能。他们需要了解机械作业的相关法律法规、安全标准和操作规程，能够准确判断作业现场的安全风险，采取有效的监管措施进行处理。

第七节 动火作业安全防控管理

一、作业前准备

动火作业前的准备工作是确保作业安全进行的重要环节。这包括对作业环境和设备进行全面确认，制定详细的作业方案和应急预案，旨在发现并解决潜在的安全风险，并为作业过程中可能出现的应急情况做好充分准备。

对作业环境进行确认是动火作业前的重要步骤。这涉及到对作业场所的环境条件进行全面评估，包括空气质量、温度、湿度等因素的检查，以及对周围环境是否易燃易爆的评估。通过对作业环境的确认，可以及时发现潜在的安全隐患，采取相应的措施进行处理，确保作业环境符合安全要求。对设备进行确认也是动火作业前的必要步骤。这包括对动火设备的状态进行检查，确保设备运行良好、安全可靠。特别是对于动火作业中使用的火焰器材、防护设备等，需要进行详细的检查和测试，确保其正常工作，并能够在作业过程中起到应有的作用。

制定详细的作业方案和应急预案也是动火作业前的重要工

作。作业方案应该包括作业过程中的具体步骤、操作规范、安全要求等内容，确保作业有条不紊地进行，并严格按照规程执行。应急预案则是针对可能发生的突发情况进行的应对措施和程序，包括火灾、泄漏、意外伤害等应急情况的处理方法和应对步骤，保障作业人员和设备在应急情况下能够迅速、有效地应对，最大限度地减少损失。

二、安全设施设置

在动火作业现场设置必要的安全设施是确保作业安全进行的关键环节。这些安全设施包括消防器材、防护罩、安全标识等，它们的合理设置和使用可以有效降低火灾和事故的发生概率，保障作业人员和设备的安全。

消防器材是动火作业现场必不可少的安全设施。这些器材包括灭火器、消防水带、消防栓等，可以在火灾突发时及时进行灭火或扑救。在动火作业现场，应合理设置消防器材的位置和数量，确保作业人员能够迅速使用到适当的消防设备，有效控制火灾事故的扩散，降低损失。防护罩也是动火作业现场的重要安全设施。它们可以用于覆盖和隔离易燃易爆物品，防止火源扩散，保护作业人员和设备免受火灾危害。合理设置防护罩的位置和尺寸，确保其覆盖范围和保护效果，对于控制火灾的蔓延和保护作业人员起到关键作用。安全标识也是动火作业现场不可或缺的安全设施。安全标识可以用于标识危险区域、指示逃生通道、提醒作业人员注意安全等，有助于作业人员正确识别和应对潜在的安全风险，避免发生意外事故。在动火作业现场，应设置清晰明确的安全标识，确保作业人员能够清晰理解并严格遵守安全规定。

三、作业人员培训

动火作业是一项潜在风险较高的作业方式，在进行这类作业时，对参与作业的人员进行专门的培训是至关重要的。这种培训不仅可以提升作业人员的安全意识，还可以增强他们应对突发情况的能力，确保作业过程中的安全性和顺利进行。培训内容应该包括动火作业的规程和操作流程。这部分内容旨在向作业人员介绍动火作业的基本规定和程序，包括何时可以进行动火、如何进行动火、动火后的处理等。通过了解和遵守规程，作业人员可以正确地开展动火作业，降低火灾和事故的发生概率。

培训还应该涵盖消防器材的使用方法。作业人员需要了解各种消防器材的类型、功能和正确使用方法，包括灭火器、消防水带、消防栓等。他们需要学会如何迅速准确地使用这些器材，以应对突发的火灾情况，及时控制火势，保障自身安全和作业环境的安全。培训还应该包括应对火灾情况的应急处理方法。作业人员需要学习如何在火灾发生时迅速冷静应对，包括如何报警、如何疏散人员、如何使用消防器材等。他们需要具备快速反应和正确处理突发情况的能力，以最大限度地减少火灾带来的损失和危害。除了以上内容，培训还应该强调安全意识的培养。作业人员需要了解作业过程中可能存在的各种安全风险，并学会如何预防和避免这些风险。他们需要牢记安全第一的原则，时刻保持警惕，严格按照规程操作，确保作业过程中的安全性和顺利进行。

四、事故应急处理

动火作业事故应急处理预案的制定是非常必要的，它需要明确应急响应程序和措施，以确保作业人员在火灾事故发生时能够迅速有效地进行自救和救援，最大限度地减少人员伤亡和财产损失。

事故应急处理预案需要明确应急响应程序。这包括在火灾事故发生时，应急响应的具体流程和步骤，如何迅速报警、通知相关部门和人员、启动应急预案等。通过明确的程序，可以确保在事故发生时能够迅速启动应急响应，快速采取措施，有效应对事故。预案需要明确各种应急措施。这包括应急疏散程序、灭火措施、救援方法等。例如，在火灾事故中，应急疏散程序需要指导作业人员如何安全快速地撤离作业现场，避免人员被困或受伤。灭火措施则需要明确使用消防器材的方法和步骤，以最大限度地控制火势，防止火灾扩大。救援方法则需要指导作业人员如何进行自救和互救，及时救助受伤人员，保障每个人的安全。预案还需要考虑到不同火灾情况下的不同应对措施。例如，对于化学品泄漏导致的火灾，应急处理预案需要包括相应的化学品处理方法和安全措施；对于人员被困或失联的情况，预案需要明确救援流程和方法。预案应该全面考虑各种可能出现的情况，制定相应的应对措施，以确保在任何情况下都能够迅速、有效地应对事故。

第八节 消防管理

一、消防设施设置

在生产场所设置必要的消防设施是确保及时有效进行火灾扑救和应急处理的重要措施。消防设施的设置需要考虑到生产场所的特点和火灾风险，合理布局和配置消防设备，确保覆盖面广、反应迅速。消防栓、灭火器、喷水装置等是常见的消防设施，其设置和使用对于生产场所的火灾防范至关重要。

消防栓是常见的消防设施，通常设置在易燃易爆物料储存区域和重要设备设施附近。这样做可以确保在火灾发生时能够迅速获得灭火水源，快速扑灭火势，减少火灾造成的损失。消防栓应保持畅通、易于操作，确保灭火水源的供应充足、稳定。灭火器也是非常重要的消防设施，它们应根据不同的火灾类型设置不同种类和规格的灭火器。例如，针对 A 类火灾（可燃物质火灾），通常使用干粉灭火器；针对 B 类火灾（液体火灾），则需要使用二氧化碳灭火器或泡沫灭火器。合理选择和设置灭火器可以提高灭火效率，降低火灾损失。喷水装置也是消防设施中的重要组成部分，特别适用于大面积火灾的扑救。喷水装置应保持畅通、灵活，能够迅速启动和投入使用。在火灾发生时，喷水装置可以提供大量的灭火水源，迅速降低火势，控制火灾蔓延，保护周围设施和人员安全。

二、消防设备维护

对消防设备进行定期的检查和维护是确保设备状态良好、能够正常使用的关键步骤。这种维护工作的重要性在于及时发现设备的故障和损坏，采取有效的维修和更换措施，从而保证消防设备的性能和可靠性。维护工作包括清洁、润滑、调整、更换易损件等方面，这些工作都有助于保持消防设备处于良好的工作状态，随时待命，以应对可能发生的火灾事件。

定期对消防设备进行检查是维护工作的基础。检查的内容包括消防设备的外观、机械部件、连接管路等方面，以确保设备没有明显的损坏或异常。例如，检查消防栓的阀门是否畅通，检查灭火器的压力表是否正常等。通过检查，可以及时发现设备存在的问题，为后续的维护工作提供依据。维护工作需要包括清洁和润滑。消防设备通常处于长期不使用状态，容易积灰、生锈或油脂凝结等问题，因此需要定期清洁并进行润滑保养。清洁可以保持设备表面干净，减少腐蚀和堵塞的风险；而润滑则有助于减少设备的摩擦和磨损，延长设备的使用寿命。维护工作还需要进行机械部件的调整和更换易损件。消防设备中的机械部件如阀门、管道、连接件等可能因长期使用或环境因素而产生松动、磨损等问题，需要及时进行调整或更换。一些易损件如密封圈、阀门芯等也需要定期更换，以保证设备的正常运行和安全性。维护工作还需要对消防设备进行功能性测试和性能评估。通过定期的测试和评估，可以验证设备的功能是否正常，性能是否达到要求。例如，对灭火器进行压力测试、漏气测试，对喷水装置进行喷射测试等。这些测试有助于发现设备存在的潜在问题，及时采取措施修复或更换。

三、消防演练

消防演练是一项非常重要的活动，旨在提高人员对火灾应急处理的能力和水平，使其熟悉应急程序和措施，从而能够有效地应对火灾事故，保障人员生命安全和财产安全。消防演练应该根据实际情况制定方案，模拟不同类型的火灾场景，让参与者亲自体验火灾应急处理过程，培养其应对突发情况的能力和技能。演练内容包括报警、疏散、灭火、救援等环节，通过模拟演练，提高人员的应急反应速度和正确处理火灾的能力。

消防演练是一项系统性的活动，需要从制定演练方案开始。演练方案应该根据生产场所的实际情况和火灾风险进行细致规划，确定演练的时间、地点、内容、参与人员等。在确定演练内容时，应该涵盖报警流程、疏散路线、灭火器材使用方法、应急救援措施等方面，确保全面覆盖应急处理的各个环节。演练活动应该以模拟火灾场景为核心，通过模拟不同类型的火灾情况，让参与者亲自体验应急处理过程。例如，可以模拟起火原因、火势扩大过程、烟雾弥漫情况等，让参与者面对真实的火灾情景进行演练。演练过程中，要求参与者按照预定的应急程序和措施进行报警、疏散、灭火、救援等行动，检验其应对突发情况的能力和技能。在演练中，应该注重演练的真实性和紧迫感，创造出逼真的火灾环境，让参与者感受到真实火灾带来的压力和挑战。演练活动还应该注重安全，确保演练过程中人员的安全和设备的完好。

四、火灾隐患排查

火灾隐患排查工作是消防管理中的重要环节，旨在发现并及时整改可能导致火灾的潜在问题，确保生产场所的安全。这项工作应该以全面、细致的态度进行，覆盖生产设备、用电设施、易燃易爆物料存放、消防设施状态等方面，以确保生产场所没有潜在的火灾隐患存在。

火灾隐患排查工作需要全面考虑生产设备的安全性。对于使用中的设备，需要定期检查其电气线路、机械传动部件、润滑系统等是否正常运行，是否存在漏油、漏电等问题，及时进行维护和修理。对于老旧设备，要考虑其是否存在老化、损坏等情况，及时更新或更换，确保设备的安全性和可靠性。火灾隐患排查工作还需要关注用电设施的安全性。对于电气线路、插座、开关等设施，要检查其是否符合安全标准，是否存在漏电、短路等隐患，及时进行维修和整改。特别是在高负荷使用时，要注意电气设施的稳定性和耐用性，避免因电气故障引发火灾。

火灾隐患排查还要重点关注易燃易爆物料的存放和管理。要对存放的化学品、液体、气体等易燃易爆物料进行分类、标识和隔离，确保其安全存放，并采取必要的防火措施，如设置防火隔离带、安装自动灭火装置等，防止火灾发生或扩散。对于消防设施的状态也是火灾隐患排查工作的重点。要定期检查消防栓、灭火器、喷水装置等消防设备的运行状态和有效性，保证其处于可用状态。消防通道、疏散通道也要保持畅通，确保人员在火灾发生时能够快速疏散，避免人员伤亡。火灾隐患排查工作需要及时整改发现的问题。一旦发现火灾隐患，要制定整改方案并及时落实，确保问题得到有效解决。还要对整改后的情况进行复查和评估，确保整改措施的有效性和可靠性。

第十章 职业卫生健康管理

第一节 职业卫生管理重点

一、风险评估与控制

在电力生产过程中，职业卫生管理的首要任务是进行全面的风险评估与控制。这包括对可能存在的职业危害进行细致而全面的评估，其中涵盖了化学物质、噪声、尘埃、高温等因素。这些因素对员工的职业健康安全构成潜在威胁，因此必须制定相应的控制措施，以确保员工在工作环境中不受到过大的危害。

在进行风险评估时，首先需要对电力生产过程中可能产生的各种危险因素进行详细的了解和分析。这需要综合考虑生产设备、原材料、作业环境等因素，并结合实际情况进行具体分析。例如，化学物质可能导致化学灼伤、中毒等问题，噪声可能引发听力损伤，高温可能导致中暑等。针对不同的危险因素，需要制定相应的控制措施，包括技术控制、工程控制、行政控制等方面的措施。技术控制方面，可以采用替代材料、工艺改进等措施来减少有害物质的产生和排放；工程控制方面，可以采用通风设备、隔离设施等来减少员工的接触；行政控制方面，则需要建立相关的管理制度和操作规程，对员工进行培训和指导，确保他们能够正确使用个人防护用品，遵守安全操作规程，减少职业危害的风险。

二、职业卫生监测

建立完善的职业卫生监测系统是职业卫生管理的关键环节。通过对员工接触的有害因素进行定期监测，可以及时发现问题并采取措施加以控制，保障员工的职业健康安全。职业卫生监测包括对空气中的化学物质浓度、噪声水平、粉尘含量、工作环境温度等因素进行监测，以及对员工的职业健康状况进行体检和监测。这些监测数据可以反映出工作环境中可能存在的危害程度，有助于及时采取措施进行控制。

职业卫生监测需要建立科学的监测方案和方法，选择合适的监测设备和仪器，并对监测人员进行培训和指导，确保监测数据的准确性和可靠性。监测结果需要及时进行分析和评估，对存在的问题进行诊断和排查，并制定相应的整改措施和预防措施，确保员工的职业健康得到有效保障。监测方案需要根据工作环境和岗位特点制定，包括监测频率、监测内容、监测方法等方面的规定。对空气中的化学物质浓度进行监测是职业卫生监测的重要内容。通过采集空气样品，使用适当的仪器和方法进行化学物质浓度的测定，可以了解工作环境中各种化学物质的含量及其可能对员工的影响程度。例如，对挥发性有机化合物、气态污染物等进行监测，以评估员工的暴露水平和潜在的健康风险。

噪声水平监测是另一个重要的职业卫生监测内容。通过使用声级计等仪器对工作环境中的噪声水平进行测量和评估，可以了解员工的听力健康状况及可能存在的噪声危害程度。根据监测结果，可以采取控制措施，如加装隔声设备、调整工作时间等，减少噪声对员工的影响。粉尘含量监测也是重要的职业卫生监测内容。通过采集空气中的粉尘样品，使用粉尘浓度计等仪器进行测定，可以评估员工暴露于粉尘环境中的情况，及其对呼吸系统和健康的影响程度。对于存在高粉尘含量的工作环境，可以采取通风设备、防护措施等措施进行控制。工作环境温度监测也是重要的职业卫生监测内容。通过使用温度计等仪器对工作环境中的温度进行定期监测，可以了解员工在工作中可能面临的高温危害情况，及时采取降温措施，保障员工的健康安全。

三、个人防护用品管理

为了保障员工的职业健康安全，必须确保他们使用符合标准的个人防护用品。这包括耳塞、口罩、安全帽、防护服等各类个人防护用品，在工作中起到防护作用，减少职业危害对员工的影响。个人防护用品管理需要从采购、配备、使用和维护等方面进行全面管理。

要确保采购的个人防护用品符合国家相关标准和要求，具有有效的防护性能。在配备过程中，需要根据员工的工作岗位和实际需要，为他们配备合适的个人防护用品，并对其进行必要的培训和指导，确保他们能够正确佩戴和使用。在使用过程中，要求员工严格按照操作规程和要求佩戴个人防护用品，确保其有效防护作用。要加强对个人防护用品的定期检查和维护，保证其使用状态良好，有效延长其使用寿命。对于存在损坏或失效的个人防护用品，应及时更换并进行处置，确保员工的职业健康安全得到有效保障。

个人防护用品管理的全面管理包括了整个生命周期的管理，从采购开始到使用和维护结束。在采购环节，需要选择正规合格的供应商，确保所采购的个人防护用品符合国家标准和质量要求。在配备环节，需要根据员工的工作特点和环境要求，选择适合的个人防护用品，并进行必要的培训和指导，确保员工能够正确使用。在使用过程中，要求员工严格按照操作规程佩戴和使用个人防护用品，确保其有效发挥防护作用。要定期进行检查和维护，保证个人防护用品的良好状态和有效性。对于损坏或失效的个人防护用品，要及时更换并进行处置，以免影响防护效果。

四、职业健康教育

职业健康教育是企业提高员工对职业危害认识和防范意识的重要途径。通过定期开展职业健康教育活动，可以帮助员工了解职业危害的性质和危害程度，学习正确的防护方法和措施，培养良好的职业健康行为习惯，从而减少职业危害对员工的影响。

职业健康教育内容主要包括三个方面：职业危害的认知、防护知识和技能培训、职业健康行为培养。员工需要了解不同职业中可能存在的危害，例如化学品、物理因素、生物因素等，以及这些危害可能对健康造成的影响。员工需要学习正确的防护知识和技能，包括个人防护装备的正确佩戴和使用、工作场所的安全规范等。最后，通过培养良好的职业健康行为习惯，如定期体检、遵守工作规程、及时报告危险情况等，员工可以更好地保护自己的健康。为了有效开展职业健康教育活动，需要选择合适的教育形式和内容。教育活动可以通过讲座、培训、宣传资料等形式进行，以覆盖全员，并确保每位员工都能接受到必要的教育和培训。在设计教育方案和内容时，需要根据不同岗位和工作内容的特点进行针对性的安排，注重实用性和操作性。比如，在化工企业中，应重点向员工传达有关化学品危害的知识和防护方法；而在建筑企业中，则需要重点强调施工现场安全措施的培训和实践。企业还应该积极宣传职业健康政策和法规，提高员工的法律意识和责任意识。员工需要了解相关法律法规对职业健康的保障和要求，如《职业病防治法》《安全生产法》等，从而共同维护好工作环境和职业健康安全。企业可以建立健康档案和定期进行健康检查，及时发现和处理员工的职业健康问题，保障员工的健康和安全。

五、事故应急处理

在电力生产过程中，职业卫生事故可能随时发生。因此，必须制定完善的事故应急预案，以确保在发生职业卫生事故时能够及时有效地进行处理和救援，最大限度地减少事故损失。

事故应急预案包括应急处置流程、应急装备准备、人员组织与协调等内容。要确定各类职业卫生事故可能发生的类型和影响范围。这样可以制定相应的应急处置流程和程序，明确各级责任人和职责，确保应急处置工作的迅速、有序进行。在应急装备准备方面，需要储备必要的应急物资和装备。这包括急救药品、防护用品、紧急通信设备等，确保在事故发生时能够及时投入使用。要进行应急演练和培训，提高员工的应急处置能力和协作意识，确保他们能够正确、迅速地响应和处置职业卫生事故。在事故发生后，要及时对事故原因进行调查和分析，总结经验教训，做好事故报告和记录。这有助于及时采取措施预防类似事故再次发生。要做好事故的救援和善后工作，保障员工的生命安全和身体健康，最大限度地减少事故对企业的影响和损失。

第二节 职业卫生检查表

一、岗位环境检查

在电力生产中，岗位环境的检查至关重要，这确保了职业卫生管理工作的有效性。我们需要对各个岗位的工作环境进行检查，以确保其符合职业卫生要求。这一检查包括对通风情况的审查。我们需要确保工作场所拥有足够的通风设施，这样可以减少有害气体在空气中的浓度，从而保障员工的健康安全。

需要检查噪声水平，以确保其在符合安全标准的范围内。这样可以避免对员工听力造成损害，维护他们的健康状况。除此之外，我们还需要检查有害气体的浓度，以确保在生产过程中不会超过相关标准。这一系列检查工作共同保障了工作环境的安全性和健康性，为员工的工作提供了良好的条件。在电力生产过程中，岗位环境的检查是确保职业卫生管理工作有效的重要环节。我们需要检查各岗位的工作环境是否符合职业卫生要求。这包括对通风情况的检查，确保工作场所有足够的通风设施，以减少有害气体在空气中的浓度；也需要检查噪声水平，确保在符合安全标准的范围内，避免对员工的听力造成损害；还要检查有害气体浓度，确保其在生产过程中不会超过相关标准，以保障员工的健康安全。

二、作业操作检查

作业操作的检查是确保员工在工作中遵守安全规范的重要环节。我们需要检查员工的作业操作是否符合安全规范，包括正确使用个人防护用品，如呼吸器、耳塞等，确保在有害环境中工作时能够有效保护员工的健康；也需要检查员工是否遵守作业流程，避免因操作不当导致的事故和职业病产生。

员工在工作中正确使用个人防护用品是确保职业卫生的重要一环。例如，在有害气体环境下工作时，正确佩戴呼吸器可以有效防止有害气体对员工呼吸系统的损害；而在噪声环境下，佩戴耳塞可以减少对听力的影响。因此，我们需要检查员工是否按照规定正确使用这些个人防护用品，以保障他们的健康安全。作业流程的遵守也是保障工作安全的重要因素。员工需要遵守公司的作业流程，按照规定进行操作，避免因操作不当导致的事故和职业病产生。例如，在操作设备时，员工需要按照标准的操作流程进行，确保设备运行稳定，避免因操作失误导致的安全问题。

三、职业健康监测

职业健康监测是对员工职业健康状况进行评估和监测的重要手段。在职业卫生检查表中，我们需要检查员工的职业健康监测情况，包括体检记录和职业暴露史。体检记录可以反映员工的身体健康状况，帮助及时发现和处理职业病症状；而职业暴露史则可以帮助我们了解员工在工作中接触的有害因素和程度，为制定防护措施提供依据。

通过对员工的体检记录进行检查，我们可以全面了解员工的身体健康状况。体检项目通常包括生理指标、血液检查、X光检查等，这些数据可以客观反映员工的身体状况。例如，通过血液检查可以了解员工是否存在某些职业病的潜在风险，如铅中毒、职业性肺病等；而X光检查则可以检查员工是否存在职业性尘肺病等疾病。通过定期对员工进行体检，可以及时发现潜在的健康问题，采取相应的防护和治疗措施，保障员工的健康和安全。职业暴露史的检查也是职业健康监测的重要内容。职业暴露史记录了员工在工作中接触的有害因素和程度，如化学品、尘埃、噪声等。通过对职业暴露史的检查，我们可以了解员工工作环境中可能存在的危险因素，为制定防护措施提供依据。例如，对于接触化学品的员工，我们可以通过职业暴露史了解其接触的化学品种类和浓度，从而确定适当的个人防护措施；对于长期接触噪声的员工，可以根据职业暴露史评估其听力状况，采取相应的听力保护措施。

四、职业健康教育

职业健康教育是提高员工对职业卫生认识和防范意识的重要途径。在职业卫生检查表中，我们需要检查职业健康教育的开展情况。这包括教育内容、参与人数等方面。通过对教育内容的检查，可以确保员工接受到全面的职业卫生知识培训；而对参与人数的检查，则可以评估教育活动的覆盖率和影响力，为进一步开展教育工作提供参考。

职业健康教育的开展是企业提高员工职业卫生认识和防范意识的重要举措。我们需要检查教育内容的制定和执行情况。

教育内容应当涵盖职业卫生的基本知识，包括职业危害的类型、危害程度、防护措施等，以及应急处理方法和相关法律法规。通过检查教育内容，可以确保员工接受到全面、系统的职业卫生知识培训，提高其对职业卫生的认识和防范意识。我们需要检查参与人数和参与率。职业健康教育应该覆盖全员，确保每位员工都能够参与到教育活动中来。通过检查参与人数，可以评估教育活动的覆盖率和影响力，了解员工对职业卫生教育的关注程度和参与程度。这有助于企业更好地制定和调整教育计划，提高教育活动的实效性和针对性。

五、应急预案检查

应急预案是在职业卫生事故发生时能够迅速有效地进行处置和救援的重要保障。在职业卫生检查表中，我们需要检查职业卫生事故应急预案的完善程度和实施情况。这包括应急装备准备、应急演练情况等方面。通过对应急装备的检查，可以确保在事故发生时有足够的物资和设备进行救援工作；而对应急演练情况的检查，则可以评估员工的应急处置能力和协作意识，为提高事故应对效率提供保障。

应急预案的完善程度和实施情况直接关系到职业卫生事故发生时的应对效率和救援质量。我们需要检查应急装备的准备情况。应急装备包括急救药品、防护用品、紧急通信设备等。通过检查这些装备的准备情况，可以确保在事故发生时有足够的物资和设备进行救援工作，提高应对事故的能力和效率。我们需要检查应急演练情况。应急演练是提高员工应急处置能力和协作意识的重要方式。通过对应急演练情况的检查，可以评估员工在面对突发事件时的反应和处理能力。这有助于发现存在的问题和不足之处，及时进行改进和加强，提高员工在应急情况下的整体应对能力。

第十一章 安全监督管理办法

第一节 事故管理

一、事故报告和登记

在电力安全生产中，对于任何一起安全事故，都必须及时进行报告和登记。这一步骤至关重要，因为它确保了信息的畅通和记录的完整性。只有通过及时准确地报告和登记，才能确保相关人员和部门能够迅速了解事故的情况，采取必要的措施进行处理和整改。完整的记录也为后续的事故调查和分析提供了必要的依据，有助于找出事故的原因和责任。

报告和登记安全事故是电力安全管理中的基础工作。无论事故规模大小，都应当严格按照规定程序进行报告和登记。报告的及时性至关重要。任何安全事故发生后，相关责任人员应立即向上级主管部门或安全管理机构进行报告，确保信息的及时传达和处理。报告的准确性也是不可忽视的。报告内容必须真实客观，对事故的发生过程、影响范围、可能原因等方面进行详细描述，避免虚假报告或遗漏重要信息的情况发生。报告的全面性也很重要，需要包括相关证据、目击者证言、事故现场照片等详细资料，确保报告的全面性和可信度。报告和登记的重要性在于确保信息畅通和记录完整。信息畅通是指在事故发生后，相关责任人员能够及时了解事故情况，采取相应措施进行处理和整改。只有信息畅通，才能做到及时应对，避免事态扩大或者再次发生。另外，记录的完整性也非常重要。完整的记录可以为事故调查和分析提供必要的依据，帮助找出事故的原因和责任。通过详实的记录，可以还原事故发生的全过程，有利于对事故进行深入分析和总结经验，为今后的安全工作提供借鉴和参考。

二、事故调查和分析

对于发生的安全事故，必须进行详细的调查和分析工作。这项工作的目的在于找出事故的根本原因和责任方，为后续的预防措施提供依据和参考。

需要对事故发生的具体经过和背景进行详细描述和分析。这包括了对事故发生时的环境、条件、人员行为等进行全面观察和描述，以便了解事故的全貌。通过对事故发生的过程进行还原和分析，可以帮助确定事故的发生原因和责任方。需要分析事故可能存在的原因和因素。这一步骤是非常关键的，因为事故往往是多种原因和因素共同作用的结果。需要对可能导致事故发生的各种原因进行分析，包括但不限于人为因素、技术因素、管理因素等。只有通过全面的原因分析，才能找出事故的根本原因，为后续的预防措施提供有效依据。

需要明确事故的责任界定和追究程序。确定事故责任人和责任部门，明确责任划分和追究责任的程序非常重要。这有助于形成责任意识，促使相关责任人和部门加强安全管理和监督，防止类似事故再次发生。需要对事故造成的影响和损失进行评估。这包括对人员伤亡、财产损失、环境影响等方面进行全面评估，了解事故造成的实际损失和影响程度。通过评估事故的影响和损失，可以更好地认识事故的严重性，从而采取有效的预防措施，防止类似事故再次发生。

三、事故处理和整改

根据事故调查和分析的结果，必须采取相应的措施对事故进行处理和整改。这一步骤至关重要，因为只有通过有效的处理和整改，才能确保类似事故不再发生。具体的处理和整改措施包括但不限于事故应急处理、事故后续处理、事故整改措施和事故经验总结。

事故应急处理是对事故发生时的应急措施进行评估和优化，确保及时有效地应对事故。这包括了对应急预案的评估和更新，确保应急措施的及时性和有效性，最大限度减少事故造成的影响和损失。事故后续处理是对事故造成的影响和后果进行处理。这包括了对人员伤亡的救治、财产损失的赔偿等方面进行全面处理，确保事故造成的损失得到最大限度的减少，同时保障相关人员的合法权益。事故整改措施是根据事故调查和分析的结果，制定并实施相应的整改措施，消除事故隐患和问题。这包括了对事故原因的深入分析，找出存在的问题和隐患，并采取有效措施进行整改，确保类似事故不再发生。事故经验总结是对事故处理和整改的经验教训进行总结和归纳，为今后的安全工作提供借鉴和参考。通过对事故处理过程中所获得的经验教训进行总结，可以发现问题所在，提出改进建议，进一步提升电力安全生产的管理水平和工作效率。

第二节 约谈制

一、约谈制的目的与作用

约谈制是电力安全生产中的重要管理制度，旨在针对安全隐患或不安全行为进行针对性的约谈和警示，督促相关责任人改正错误、强化安全意识。这项制度的实施对于及时发现和纠正安全问题、提高安全管理水平、保障电力生产运行的安全稳定具有重要意义。

约谈制的实施是安全管理工作的一项基础性工作，它通过与相关责任人的约谈和沟通，对发生的安全隐患或不安全行为进行警示和教育，促使其认识到问题的严重性和紧迫性，及时采取措施改正错误，强化安全意识。通过约谈制度，可以及时发现并纠正存在的安全问题，避免安全事故的发生，提高安全管理水平。约谈制度的实施需要明确约谈的对象，包括责任人、相关部门等，确定约谈的具体内容和方式，如口头约谈或书面通知，以及约谈的时间和地点等。约谈制度的执行必须严格按照规定程序进行，确保约谈的针对性和有效性。约谈制度的实施过程中，需要注重与被约谈对象的沟通和交流，理解对方的立场和看法，寻找解决问题的有效途径。还需要明确约谈的目的和要求，对问题的重要性进行强调，确保约谈的效果得到最大化。

二、约谈对象的确定

在实施约谈制度时，首先需要确定进行约谈的对象。这些对象包括责任人、相关部门等，需要根据实际情况进行具体界定。约谈对象的确定必须依据事实、依据规定，确保约谈的针对性和有效性。

约谈制度作为电力安全生产管理的一项重要制度，其实施的关键在于明确约谈的对象。需要对责任人进行界定。责任人通常是与安全事故相关的主要责任人员，包括现场负责人、安全管理人员、安全生产责任人等。需要确定相关部门。相关部门包括与安全事故有直接或间接关系的各个部门，例如生产部门、安全管理部门、技术部门等。约谈对象的确定必须依据实际情况和相关规定进行。需要依据实际情况进行界定。这意味着对事故的具体情况、责任分配情况进行深入了解和分析，明确责任人和相关部门。需要依据相关规定进行界定。相关规定包括国家法律法规、电力行业安全管理制度等，约谈对象的确定必须符合相关规定和要求，确保约谈的合法性和有效性。约谈对象的确定具有针对性和有效性的重要意义。针对性意味着约谈对象的确定必须与安全事故的发生原因和责任分配相符合，避免对无关责任人进行约谈，浪费时间和资源。有效性意味着约谈对象的确定必须能够起到约谈制度应有的警示和教育作用，促使相关责任人认识到问题的严重性和紧迫性，积极采取措施改正错误，强化安全意识。

三、约谈内容和方式

确定了约谈对象之后，就需要明确约谈的具体内容和方式。约谈内容应当具体明确，涵盖问题的核心内容，同时应当注重语气和态度的把握，避免过于严厉或过于委婉。约谈的方式可以选择口头约谈或书面通知，根据实际情况灵活选择，确保约谈的信息传达到位，达到预期效果。

约谈的具体内容是约谈制度实施的关键。约谈内容应当具体明确，涵盖问题的核心内容。需要对安全事故或不安全行为进行具体描述和分析，明确问题的发生原因和责任分配情况。需要明确约谈的目的和要求，即约谈的目的是警示和教育，要求责任人和相关部门积极采取措施改正错误，强化安全意识。最后，需要明确约谈的时间和地点，确保约谈的顺利进行和信息传达到位。约谈内容的具体明确非常重要，可以通过语言清晰、条理分明的方式进行传达，避免模糊不清或含糊其辞。约谈的语气和态度也需要把握好，既不能过于严厉、刻薄，造成被约谈对象的抗拒和反感，也不能过于委婉、含糊，导致约谈的效果不明显。应当以严肃但理性的态度进行约谈，注重与被约谈对象的沟通和交流，理解对方的立场和看法，达到警示和教育的目的。约谈的方式可以选择口头约谈或书面通知。口头约谈具有直接性和实时性的优势，可以及时对问题进行解释和说明，加强约谈的效果。书面通知则可以通过文字表达清晰、具体，确保约谈内容的准确传达。根据实际情况灵活选择约谈的方式，确保约谈的信息传达到位，达到预期效果。

四、约谈过程中的重点关注点

在约谈过程中，需要特别关注约谈的重点内容和重点问题。这包括对安全隐患的具体指出，对不安全行为的严肃警示，对责任人的责任要求等方面。约谈过程中应当注重与约谈对象的沟通交流，理解对方的立场和看法，共同寻找问题解决的办法。

约谈过程中，重点内容和重点问题的指出至关重要。需要对安全隐患进行具体指出。安全隐患是导致安全事故发生的主要原因，必须对其进行深入分析和指出，明确责任人需要采取的措施和改进方向。对不安全行为进行严肃警示。不安全行为是安全隐患的表现，需要对其进行严肃批评和警示，促使责任人和相关部门认识到问题的严重性和紧迫性。最后，对责任人进行责任要求。责任人是安全事故发生和解决的关键，需要对其进行明确的责任要求，要求其积极采取措施改正错误，强化安全意识，确保类似问题不再发生。在约谈过程中，需要注重与约谈对象的沟通交流。沟通交流是解决问题的关键，需要理解对方的立场和看法，共同寻找问题解决的办法。通过开放式的沟通和交流，可以发现问题的根本原因，共同制定解决方案，达到问题解决的最佳效果。也要注意语言和态度的把握，避免过于严厉或过于委婉，确保沟通的顺畅和有效。

五、约谈结果跟踪和督促

约谈制度的最终目的是确保问题得到及时解决和整改。因此，约谈结果的跟踪和督促是非常重要的环节。在约谈之后，需要对约谈结果进行跟踪，了解问题整改情况，确保问题得到圆满解决。还需要对约谈过程进行督促和评估，及时发现问题和不足之处，不断完善约谈制度，提高约谈的有效性和实效性。

约谈制度的最终目的是解决安全隐患和不安全行为，确保电力安全生产运行的安全稳定。因此，约谈结果的跟踪和督促是非常重要的环节。在约谈之后，需要对约谈的结果进行跟踪，了解问题整改情况。这包括对责任人和相关部门采取的措施和改进情况进行了解，确保问题得到及时解决和整改。通过对约谈结果的跟踪，可以及时发现问题和不足之处，为问题解决提供必要的支持和帮助。除了对约谈结果的跟踪，还需要对约谈过程进行督促和评估。约谈制度的有效实施需要有一个良好的约谈过程，包括对约谈的时间、地点、方式等进行合理安排和设计。在约谈过程中，需要注重与约谈对象的沟通交流，理解对方的立场和看法，共同寻找问题解决的办法。还需要注重语气和态度的把握，避免过于严厉或过于委婉，确保约谈的效率和效果。

第三节 督办制

一、督办制的目标和要求

　　督办制度在电力安全生产中扮演着至关重要的角色，其核心目标和要求是明确的，旨在对安全工作进行全面监督和管理，确保各项安全工作得到有效执行和落实。这意味着督办制度需要制定清晰的目标和要求，对相关工作进行全面监督和管理，促使各项工作有序开展，达到预期效果。

　　督办制度的目标是明确的。它主要包括确定安全工作的督办目标和要求，确保各项工作按时完成。这意味着督办制度需要明确制定安全工作的目标和任务，确保每个阶段的工作目标清晰可行，同时明确规定工作要求和标准，为工作的顺利开展提供保障和指导。通过设定明确的目标和要求，可以激发工作动力，提高工作效率，确保工作任务按时完成。督办制度的要求是具体的。它要求对相关工作进行全面监督和管理，促使各项工作有序开展，达到预期效果。这意味着需要建立健全的监督机制和管理体系，确保对各项工作的全面监督和管理。督办制度的要求包括对工作进度、工作质量、工作效果等方面进行监督和检查，发现问题及时处理，确保工作顺利进行。通过对工作的全面监督和管理，可以有效提高工作效率和质量，确保工作任务的圆满完成。

二、督办制的程序和方式

督办制度需要制定督办的具体程序和方式，包括定期督查、检查等。这意味着需要建立健全的督办流程和机制，明确督办的时间节点和频次，确保对各项工作进行全面、及时的监督和检查。督办的方式可以采取定期开会、现场检查、数据统计等方式，根据实际情况灵活选择，确保督办工作的全面性和有效性。

督办制度的建立需要明确督办的具体程序和方式。要建立健全的督办流程和机制。这包括确定督办的时间节点和频次，明确各项工作的督办责任人和督办内容，确保督办工作有序进行。要明确督办的方式和方法。可以采取定期开会的方式进行督办，通过会议形式对各项工作进行检查和总结；也可以进行现场检查，直接了解工作进展和问题存在情况；可以通过数据统计等方式获取工作数据，进行定量分析和评估。根据实际情况和工作特点，灵活选择督办的方式，确保督办工作的全面性和有效性。督办制度的建立还需要注意以下几个方面。要明确督办的时间节点和频次，确保对各项工作进行及时监督和检查。要建立督办责任人的制度，明确各个环节的责任人和责任范围，确保督办工作有序推进。要建立督办内容的规范化和标准化，明确督办的重点和重要内容，避免督办工作过于泛泛而不具体。最后，要注重督办的结果和效果，及时总结经验教训，不断优化和改进督办制度，提高督办工作的效率和实效性。

三、督办制的结果评估

督办制度的最终目的是确保各项安全工作得到有效执行和落实。因此，对督办结果进行评估和总结非常重要，及时调整和改进工作方法。评估的内容包括对督办过程的全面性、及时性、准确性等方面进行评估，发现问题和不足之处，及时采取措施加以改进。通过对督办结果的评估，可以不断优化督办制度，提高督办工作的效率和实效性。

督办制度的最终目的是确保各项安全工作得到有效执行和落实。为了达到这一目的，对督办结果进行评估和总结是必不可少的环节。评估的内容主要包括对督办过程的全面性、及时性、准确性等方面进行评估。全面性指的是对工作的各个环节和内容进行全面监督和检查，确保没有任何遗漏和疏漏；及时性指的是对工作的监督和检查要及时跟进，不能出现延误或漏查的情况；准确性指的是对工作的评估要客观准确，不能出现主观偏差或失实情况。通过对督办过程的全面评估，可以发现工作中存在的问题和不足之处。这些问题可能涉及工作流程的不顺畅、工作责任的不明确、工作标准的不规范等方面。针对这些问题，需要及时采取措施加以改进，调整工作流程、明确责任分工、规范工作标准，确保督办工作的高效进行。还需要及时总结经验教训，对督办制度进行优化和改进，提高督办工作的效率和实效性。

四、督办制的执行责任

督办制度的执行责任非常重要，需要明确责任人和责任部门，确保督办工作的有序进行。责任人应当按照规定程序进行督办工作，确保各项工作的按时完成和质量达标。责任部门需要积极配合督办工作，提供必要的支持和配合，确保督办工作的顺利推进。

督办制度的执行责任是保证督办工作有效开展的关键环节。需要明确责任人。责任人是督办工作的主体，他们需要按照规定程序和要求进行督办工作，确保各项工作的按时完成和质量达标。责任人要具备相关的专业知识和技能，能够有效监督和指导工作的开展，及时发现和解决工作中存在的问题。责任人还需要积极主动地与相关部门沟通合作，确保工作的有序推进和顺利完成。需要明确责任部门。责任部门是督办工作的配合者和支持者，他们需要积极配合督办工作，提供必要的支持和配合。责任部门要充分了解和掌握工作的情况，及时向责任人反馈工作进展和问题存在情况，共同寻找解决问题的办法和措施。责任部门还需要积极参与工作的规划和执行过程，确保工作的顺利推进和高效完成。在督办工作中，责任人和责任部门之间需要密切配合，形成良好的工作合作机制。责任人需要及时向责任部门通报工作进展和问题情况，以便责任部门能够及时提供支持和配合。责任部门则需要积极响应和配合责任人的工作要求，确保工作任务的顺利推进和完成。只有责任人和责任部门共同努力，形成合力，才能确保督办工作的有效开展，实现安全工作的高效管理和运行。

五、督办制的持续改进

督办制度是一个不断完善和改进的过程，需要不断总结经验，及时调整和改进工作方法。通过对督办工作的评估和总结，发现问题和不足之处，及时提出改进建议，推动督办制度的不断优化和提升。只有不断改进和完善督办制度，才能更好地发挥其监督和管理作用，确保电力安全生产的安全稳定运行。

督办制度作为管理体系中的重要环节，需要不断进行经验总结和改进优化。需要对督办工作进行评估和总结。评估内容主要包括对督办过程的全面性、及时性、准确性等方面进行评估，发现问题和不足之处。通过对评估结果的分析，可以及时发现工作中存在的问题和短板，为改进提供依据和方向。需要及时调整和改进工作方法。根据评估结果和问题发现，及时提出改进建议，调整和改进工作方法。这包括对督办流程和程序进行优化，明确责任人和责任部门的职责和任务，提高督办工作的效率和实效性。也需要加强对督办过程中存在的问题和难点的解决，采取有效措施加以解决，确保工作的顺利开展。通过对督办制度的不断改进和完善，可以提高其监督和管理作用。这包括加强对督办流程和程序的规范化和标准化，明确工作目标和要求，加强对工作执行情况的监督和检查，确保工作的按时完成和质量达标。也需要加强对责任人和责任部门的培训和指导，提高其工作能力和水平，确保督办工作的顺利推进。

第四节 结案制

一、结案条件和标准

结案制度的确立和实施对于安全事件或问题的解决至关重要。结案制度需要明确结案的条件和标准，这些条件和标准涉及事故影响的消除以及整改措施的落实等多个方面。在确定结案的条件和标准时，需要考虑到具体情况和实际状况，确保对安全事件或问题的解决情况进行准确评估。

结案制度的条件和标准的明确性至关重要。对于事故影响的消除，需要考虑到事故对于人员、财产、环境等方面可能造成的影响。只有当事故的影响得到有效消除，人员伤亡得到妥善处理，财产损失得到合理赔偿，环境问题得到妥善解决，才能考虑结案。对于整改措施的落实，需要明确各项整改措施的具体内容和落实情况。整改措施应当符合相关的法律法规和标准要求,确保能够有效地解决安全问题,防止类似事件再次发生。结案制度的具体条件和标准还应当包括对相关责任人的责任认定和责任落实。责任人应当对事故的发生负有一定的责任,并承担相应的整改责任和补救责任。结案制度需要明确责任人的责任范围和责任要求,确保责任人能够按时、按质完成整改工作,确保事故的彻底解决和预防。

二、结案程序和流程

结案制度的执行需要制定具体的程序和流程,这些程序和流程包括结案报告的撰写以及结案审批的流程等。这些步骤需要合理规范,以确保结案工作能够有序进行,避免流程混乱或程序错误的情况发生。

结案制度的程序和流程应当从结案报告的撰写开始。结案报告是对安全事件或问题解决情况的全面总结和描述,需要详细记录事故的发生经过、影响和后果、应急处理措施、整改措施以及落实情况等内容。结案报告的撰写应当包括事实准确、数据完整、论据充分、结论明确等要求,以确保结案报告的准确性和可信度。结案制度的流程还包括结案审批的环节。结案审批是对结案报告进行审核和批准的程序,需要明确审批的程序和权限。审批程序一般包括结案报告的提交、初审、复审、批准等环节,每个环节都需要指定责任人和审批人员,并明确审批的要求和标准。审批权限应当符合实际情况,确保审批过程的公正、透明和有效性。结案制度的流程还需要考虑到结案报告的传递和归档等环节。传递环节涉及结案报告的发送、接收和反馈等过程,需要确保信息传递的及时性和准确性。归档环节则是将结案报告按照规定进行存档和管理,确保结案资料的完整性和安全性,便于日后查询和参考。

三、结案效果评估

结案制度的关键在于对结案效果的评估和总结。通过对结案效果进行评估，可以提炼出经验教训，为今后的工作提供参考和借鉴。评估内容可以包括对结案文件的完整性和准确性进行检查，对结案后问题是否得到圆满解决进行评估等方面。

对结案效果进行评估需要从多个角度进行。一方面，需要对结案文件的完整性和准确性进行检查。结案文件是对安全事件或问题解决情况的全面记录和总结，包括事故发生经过、影响和后果、应急处理措施、整改措施以及落实情况等内容。评估过程需要对结案文件进行仔细查阅和分析，确保文件内容完整、真实、准确，反映了事实真相和解决情况。另一方面，评估内容还包括对结案后问题是否得到圆满解决进行评估。这需要对事故发生后采取的应急处理措施和整改措施进行检查和核实，确保措施的有效性和实施情况。评估过程中，需要考虑整改措施的具体内容、落实情况、效果等方面，分析问题解决的程度和效果，评估整个结案过程的实际效果和成效。评估的过程需要充分考虑到结案的背景和具体情况，结合实际情况进行分析和判断。评估内容应当客观、全面、深入，不偏不倚地反映结案的实际情况和效果。评估的结果将为今后的工作提供宝贵的经验教训，指导和推动安全管理工作的不断改进和提高。

第十二章 作业现场安全监督管理

第一节 变电检修现场监督管理

一、施工人员资质与技能要求

在变电检修现场，施工人员的资质和技能是确保安全生产的重要基础。必须要求施工人员具备相关的电力工程施工资质和操作证书，例如电工证、高压作业证等。这些证书是对施工人员进行技能和知识考核的重要依据，确保其具备正确的操作技能和安全意识。施工人员的资质要求包括技能考核、安全意识培养等方面，旨在提升其在变电检修现场的工作能力和安全意识。

针对不同的检修项目和设备，对施工人员进行专项培训和技能考核是必不可少的。例如，对于高压设备的检修，需要具备高压设备操作和维护技能；对于变压器的检修，则需要具备变压器绝缘油处理和测试技能等。这些专项技能的培训和考核，可以通过理论学习和实践操作相结合的方式进行，确保施工人员掌握所需的专业知识和技能。在实际工作中，系统的培训和考核是非常重要的环节。通过培训，施工人员可以了解工作流程、操作规范、安全注意事项等内容；通过考核，可以评估施工人员的学习成果和实际操作能力。培训和考核的内容应当与实际工作密切相关，注重培养施工人员的实际操作能力和应急处理能力。在变电检修现场，安全意识的培养也是非常重要的。通过安全教育和实践演练，可以提高施工人员的安全意识和应对突发情况的能力。安全教育内容包括安全规章制度、事故案例分析、应急处置措施等方面，帮助施工人员建立正确的安全观念和行为习惯。

二、严格执行操作规程和安全操作规范

在变电检修现场，严格执行相关的操作规程和安全操作规范是确保安全生产的关键。这些规程和规范包含了对施工过程中操作步骤、安全要求、风险防控等方面的详细规定，旨在确保施工人员的操作行为规范、安全可控。

操作规程涵盖了对设备操作的流程、步骤、标准动作等方面的规定。这些规定是针对不同设备和工作环境而制定的，旨在确保施工人员在进行检修作业时能够按照标准操作，避免操作失误和事故发生。比如，在进行高压设备的检修时，操作规程会规定具体的操作步骤，如断开电源、进行绝缘测试、使用绝缘工具等，以确保操作的安全性和正确性。安全操作规范也是非常重要的一部分，它包括对施工现场的安全要求、用电安全、防止高温、防止火灾等方面的规定。这些规范旨在提醒施工人员注意安全防护措施，降低安全风险，确保施工现场的安全环境。比如，对施工现场的安全要求会规定必须佩戴个人防护装备、禁止吸烟、禁止私拉电线等行为；对用电安全会规定必须使用符合标准的电气设备、合理设置电源接线等措施；对防止高温和火灾会规定加强通风、定期检查电气设备等措施。

三、做好现场的安全防护工作

在变电检修现场，安全防护工作是至关重要的一环。要做好电气隔离工作，确保施工现场的电气设备处于断电状态，并采取必要的安全措施，如安装绝缘垫、使用绝缘工具等，避免电击事故发生。要注意用电安全，合理设置电源接线、保护装置，并定期检查和维护用电设备，确保用电安全可靠。对于高温环境，要做好防热措施，如提供足够的通风、佩戴防护装备等，防止

工作人员中暑或热伤害。还要加强火灾防范工作，保持施工现场整洁，禁止吸烟、明火等可能引发火灾的行为，提高施工现场的火灾安全性。

在变电检修现场，安全防护工作是确保工作人员身体健康和生命安全的首要任务。首先要注意电气隔离工作，确保施工现场的电气设备处于断电状态。这包括对设备进行安全隔离，避免电源误接、漏电等安全隐患，同时采取绝缘措施，如使用绝缘垫、绝缘手套等，确保电气设备的安全维护和操作。还要对用电安全进行重视，合理设置电源接线、保护装置，定期检查和维护用电设备，确保用电安全可靠，避免因电气故障导致的安全事故。针对高温环境，需要做好防热措施，保证工作人员的健康和安全。这包括提供足够的通风和降温设备，确保工作环境的舒适性和安全性；要求工作人员佩戴防护装备，如防护服、安全帽、防护眼镜等，防止高温环境对人员造成的中暑或热伤害。火灾防范工作也是非常重要的一环。要求施工现场保持整洁，及时清理易燃物品，确保消防通道畅通；严禁施工现场吸烟、使用明火等可能引发火灾的行为，提高施工现场的火灾安全性。并且要建立健全的火灾应急预案和应急处置措施，确保在发生火灾时能够及时有效地应对。

四、对重要设备的严格验收和测试

在变电检修现场，对于重要设备的检修必须进行严格的验收和测试。这包括对设备的外观检查、功能测试、性能评估等方面的工作，确保设备在检修后安全可靠。验收工作包括对设备外观的检查，如外壳是否完好、接线是否松动等，以及对设备功能的测试，如开关操作是否正常、电气参数是否符合标准等。同时还需要进行性能评估，如绝缘电阻测试、遥测遥信测试等，检查设备的运行状态和性能指标是否符合要求。

在变电检修现场，对重要设备的检修是非常重要的环节。首先要进行严格的验收工作，对设备的外观进行检查，确保外壳完好无损，没有明显的损坏或漏油现象；同时检查接线是否牢固，没有松动或短路等问题。这些外观检查是为了确保设备的基本结构和外观符合要求，避免因外部因素导致设备故障或安全隐患。对设备功能的测试，主要包括开关操作、电气参数等方面的测试。通过对设备开关操作的检查，可以验证设备的开关动作是否灵活、正常；对电气参数的测试，如电压、电流等参数是否符合标准要求。这些功能测试是为了确保设备在使用过程中能够正常运行，不会因功能问题而导致设备故障或事故发生。还需要进行性能评估，包括绝缘电阻测试、遥测遥信测试等方面的检测。通过绝缘电阻测试，可以检查设备的绝缘性能是否符合要求，避免因绝缘不良而引发的电气故障；通过遥测遥信测试，可以验证设备的监测和控制功能是否正常，保障设备运行状态的及时监测和控制。这些性能评估工作是为了确保设备的运行状态和性能指标符合要求，保障设备的安全可靠运行。

五、确保设备安全可靠

确保经过检修的设备安全可靠是变电检修工作的最终目标。为了达到这个目标，需要在设备投运前进行试运行和检测，验证设备的性能和稳定性。还需要建立设备运行记录，定期进行设备检查和维护，保障设备长期稳定运行。

对经过检修的设备进行试运行和检测是非常重要的一步。试运行可以验证设备的功能性和运行状态，检测设备是否存在运行问题或异常现象。通过试运行，可以及时发现并解决设备运行中的问题，确保设备投运前达到预期的运行标准和要求。建立设备运行记录也是必不可少的。运行记录可以详细记录设备的运行情况、故障处理情况、维护保养情况等信息，为设备的长期管理和维护提供依据。定期进行设备检查和维护也是确保设备长期稳定运行的关键环节。通过定期的检查和维护，可以及时发现设备的运行问题和隐患，采取预防措施，确保设备安全可靠地运行。

第二节 变电运维现场监督管理

一、建立健全的运维管理制度

在变电运维现场，建立健全的运维管理制度是确保设备安全稳定运行的关键。这包括明确的运维责任分工、规范的运维流程和操作规程、完善的运维记录和数据管理等方面。

需要明确各级运维人员的责任分工，确保每个人员都清楚自己的工作职责和任务。例如，运行人员负责设备的日常监测和运行控制；维护人员负责设备的定期检查、维护和保养工作；安全人员负责设备的安全检查和安全管理等。通过明确责任分工，提高运维工作的效率和质量。需要规范运维流程和操作规程，确保运维工作按照标准化、流程化的方式进行。例如，设立设备运行、检查、维护、故障处理等不同流程，并制定相应的操作规程和工作指导书，指导运维人员按照规定流程进行工作，避免操作失误和事故发生。需要完善运维记录和数据管理，及时记录设备的运行状态、维护保养情况、故障处理过程等信息。建立健全的运维档案和数据库，方便对设备运行情况进行监测和分析，及时发现问题并采取措施解决。

二、定期检查、维护和保养工作

在变电运维现场，定期检查、维护和保养工作是非常重要的。定期检查可以发现设备的运行问题和隐患，及时进行维护和修复，确保设备的正常运行和安全性能。定期检查主要包括设备的外观检查、功能测试、性能评估等内容。通过对设备外观的检查，可以发现设备是否存在外部损坏或故障现象；功能测试可以验证设备的正常运行状态；性能评估则可以检查设备的运行指标和性能参数是否符合要求。定期维护和保养工作包括设备的清洁、润滑、调试等内容。定期清洁可以保持设备表面的清洁和整洁，防止外部环境对设备的影响；定期润滑可以确保设备运转部件的正常润滑，减少摩擦和磨损；定期调试可以调整设备参数，保证设备的正常运行。

定期检查、维护和保养工作是变电运维现场的基础工作，也是确保设备长期稳定运行的关键。通过定期检查，可以及时发现设备存在的问题和隐患，例如设备外部损坏、接线松动、功能失效等情况，从而及时进行维护和修复，避免问题进一步扩大或导致设备故障。定期的功能测试和性能评估可以验证设备的运行状态和性能指标，确保设备在运行过程中达到预期的工作效果。在定期维护和保养工作中，清洁工作是非常重要的一环。通过定期清洁设备表面，可以有效防止灰尘、污垢等杂物对设备的影响，保持设备的良好外观和工作环境。定期润滑和调试工作可以保证设备运转部件的正常润滑和运行参数的调整，减少摩擦和磨损，延长设备的使用寿命。

三、及时处理设备异常或故障

在变电运维现场，设备的异常或故障可能会影响电力系统的稳定运行，因此需要及时处理。当发现设备异常或故障时，运维人员应立即采取措施，确保设备的安全运行。及时处理设备异常或故障包括以下几个方面：要及时排查异常原因，分析故障现象，并确定解决方案；要组织专业人员进行维修或更换故障设备，确保设备恢复正常运行；最后，要及时通知相关部门和人员，做好信息共享和沟通工作，确保问题得到及时解决。

设备的异常或故障可能会对电力系统的稳定运行产生严重影响，因此及时处理是非常重要的。当发现设备异常或故障时，运维人员应立即采取措施，首先排查异常的原因，分析故障现象，确定解决方案。通过对设备进行全面的检查和分析，可以找到问题的根源，为后续的处理工作提供依据和方向。针对确定的解决方案，需要组织专业人员进行维修或更换故障设备，确保设备能够恢复正常运行。维修工作包括设备的修复和调试，确保设备运行状态符合要求；更换工作则包括设备的更换和调试，确保新设备能够正常运行。通过及时的维修或更换工作，可以迅速解决设备故障，保证电力系统的稳定运行。需要及时通知相关部门和人员，做好信息共享和沟通工作。通过向相关部门和人员报告故障情况和处理进展，可以及时获取支持和协助，提高问题解决的效率和质量。做好信息共享和沟通工作，可以促进团队合作，共同解决问题，确保问题得到及时解决。

四、保障电力系统的稳定运行

在变电运维现场，最终目标是保障电力系统的稳定运行。这需要运维人员不断加强设备监测、故障预防和安全管理，确保电力系统的稳定性和可靠性。为了保障电力系统的稳定运行，运维人员需要加强设备监测工作，及时发现设备运行异常或故障，采取预防措施，防止事故发生。

还需要加强安全管理工作，制定安全操作规程和应急预案，提高运维人员的安全意识和应急处理能力。另外，还需要加强设备的维护和保养工作，确保设备处于良好的运行状态，减少故障发生的可能性。通过定期的检查、维护和保养，保障设备的长期稳定运行，确保电力系统的安全可靠。为了实现电力系统的稳定运行，运维人员需要加强设备监测工作。通过对设备运行状态的实时监测，可以及时发现设备运行异常或故障，及时采取措施，避免事故发生。运维人员还需要加强故障预防工作，通过定期的检查和维护，发现并解决潜在问题，减少故障的发生。运维人员还需要加强安全管理工作。制定安全操作规程和应急预案，培训运维人员的安全意识和应急处理能力，确保他们在工作中能够安全操作设备，及时处理突发情况，保障人员和设备的安全。除了设备监测、故障预防和安全管理，运维人员还需要加强设备的维护和保养工作。通过定期的检查、维护和保养，保证设备处于良好的运行状态，减少故障发生的可能性，延长设备的使用寿命。

五、加强数据分析和技术改进

在变电运维现场，运维人员还需要加强数据分析和技术改进工作，不断提升运维水平和工作效率。通过对设备运行数据的分析，可以发现设备运行问题的规律性和共性，指导运维工作的改进和优化。还可以借助先进的技术手段，如智能监测系统、远程诊断技术等，提高设备的监测能力和故障诊断速度，加强对设备运行状态的实时监测和预警，提高运维工作的响应速度和效率。

运维人员在变电运维现场需要注重数据分析和技术改进工作，这是提升运维水平和工作效率的关键。通过对设备运行数据的分析，可以发现设备运行问题的规律性和共性，了解设备的运行状况和问题点，为运维工作提供指导和优化建议。例如，通过对设备故障率、运行参数、维修记录等数据进行分析，可以找出设备故障的频次和原因，制定针对性的维护计划和预防措施，减少故障发生，提高设备的稳定性和可靠性。运维人员还可以借助先进的技术手段来提升运维工作效率。例如，引入智能监测系统，实现对设备运行状态的实时监测和数据采集，及时发现异常情况并进行预警；采用远程诊断技术，实现对设备故障的远程诊断和解决，减少现场作业时间和人力成本。这些技术手段可以加强设备的监测能力和故障诊断速度，提高运维工作的响应速度和效率，确保电力系统的稳定运行。

第三节 输电运检现场监督管理

一、巡视工作

输电线路的巡视工作是确保线路安全稳定运行的重要环节。巡视人员需要定期对线路进行巡视，发现问题及时处理，防止事故发生。巡视工作应按照规定的周期和路线进行，确保覆盖范围全面，对线路设备、接头、支架、绝缘子等进行检查，发现问题及时上报并采取措施处理。

巡视工作对于输电线路的安全稳定运行至关重要。巡视人员需要严格按照规定的周期和路线进行巡视工作，覆盖范围要全面，确保每个部位都得到检查。在巡视过程中，需要对线路设备、接头、支架、绝缘子等进行细致的检查，发现问题及时上报，并采取有效的措施进行处理，防止问题扩大影响线路的正常运行。巡视工作的及时性和全面性直接影响到线路运行的安全性和可靠性。巡视工作的周期和路线应根据线路的特点和运行情况进行合理规划和调整。一般来说，对于重要的输电线路，巡视周期可以更短，甚至实行24h巡视制度，确保线路运行的及时性和安全性。对于路线选择，要考虑到线路的长度、地形、气候等因素，合理安排巡视路线，确保覆盖范围全面，发现问题及时。在巡视工作中，巡视人员需要具备专业的知识和技能。他们需要了解线路设备的基本情况，掌握检查的重点和方法，能够准确发现问题并做出判断。还需要具备良好的沟通能力和团队合作精神，与相关部门和人员密切配合，共同做好线路的巡视工作。

二、检修工作

输电线路的检修工作包括定期检修和突发故障的处理。定期检修工作应按照规定的计划进行，对线路设备进行全面检查和测试，确保设备正常运行。对于突发故障，运检人员需要迅速响应，组织专业人员前往现场进行故障排查和修复，尽快恢复线路的正常供电。

检修工作是保障输电线路安全稳定运行的关键环节。定期检修工作是预防性的，通过定期对线路设备进行全面检查和测试，可以发现潜在问题，及时进行维护和修复，确保设备处于良好的运行状态，减少故障发生的可能性。定期检修工作应按照规定的计划进行，包括对各个部位和设备进行检查和测试，如绝缘子、接头、开关等，确保设备的正常运行。对于突发故障，运检人员需要迅速响应，采取紧急措施，尽快恢复线路的正常供电。一旦发生故障，需要立即组织专业人员前往现场进行故障排查和修复。这包括对故障点进行定位和分析，采取有效的措施进行修复，确保线路的正常运行。故障处理过程中需要高效协作，各部门和人员之间需要密切配合，共同保障线路的安全供电。检修工作需要运检人员具备专业的知识和技能。他们需要了解线路设备的结构和原理，掌握检修的方法和技术，能够熟练操作检修设备和工具。还需要具备良好的团队合作精神和应急处理能力，能够在紧急情况下迅速响应，有效处理故障，保障线路的正常运行。如图 12-1 所示。

图 12-1 电力检修

三、清障工作

输电线路可能会受到外部因素的影响，例如天气、树木、动物等，造成线路出现障碍。清障工作就是针对这些问题进行处理，确保线路畅通。清障工作需要根据具体情况采取相应的措施，例如修剪树木、清除积雪、驱赶动物等，保障线路的安全运行。

清障工作是保障输电线路安全运行的重要环节。外部因素可能会对线路造成影响，导致线路出现障碍，影响线路的正常供电。清障工作的目标是及时处理这些障碍，确保线路畅通，保障电力系统的安全稳定运行。对于不同的障碍情况，需要采取相应的清障措施。例如，对于树木造成的阻碍，需要进行修剪或疏伐，确保树木不会对线路产生影响；对于积雪、冰雪等天气因素，需要进行及时清除，避免积雪对线路设备和导线造成负面影响；对于动物入侵，如鸟类、啮齿动物等，需要采取驱赶或防护措施，防止动物对线路设备造成损坏或故障。清障工作需要运检人员具备专业的知识和技能。他们需要了解不同障碍情况的处理方法和操作技巧，能够迅速有效地进行清障工作。还需要具备良好的沟通能力和团队合作精神，与相关部门和人员密切配合，共同做好线路的清障工作。如图 12-2 所示。

图 12-2 电力清障

四、安全管理

输电线路的安全管理工作是非常重要的，涉及到人员和设备的安全。需要建立完善的安全管理制度和操作规程，明确各级责任人的职责和任务，加强安全意识培训，提高运检人员的安全防护意识和应急处理能力。定期组织安全检查和演练，及时发现问题并采取措施解决，确保线路运行安全。

安全管理工作是保障输电线路运行安全的关键环节。需要建立完善的安全管理制度和操作规程。这包括制定安全管理政策、安全操作规程、应急预案等文件，明确各级责任人的职责和任务，确保安全管理工作的规范性和有效性。安全管理制度和规程应根据线路特点和运行情况进行合理制定和调整，涵盖安全检查、事故处理、应急救援等方面内容。需要加强安全意识培训，提高运检人员的安全防护意识和应急处理能力。通过定期组织安全培训和演练活动，加强对安全知识和操作技能的培训，提高运检人员对安全风险的认识和应对能力。培养运检人员的安全责任意识，使他们能够在工作中做到安全第一，严格执行安全规程，有效预防事故的发生。定期组织安全检查和演练也是保障线路运行安全的重要举措。通过定期进行安全检查，及时发现线路设备的安全隐患和问题，采取措施进行处理，确保线路设备处于良好的安全状态。定期组织安全演练活动，模拟各种应急情况，提高运检人员的应急处置能力，确保在发生事故时能够迅速、有效地应对，保障线路运行的安全。

五、技术改进

随着技术的不断发展，输电线路运检工作也需要不断改进和提升。可以借助先进的技术手段，如无人机巡检、智能监测系统等，提高巡视和检修效率，加强对线路运行状态的实时监测和预警，及时发现问题并采取措施解决，提高线路的安全性和可靠性。先进技术手段在输电线路运检工作中的应用，为提高工作效率和线路安全性提供了重要支持。无人机巡检是一种高效的巡视手段，可以覆盖大范围的线路，实现对线路设备的全面检查。通过搭载摄像头和传感器，无人机可以对线路设备进行高清影像和数据采集，快速发现线路异常和隐患，为运检人员提供及时准确的信息，指导后续工作。无人机巡检不受地形限制，可以在复杂环境下进行作业，提高巡视效率，减少人力成本。

智能监测系统是对线路运行状态进行实时监测和分析的重要工具。通过在线路设备上安装传感器和监测装置，实时监测线路的电压、电流、温度等参数，对设备的运行情况进行实时分析和评估。一旦发现异常情况，智能监测系统可以及时发出预警信号，提醒运检人员注意，并采取相应的措施进行处理。

智能监测系统还可以对历史数据进行分析，发现线路设备的潜在问题和趋势，为运检工作提供参考和支持。除了无人机巡检和智能监测系统，还可以借助其他先进技术手段，如远程遥控系统、智能诊断系统等，提高线路运检工作的效率和准确性。远程遥控系统可以实现对线路设备的远程控制和操作，减少人员现场作业，提高安全性；智能诊断系统可以通过数据分析和算法诊断，提前预警线路设备的故障风险，减少故障发生，保障线路的可靠运行。

第四节 配电运检现场监督管理

一、配电设备的定期检查

在配电运检现场，对配电设备进行定期检查是确保设备安全可靠运行的重要环节。定期检查包括对变压器、开关设备、配电盘等设备进行外观检查、功能测试和性能评估。这些检查项目旨在发现设备的运行问题和隐患，及时进行维护和修复，以确保设备正常运行。

对变压器进行外观检查。运检人员需要检查变压器外壳是否完好，是否存在破损或腐蚀情况，以及接线是否松动或脱落。外观检查可以及时发现设备的表面问题，避免因表面损坏导致的安全隐患。对开关设备进行功能测试。这包括验证开关操作是否正常、是否存在卡阻或无法启动的问题。通过功能测试，可以确保开关设备能够正常切换电路，保证电力供应的连续性和稳定性。对配电盘进行性能评估也是定期检查的重要内容。运检人员需要检查配电盘的电气参数是否符合标准，例如电压、电流、频率等。性能评估可以帮助发现设备运行中的性能问题，及时调整或更换不符合要求的设备，确保配电系统的正常运行。

二、 配电设备的维护和保养

除了定期检查外，对配电设备进行维护和保养工作是确保设备长期稳定运行的关键措施。维护和保养工作包括设备的清洁、润滑、调试等多个方面，每项工作都对设备的正常运行起着重要作用。

定期清洁是维护工作的基础。保持设备表面的清洁和整洁有助于防止灰尘、污垢等外部物质对设备的影响，提高设备的工作效率和稳定性。清洁工作应包括设备外壳、接线端子、散热器等部位的清洁，可以使用专用的清洁剂和工具进行清洁，确保设备表面干净无尘。定期润滑是维护工作中的重要环节。设备运转部件的正常润滑可以减少摩擦和磨损，延长设备的使用寿命，提高设备的运行效率和稳定性。润滑工作应包括设备轴承、齿轮、滑动部件等部位的润滑，选择适当的润滑剂和润滑方法，确保设备运转平稳、无噪声。定期调试也是维护工作中的重要环节。调试工作可以调整设备参数，保证设备的正常运行和性能优化。例如，对于调节器、控制器等设备，需要进行定期的参数调整和校准，确保设备的输出稳定、精准。维护和保养工作不仅要定期进行，还需要严格按照操作规程和安全操作规范进行，确保操作安全、可靠。运检人员应具备相应的技术知识和操作技能，进行维护和保养工作时要注意安全防护，避免因操作失误或不当维护导致设备损坏或事故发生。

三、 配电线路的安全检查

对配电线路进行安全检查是确保线路安全运行的重要环节。安全检查包括对线路的线缆、接头、绝缘子等部件进行全面检查，发现安全隐患和问题，并及时采取措施排除隐患，以确保线路的安全性和可靠性。

对线路的线缆进行检查是安全检查的重要内容。检查人员需要查看线缆的外观情况，检测是否存在老化、磨损、腐蚀等情况。特别需要注意的是检查线缆的绝缘层是否完好，是否存在绝缘击穿或漏电等问题。发现线缆问题，需要及时更换或修复，避免因线缆故障导致的安全事故。对接头进行检查也是安全检查的关键步骤。接头是线路连接的重要部分，需要确保接头连接牢固、无松动现象，避免接触不良或接触不良导致的电气故障。检查人员可以通过视觉检查和实际测试等方式，对接头进行全面检查，发现问题及时修复或更换。对绝缘子进行检查也是安全检查的重要内容。绝缘子是保持线路绝缘的关键组件，需要确保其表面光滑、无裂纹、无污秽等情况。检查人员可以使用专业工具和设备对绝缘子进行检测，发现问题及时清洁或更换，保证线路的良好绝缘状态。

四、配电设备和线路的故障排查

在配电运检现场，运维人员需要及时处理设备和线路的故障，这是确保配电系统稳定运行的重要环节。一旦发现设备或线路出现故障，必须迅速排查问题、确定故障原因，并采取有效措施进行修复。

对于设备故障，运维人员需要进行设备拆解、检修、更换等操作。他们会仔细检查设备的外观和内部结构，寻找可能存在的故障点。通过检查设备的电气连接、机械部件等，确定故障的具体位置和原因。接下来，根据故障情况采取相应的修复措施，可能需要更换损坏的部件，修复电路连接，调整设备参数等。修复后，运维人员会进行设备测试和调试，确保设备恢复正常运行。对于线路故障，运维人员会进行线路测试、线缆修复、接头更换等操作。他们会使用专业设备进行线路测试，检测线路的电阻、电压等参数，确定故障位置和范围。根据测试结果，进行线缆修复或更换，确保线路畅通。对于存在问题的接头或连接点，及时更换或调整，确保线路连接良好，避免因接触不良导致的故障。

五、配电现场的安全管理

在配电运检现场，加强安全管理工作是确保安全稳定运行的关键措施。安全管理涉及建立安全管理制度和操作规程，明确安全责任人的职责和任务，加强安全意识培训，提高运检人员的安全防护意识和应急处理能力。定期组织安全检查和演练，及时发现问题并采取措施解决，确保配电现场的安全运行。

建立安全管理制度和操作规程是安全管理工作的基础。制定并执行符合国家标准和行业规范的安全管理制度和操作规程，明确安全工作的责任部门和责任人员，确保各项安全管理工作有章可循、有人负责、有措施可依。加强安全意识培训是提高运检人员安全防护意识的重要途径。开展定期的安全培训，包括安全操作规程、应急处理流程、安全防护措施等内容，提高运检人员对安全工作的重视程度和应对突发情况的能力。明确安全责任人的职责和任务也是安全管理的重要方面。指定专门的安全责任人负责安全管理工作，明确其在安全事故应急处理、安全检查等方面的职责和任务，确保安全工作有人负责、有计划、有组织。定期组织安全检查和演练是发现问题、强化安全意识的有效手段。定期组织安全检查，对配电现场的安全设施、安全用具、安全操作等进行全面检查，及时发现隐患并采取措施解决。定期组织安全演练，模拟各类安全事故场景，让运检人员熟悉应急处理流程和操作技能，提高应对突发情况的能力。

第五节 电网建设现场监督管理

一、施工人员的安全培训

在电网建设现场，对施工人员进行安全培训是确保施工安全的基础。必须确保施工人员具备相关的电力工程施工资质和操作证书，这些证书是对其技能和知识进行考核的重要依据。例如，电工证和高压作业证等是施工人员进行电力工程施工的基本要求，确保其具备正确的操作技能和安全意识。

针对不同的施工任务和场景，需要对施工人员进行专项培训和技能考核。例如，对于高空作业，需要进行安全高空作业培训，包括安全用具的使用、高处作业的注意事项等；对于高压线路施工，需要进行高压作业安全培训，了解高压设备的操作规程和安全防护措施等。通过这些系统的培训和考核，可以确保施工人员具备胜任各项施工工作的能力，并且具备应急处理能力，能够在突发情况下做出正确的反应和处理。施工人员还应接受相关的安全培训，包括安全意识培养、事故案例学习等内容。通过安全培训，可以增强施工人员的安全防范意识，提高他们对潜在安全风险的识别和处理能力。

二、施工现场的安全防护措施

在电网建设现场，严格执行相关的安全防护措施是确保施工人员和设备安全的关键。这些措施涵盖了多个方面，包括电气隔离、用电安全、防止高处坠落、防火等方面。对于电气设备的安全，施工人员必须严格按照操作规程进行操作，并且做好电气隔离措施。这包括正确使用绝缘工具，检查设备的接地情况，确保设备处于安全断电状态。在进行电气作业时，必须佩戴符合标准的防护用具，如绝缘手套、绝缘靴等，确保电气安全。

针对高处作业的安全，需要严格执行防止高处坠落的措施。施工人员在高空作业时，必须佩戴安全带并固定在安全位置，使用防护网、安全围栏等设施，确保高处作业的安全可控。要加强对施工现场的定期巡查，确保安全设施和设备的完好有效。对潜在的安全隐患要及时发现并采取措施解决，如对电气设备进行定期检查维护，保障其正常运行；对施工现场的安全通道、应急疏散通道等进行定期检查，确保通畅无阻。对于防火安全也是至关重要的一环。建立完善的防火措施，如设置灭火器、安全出口标识、禁止吸烟等规定，有效预防火灾事故的发生。

三、施工质量的监督检查

在电网建设现场，施工质量的监督检查是确保工程质量的关键手段。为了保证工程质量符合设计要求和标准要求，需要建立健全的施工质量监督体系，对施工过程进行全程监督和把控。

在施工过程中，需要对施工材料进行严格的检查和管理。施工材料必须具备合格证明，符合相关标准和规范要求。监督检查人员要对材料的质量、型号、数量等进行核实和比对，确保施工所使用的材料质量可靠、合格。施工工艺也是施工质量的关键因素。监督检查需要对施工过程中的工艺操作进行监督和评估，确保施工工艺符合规范和标准要求。这包括施工设备的正确使用、施工流程的合理安排、工艺操作的技术要求等方面的检查和把控。监督检查还需要对施工现场的质量控制进行重点监督。这包括施工过程中的质量检测、质量记录、施工记录等方面的内容。监督检查人员要定期对施工现场进行检查，核实施工过程中的质量控制情况，发现问题及时整改和处理，确保施工质量达到要求。

四、环境保护措施的落实

在电网建设现场，环境保护措施是必不可少的，以保护周边生态环境为主要目标。施工单位应该建立健全的环境管理制度，确保施工过程中不会对周边环境造成污染和破坏。针对施工废弃物的处理，施工单位应该实行分类处理制度。将不同类型的废弃物进行分类，如可回收物、有害废弃物、普通生活垃圾等，采取相应的处理方式，例如回收利用、安全处置或者妥善运输到指定处理场所，确保废弃物不对环境造成污染。

施工过程中的扬尘治理也是环境保护的重要方面。通过采取有效的扬尘防控措施，如覆盖物料堆放、喷水降尘、安装风帘等措施，减少施工现场扬尘对周边环境的影响，确保空气质量达标。水土保持措施也是必不可少的。施工单位应根据实际情况采取适当的水土保持措施，如搭建防护栏、设置沉淀池、采取植被保护措施等，防止施工过程中的土壤侵蚀和水体污染，保护周边生态环境的完整性和稳定性。除了以上措施，还应加强环境保护意识培训，提高施工人员对环境保护的重视程度和责任感。定期组织环境保护培训和演练，使施工人员充分了解环境保护政策、措施和要求，促使他们在施工过程中主动采取环境友好措施，共同保护周边生态环境。

五、施工进度和安全评估

在电网建设现场，对施工进度和安全风险的评估和管理至关重要。这涉及到工程进度的有效控制和施工现场安全的维护。

定期进行施工进度评估是确保工程按时完成的重要举措。施工单位应制定详细的施工计划和进度安排，明确各项工程任务的完成时间节点和工期要求。定期对施工进度进行评估和监控，及时发现偏差和延误，采取相应措施调整计划，确保工程能够按时完成，避免造成不必要的延误和损失。对施工过程中可能存在的安全风险进行评估是保障施工现场安全稳定的关键。施工单位应该对施工现场进行全面的安全评估，识别可能存在的安全隐患和风险点,如高空作业、电气作业、机械设备操作等。针对不同的安全风险,采取相应的防范和控制措施,确保施工现场安全可控。

针对高空作业,要求施工人员必须佩戴安全带并固定在安全位置,设置防护栏杆和网,防止坠落事故发生。对电气作业,严格按照操作规程进行操作,并做好电气隔离措施,避免电击事故发生。对机械设备操作,要求操作人员必须具备相关资质和技能,保证设备正常运行并做好设备维护保养工作,避免机械故障引发安全事故。还应加强安全教育和培训,提高施工人员的安全意识和应急处理能力。定期组织安全培训和演练,使施工人员了解安全政策和操作规程,掌握应急处理方法,提高对安全风险的识别和应对能力,确保施工现场安全稳定。

第六节 营销专业现场监督管理

一、安全培训和资质要求

在电力营销工作中,营销人员的安全和专业能力至关重要。为了保障他们能够安全有效地开展工作,必须进行严格的安全培训和资质要求。这些措施不仅可以保护营销人员的安全,还可以提升他们的专业水平,确保营销工作的规范性和高效性。

安全培训是非常重要的一环。营销人员需要接受相关的电力营销知识和安全操作培训,以了解工作流程和安全操作规程。这些培训内容包括但不限于电力行业的基本知识、电力产品的特点和使用方法、应急处理措施等。通过培训,营销人员能够更加全面地了解电力营销领域的要求和规范,提升工作的准确性和专业性。营销人员还需要持有相关的营销资质证书和操作证件。例如,电力营销从业资格证书是营销人员合法从事电力营销工作的必备证件。持证上岗可以确保营销人员具备相关专业知识和技能，符合行业规范和要求。操作证件如电工证、高压作业证等也是必需的，特别是在需要接触电力设备或进行高压作业时，这些证件可以保证营销人员的安全和操作规范。如图 12-3 所示。

图 12-3 安全培训和资质要求

二、营销现场的安全防护措施

在营销现场，严格执行安全防护措施是保障营销人员和客户安全的关键。这涉及对营销设备的安全运行和维护，以及对现场的安全巡查和隐患排查，下面将详细论述这些方面。

对营销设备的安全运行和维护是非常重要的。营销设备包括营销车辆、电子设备等，这些设备的正常运行直接关系到营销工作的顺利进行和安全保障。因此，必须定期对这些设备进行检查、维护和保养，确保设备处于良好的运行状态。例如，对营销车辆要进行定期的机械检查、电气检查，确保车辆的机械部件和电子设备都能正常运行；对电子设备要定期检查电源、线路等，确保设备的安全可靠。还需要制定相关的安全操作规程和操作指南，提醒营销人员正确操作设备，避免操作失误导致安全事故。要加强对营销现场的安全巡查和隐患排查。安全巡查应该成为常态化工作，定期对营销现场进行全面的安全巡查，发现安全隐患和问题。巡查内容包括但不限于营销设备的运行状态、现场环境的安全性、可能存在的安全隐患等。要建立安全巡查记录，及时记录发现的问题和整改情况。隐患排查也是非常重要的工作，要针对可能存在的安全隐患，采取有效措施加以解决。例如，对可能存在的电气设备隐患要进行绝缘测试和安全隔离；对可能存在的交通安全隐患要采取交通管理措施等。通过安全巡查和隐患排查，可以及时发现问题并采取措施，防止安全事故发生。

三、营销活动的监督检查

对于营销活动的监督检查是确保活动合规性和规范性的关键环节。监督检查应该涵盖对营销宣传材料的审核和监督，以及对营销活动执行过程的监督。对营销宣传材料的审核和监督至关重要。营销宣传材料是企业向外界传递信息的重要渠道，必须确保信息真实准确，不误导消费者。在审核过程中，需要对宣传材料的内容进行严格把关，确保信息的合法性和真实性。这包括但不限于产品性能、价格、服务承诺等信息的准确性；对于涉及特定标准或认证的产品，还需要确保宣传材料的描述符合标准和规范。

还要对宣传语言和图片等内容进行审查，避免夸大宣传、虚假宣传等行为。监督检查过程中，应建立完善的记录和档案，记录审核结果和整改情况，确保审核工作的规范性和透明度。对营销活动的执行过程也需要进行监督。这包括对营销人员的行为进行监督和检查，确保他们的行为合法合规，不违反相关法律法规和行业规范。监督检查内容包括但不限于营销人员的宣传内容是否符合宣传材料的要求、是否存在欺诈、诱导消费等行为，以及营销过程中是否存在不当竞争行为等。监督检查可以通过现场检查、记录摄像、客户反馈等多种方式进行，确保对营销活动的全面监督和检查。还要加强对营销人员的培训和教育，提高他们的合规意识和法律法规意识，防止不良行为的发生。

四、客户信息保护

在电力营销过程中，确保客户个人信息和隐私的保护至关重要。营销人员必须严格遵守相关的法律法规和隐私政策，不得泄露客户信息或滥用客户数据。建立健全的客户信息保护制度，并加强对客户信息的安全管理和保护，是营销现场监督管理的重要内容。营销人员必须了解并严格遵守《个人信息保护法》等相关法律法规，以及企业内部的隐私政策和信息保护制度。他们应该清楚地知道哪些信息属于个人隐私信息，如何合法获取和使用这些信息，以及不得擅自泄露或滥用客户数据的规定。

建立健全的客户信息保护制度至关重要。这包括明确规定客户信息的收集、存储、使用、共享和保护等各个环节的管理规范和流程。制定信息保护政策，明确责任人和权限，建立信息安全管理制度和技术措施，确保客户信息不被非法获取、篡改或泄露。加强对客户信息的安全管理和保护是不可或缺的。这包括信息加密、访问权限控制、安全审计、定期备份等技术手段和管理措施，确保客户信息在收集、存储、传输和使用过程中的安全性和完整性。对营销现场进行监督管理时，必须重点关注客户信息保护情况。监督检查应包括对信息收集和使用的合规性、信息安全管理措施的执行情况、员工隐私意识和培训情况等方面。及时发现问题并采取整改措施，确保客户个人信息和隐私得到有效保护。

五、投诉处理和服务监督

对客户的投诉和服务质量进行及时处理和监督是营销现场管理的重要方面。建立健全的投诉处理机制是保障客户合法权益的关键。加强对营销服务质量的监督和评估，及时调整服务方式和提升服务水平，是提高客户满意度和信任度的必要举措。

建立健全的投诉处理机制至关重要。这包括设立专门的投诉处理部门或渠道，明确投诉处理流程和时限，建立客户投诉信息的记录和跟踪机制。对于客户的投诉，应及时响应、认真核实，确保客户的合法权益得到保障和解决，提高客户满意度。加强对营销服务质量的监督和评估是必不可少的。通过定期的服务质量评估和客户满意度调查，收集客户反馈意见和建议，发现问题并及时改进。建立服务质量监督机制，加强对营销人员的培训和管理，提高服务水平和执行力度，增强客户的信任度和忠诚度。

第七节 信息通信现场监督管理

一、通信设备的运行状态监控

信息通信现场对通信设备的运行状态进行持续监控和评估是确保通信系统正常运行的关键环节。这项工作包括对通信设备各方面指标的监测和分析，旨在及时发现设备异常情况并采取相应措施处理，从而提高设备的稳定性和可靠性。

对通信设备的工作温度进行监测和评估是必不可少的。温度过高或过低都可能对设备的运行产生不良影响，甚至引发设备故障。因此，需要使用温度传感器等设备对通信设备的工作温度进行实时监测，一旦发现异常情况，如温度过高，就需要及时采取降温措施，保证设备正常运行。运行参数的监测和评估也是非常重要的。这包括设备的电压、电流、频率等参数的监测和记录。通过对这些参数的实时监测，可以及时发现设备是否存在电源供应不稳定、电流负载过大等问题，有针对性地进行调整和处理，确保设备在正常的运行范围内工作。对通信设备的数据传输速率进行监测和评估也是必要的。数据传输速率的异常可能会导致通信延迟或数据丢失，影响通信系统的正常运行。因此，需要使用网络监控系统对数据传输速率进行实时监测，一旦发现速率异常，需要及时排查问题，修复网络故障，确保数据传输的稳定性和可靠性。

二、通信网络的安全防护

保障通信网络的安全是信息通信现场监督管理的一项关键任务。为此，需要建立完善的网络安全防护体系，采取一系列措施保护通信网络免受恶意攻击和信息泄露的威胁。

防火墙是网络安全的第一道防线。防火墙可以监控和控制网络流量，阻止未经授权的访问和恶意攻击。通过配置防火墙规则，可以限制对网络的访问权限，防止黑客入侵和网络攻击。入侵检测系统（IDS）和入侵防御系统（IPS）是发现和阻止网络攻击的重要工具。IDS能够监测网络流量，识别异常行为并发出警报，帮助及时发现潜在的安全威胁。而IPS则可以主动阻止恶意流量，防止攻击者成功入侵系统。安全认证机制也是保障通信网络安全的关键措施。通过对用户身份进行认证，可以确保只有合法用户能够访问网络资源，防止未经授权的访问和信息泄露。常见的安全认证方式包括用户名密码认证、双因素认证等。

定期进行网络安全评估和漏洞扫描也是保障通信网络安全的重要手段。通过对网络系统进行全面评估和漏洞扫描，可以发现系统存在的安全漏洞和弱点，及时修补漏洞，提升网络安全性。还可以对网络设备和应用程序进行安全配置和加固，增强网络防御能力。

三、信息系统的数据保护

信息系统中的关键设备如数据库和服务器承载着大量重要数据和业务功能，因此必须加强对这些数据的保护和备份，建立健全的数据管理机制，确保数据的完整性、可用性和安全性。对于关键设备如数据库和服务器，需要建立定期的数据备份和恢复机制。通过定期备份数据，可以确保在系统遭受攻击、硬件故障或其他意外情况下能够及时恢复数据。备份数据应存储在安全可靠的位置，同时需要进行定期的备份测试，确保备份数据的完整性和可用性。

加强对数据访问权限的管理是保护数据安全的重要手段。通过合理设置数据访问权限，控制用户对敏感信息的访问和操作，防止未经授权的访问和数据泄露。对于敏感数据和业务关键信息，可以采用加密技术进行保护，确保数据在传输和存储过程中的安全性。建立安全的网络环境也是保护数据安全的关键。包括配置防火墙、入侵检测系统、安全认证机制等措施，防止恶意攻击和未经授权的访问。加强对网络设备和系统的安全配置和管理，及时修补系统漏洞，提升系统的安全性和稳定性。

建议采用多层次的安全措施保护数据安全。包括设定数据访问权限、加密敏感数据、定期备份和恢复数据、加强网络安全防护等。这些措施可以有效保护关键数据不受损坏、泄露或滥用，确保信息系统的正常运行和数据安全。

四、应急响应和处理

信息通信现场的应急响应机制是保障网络安全和业务连续性的重要环节。通过制定详细的应急预案和处置流程，提前演练应急响应措施，可以有效应对网络故障、安全事件等紧急情况，最大程度降低损失和影响。应建立健全的应急响应团队，明确各成员的职责和任务。应急响应团队成员应包括技术专家、安全人员、法务人员等多个部门的代表，以确保在应急事件发生时能够迅速协同配合、高效处理。

制定详细的应急预案，包括网络故障、安全事件、数据泄露等各种紧急情况的处理流程和应对措施。预案应包括事件识别、报告和通知、响应措施、事后分析和总结等环节，确保每个步骤都有清晰的指导和操作规程。定期组织应急演练，检验应急预案的可行性和有效性。通过模拟不同类型的紧急情况，让团队成员熟悉应急流程和操作步骤，提高应对突发事件的应变能力和执行效率。加强应急响应技术装备和工具的准备。包括备份网络设备、安全监控系统、数据备份和恢复工具等，以便在应急事件发生时能够及时调用和使用，快速恢复网络和业务功能。建立应急响应信息共享机制，加强与外部安全机构和合作伙伴的沟通和协作。及时获取行业安全情报和信息，共同应对网络安全威胁和风险。定期评估和优化应急响应机制。根据实际应急事件的处理情况和反馈意见，不断改进应急预案和处置流程，提升应急响应能力和水平。

五、技术创新和持续优化

信息通信现场的技术创新和持续优化是保障通信网络高效稳定运行的关键。通过引入先进的通信技术和设备，定期评估和优化通信系统的性能，以及关注行业最新发展动态，可以不断提升信息通信现场的管理水平和效率。积极推进技术创新，引入先进的通信技术和设备。例如，应用5G通信技术、物联网技术、云计算等新兴技术，提升通信网络的速度、容量和覆盖范围，满足日益增长的通信需求。

定期对通信系统进行性能评估和优化调整。通过对网络带宽、传输速率、延迟等关键指标进行监测和分析，及时发现问题并采取相应措施进行优化，保持系统的稳定运行和高效性能。

关注行业最新发展动态，不断优化管理措施和工作流程。及时了解通信技术、政策法规、市场需求等方面的最新信息，制定相应的管理策略和工作计划，提高信息通信现场的管理水平和反应能力。加强技术人才队伍建设，培养和引进具有高水平技术和管理能力的专业人才。通过持续的技术培训和学习，保持团队的专业水平和创新意识，推动技术创新和优化工作的不断进步。积极参与行业标准制定和技术研究活动，加强与行业内外的合作与交流。与通信设备厂商、研究机构、行业协会等建立良好的合作关系，共同推动通信技术的发展和应用，不断提升信息通信现场的技术水平和竞争力。

第十三章 作业现场安全防护

第一节 脚手架安全防护

一、脚手架搭建要求

在电力安全生产中，脚手架是常见的作业工具，但其搭建必须符合一定的要求，以确保结构稳固、承载力强，防止倾斜或坍塌，从而保障工作人员的安全。

脚手架的搭建应严格按照相关规范进行，包括脚手架的材料选用、构建方式、支撑点设置等。对于脚手架的材料，应选择具有良好承载能力和稳固性的钢材或铝合金材料，并保证其质量合格，防止因材料问题导致脚手架的不稳定。脚手架的构建方式应当科学合理，符合工程实际需求。在搭建过程中，应注意搭设脚手架的高度与工程要求相匹配，不得随意增加层数或高度，以免超负荷使用。脚手架的支撑点设置也至关重要。支撑点应设在坚固的地基上，并且要平稳牢固，以确保脚手架整体结构的稳定性。对于支撑点的选择，应根据工程的实际情况和脚手架的承载能力进行合理确定，不得违规使用。脚手架在搭建完成后，还需进行必要的检查和测试，确保其结构牢固、稳定可靠。对于可能存在的问题，应及时修复或调整，不得强行使用存在安全隐患的脚手架进行作业。如图 13-1 所示。

图 13-1 脚手架搭建

二、脚手架使用规范

在电力安全生产作业中，使用脚手架是常见的情况，但是必须遵循一定的规范以确保工作人员的安全。必须注意平稳行走，避免因操作不慎或快速移动而导致摔倒或其他意外。这意味着工作人员在脚手架上行走时必须保持稳定的步伐，注意观察脚下情况，确保安全。

绝对不可超负荷使用脚手架。脚手架的承载能力是有限的，超负荷使用容易导致脚手架结构变形或坍塌，对工作人员造成严重危险。因此，使用脚手架时必须严格按照其承载能力范围进行操作，不得超载使用。严禁在脚手架上吊挂重物或搭建临时台阶。脚手架的设计并不考虑吊挂重物或搭建临时台阶的情况，这样做会加大脚手架的负荷，增加其不稳定性，容易发生意外。对于特殊情况下需要进行临时加固或调整的情况，应由具有相关资质和经验的人员进行操作，并在操作前进行严格的安全评估和计划制定，确保操作过程安全可控。这意味着在面对特殊情况时，必须有经验丰富的人员负责操作，并且需要制定详细的安全计划，确保操作的安全性和可控性。

三、脚手架安全设施

确保脚手架作业的安全，需要除了严格遵守搭建和使用规范外，还需配备必要的安全设施。这些安全设施包括防护栏杆、登高设施和脚手架的防滑措施。

脚手架应设置防护栏杆。防护栏杆固定在脚手架的边缘，其高度应符合相关标准要求。这样可以有效地防止工作人员从高处坠落，保证工作人员的安全。防护栏杆的设置不仅是法律要求，也是对工作人员生命安全的保障。在搭建脚手架时，必须确保防护栏杆的牢固性和稳定性，避免因防护栏杆不牢固而导致意外发生。登高设施也是必不可少的安全设施。特别是对于高度较大的脚手架，必须设置登高设施，如登高梯、登高扶手等，以方便工作人员登高作业。登高设施的设置既方便了工作人员的操作，又确保了他们的安全。在选择登高设施时，需要考虑其稳固性和安全性，避免因设施不牢固而造成意外。脚手架的防滑措施也非常重要。特别是在潮湿或有积水的环境中，脚手架易出现滑倒的情况。因此，应设置防滑措施，如防滑垫、防滑踏板等，以确保工作人员在脚手架上行走时稳固安全。防滑措施的设置可以有效地避免因滑倒而导致的意外事故，保障工作人员的安全。

第二节 洞口安全防护

一、警示标识

在洞口安全防护中，设置明显的警示标识至关重要。这些标识应具有醒目性，能够引起工作人员的注意，避免他们误入洞口或物品掉落。警示标识的设计应考虑到周围环境和工作场景，选择颜色鲜明、文字清晰的标识，如"危险，禁止入内""警示，悬崖前请小心"等，以提醒工作人员注意安全。在电力安全生产中，洞口作为工作现场中的一个重要部分，安全防护工作尤为重要。其中，设置明显的警示标识是一项必不可少的措施。这些标识应当具有高度的醒目性，能够在工作人员接近洞口时迅速引起他们的注意，并且能够清晰地传达安全警示信息。

警示标识的设计应当考虑到周围环境和工作场景。不同的洞口可能存在不同的危险因素，因此警示标识的内容和形式应当根据实际情况进行合理设计。例如，如果洞口附近存在悬崖或者深坑，可以使用"危险，禁止入内""悬崖前请小心"等文字来提醒工作人员注意安全。警示标识的颜色应当选择鲜明明显的颜色，如红色、黄色等，以增加标识的辨识度和吸引力。文字应当清晰易读，避免使用过于复杂的字体或排版，以确保工作人员能够快速准确地理解标识所传达的信息。警示标识的设置位置也至关重要。标识应当设置在距离洞口适当的位置，以确保工作人员能够在接近洞口之前就能够看到标识并做出相应的安全处理。对于较大的洞口或者存在较大危险的洞口，可以考虑设置多个警示标识，以增加安全防护的效果。

二、临时封闭措施

对于较大或深的洞口，采取临时封闭措施是确保工作人员安全的重要步骤。这些措施包括使用围栏、安全网或警示带等方式进行封闭，以确保洞口周围没有人员进入或靠近，从而避免人员意外坠落，发生意外事故。

临时封闭措施的选择应根据实际洞口的情况和危险程度来决定。对于较大的洞口，可以考虑使用围栏进行封闭。围栏应当具有足够的高度和稳固性，能够有效隔离洞口危险区域，防止人员误入或靠近。对于较深的洞口，可以考虑使用安全网进行封闭。安全网应具有高强度和耐用性，能够承受一定的重量，避免发生人员坠落事件。还可以使用警示带等方式进行封闭，提醒工作人员注意安全，避免接近洞口。无论采取何种方式，临时封闭措施都应牢固可靠，确保能够有效隔离危险区域，保障工作人员的安全。围栏、安全网或警示带的设置位置应合理，覆盖洞口周围的所有潜在危险区域，避免留下任何安全隐患。在设置临时封闭措施时，还应注意考虑洞口附近的其他工作区域，避免影响其他工作的正常进行。

三、巡视检查

定期进行洞口的巡视检查是确保安全防护有效的重要步骤。通过巡视检查，可以及时发现洞口安全防护设施的问题或损坏情况，及时修复或调整，确保安全防护设施处于良好状态。巡视检查应包括洞口周围环境的清理整治、安全设施的完好性检查等内容，以保障工作现场的安全。洞口是工作现场中一个重要的安全隐患点，因此定期进行洞口的巡视检查是确保安全防护有效的重要步骤。巡视检查的目的在于及时发现洞口安全防护设施的问题或损坏情况，采取及时的修复或调整措施，确保安全防护设施处于良好状态，有效防范意外事故的发生。

巡视检查应包括对洞口周围环境的清理整治。洞口周围的环境应保持清洁整洁，避免杂物堆积或者垃圾堆放，以防止影响安全防护设施的正常使用。对于可能存在的易燃易爆物品或其他危险物品，也应及时清理处理，确保工作现场的安全。巡视检查应包括对安全设施的完好性检查。安全设施包括但不限于警示标识、围栏、安全网等，这些设施应当保持完好无损，不存在破损、松动或者缺失等情况。对于发现的问题，应及时修复或调整，确保安全防护设施的有效性和可靠性。巡视检查还应关注洞口周围的其他安全因素。例如，可能存在的地面松动、坑洼、裂缝等情况，都可能影响安全防护设施的使用效果，应及时加以处理。对于天气变化或其他外界因素可能导致的安全隐患，也需要进行及时的检查和处理。

四、安全培训

对于进入洞口工作的人员，进行必要的安全培训是至关重要的。这种培训涵盖了洞口的危险性、安全防护设施的使用方法、应急处理等内容。通过这些培训，可以提高工作人员的安全意识和应对突发情况的能力，从而降低意外事件的发生率，保障工作人员的生命安全。

安全培训需要包括对洞口的危险性进行详细介绍。洞口可能存在的危险包括坠落、崩塌、气体中毒等情况，工作人员必须了解这些危险性并且知晓如何避免。培训内容应涵盖洞口安全规范、避险原则、危险区域标识等方面，帮助工作人员建立正确的安全意识和预防意识。安全培训还需要教授工作人员安全防护设施的使用方法。这些设施包括围栏、安全网、警示标识等，工作人员必须了解这些设施的作用和正确使用方法。培训内容应包括设施的设置、检查、维护等方面，确保工作人员能够正确使用安全防护设施，提高工作现场的安全水平。安全培训还应包括应急处理方面的内容。工作现场可能会发生意外事件，工作人员必须知晓如何应对突发情况并进行有效的应急处理。培训内容应包括应急流程、报警方式、急救措施等方面，帮助工作人员在发生意外时能够迅速冷静地应对，并尽量减少伤害发生。

五、紧急救援预案

制定和实施洞口安全防护的紧急救援预案是确保工作现场安全的重要举措。这一预案包括应急联系人员、应急通信设备、急救措施、安全疏散路线等内容，旨在确保在发生意外事件时能够迅速有效地进行救援和处置，最大限度地减少损失。紧急救援预案必须包括应急联系人员。这些联系人员应当具有丰富的应急处理经验和专业知识，能够迅速冷静地应对突发情况。他们需要清楚了解预案的具体内容和操作流程，能够有效地组织和指挥救援工作，确保救援行动迅速有效。

预案还应包括应急通信设备。这些设备包括但不限于无线对讲机、应急电话等，用于实时传递信息和指令，协调救援行动。通信设备的畅通性对于救援工作至关重要，必须保证设备能够正常运作，及时传递信息。急救措施也是预案中必不可少的一部分。这些措施包括但不限于急救箱、急救人员等，用于对受伤人员进行急救处理。急救措施的有效性直接影响受伤人员的生命安全和伤情恢复情况，必须确保措施得到及时有效地实施。预案还应包括安全疏散路线。在发生意外事件时，需要迅速有序地疏散工作人员，避免造成更大的伤害和损失。安全疏散路线必须事先规划和标识，工作人员应当清楚了解疏散路线和安全集合点，以便在紧急情况下快速有序地撤离现场。

第三节 临边安全防护

一、护栏设置

临边处设置坚固的护栏或安全网是确保工作人员在高处作业时安全的重要措施。这些安全设施的高度必须符合规定，以防止人员从高处坠落，减少意外伤害的发生。

护栏或安全网必须具有足够的高度和稳固性，能够有效地隔离工作区域和危险区域，确保工作人员的安全。高处作业时，人员往往处于较高的位置，一旦发生意外，后果可能非常严重。因此，护栏或安全网的设置是非常必要的，能够有效地降低工作人员坠落的风险。在设置护栏或安全网时，必须严格按照相关规范和标准进行，确保其牢固可靠，不易发生倾斜或脱落的情况。护栏的材质应该坚固耐用，能够承受一定的外力冲击，不会因为外界因素而变形或损坏。安全网的网格结构应该均匀紧密，能够有效地承受工作人员可能施加的压力，防止出现破损或松动的情况。在设置护栏或安全网时，还需要考虑周围环境和工作现场的特点。护栏或安全网应该覆盖整个临边区域，确保没有任何缺口或漏洞，避免工作人员误入危险区域。在安装过程中，必须确保每个连接点都牢固可靠，没有松动或漏接的情况。

二、安全带使用

在高处作业时，工作人员应佩戴安全带，并正确固定在可靠的锚点上。安全带是高空作业的重要安全装备，能够有效地防止人员从高处坠落，减少意外伤害。工作人员在佩戴安全带时，应确保带子无损坏、结实可靠，并正确地固定在稳固的锚点上，避免发生脱落或松动的情况。高处作业是一种高风险的工作环境，工作人员往往需要在较高的位置进行作业，一旦发生意外坠落，后果可能非常严重。为了保障工作人员的生命安全，佩戴安全带成为了必不可少的安全措施。

工作人员应佩戴符合标准要求的安全带。安全带的材质应该坚固耐用，能够承受一定的外力冲击，不易磨损或破损。带子的长度应适中，既能够保证工作人员的活动自由度，又能够有效地限制其离开工作位置。在使用前，工作人员应仔细检查安全带是否有损坏或磨损，确保带子的完好无缺。安全带的固定也至关重要。安全带必须正确地固定在可靠的锚点上，锚点应具有足够的承载能力和稳固性，能够确保在发生意外时安全带能够起到有效的保护作用。工作人员在固定安全带时，应确保连接件结实可靠，没有松动或者脱落的情况。工作人员在高处作业时应始终保持警惕，遵守安全操作规程，不得越过安全带的范围。在操作过程中，避免突然移动或者过度伸展身体，以免造成安全带的拉扯或者滑动，影响其固定效果。

第四节 基坑临边安全防护

一、坑口封闭

基坑的边缘安全防护是在施工现场中至关重要的措施。基坑作为一个潜在的危险区域，其边缘的封闭不仅是保护工作人员安全的关键，也是保障设备和施工过程顺利进行的必要条件。封闭基坑边缘可以采用多种设施，如围栏、安全网、防护栏杆等，这些措施的目的都是确保基坑边缘不易被人员或机械越过，从而减少意外事故的发生。

围栏是常见的基坑边缘封闭设施。围栏通常由金属、塑料或木材等材料构成，固定在基坑边缘，形成一道有效的物理障碍，阻止人员或机械意外掉入基坑。围栏的高度应符合相关规定，通常要求高度足够，以确保有效阻隔。安全网也是基坑边缘封闭的重要设施。安全网具有柔韧性和抗拉性，可以有效地阻挡人员或物体掉入基坑。安全网应固定在基坑边缘，并经过严格测试和检验，确保其承载能力和耐久性。防护栏杆也常用于基坑边缘的安全防护。防护栏杆通常由金属或塑料材料制成，设置在基坑边缘，形成一道阻隔物，防止人员或机械意外接触到基坑边缘。防护栏杆的高度和稳固性是确保安全防护效果的关键因素。

二、安全通道

若有必要穿越基坑，应设置安全通道或临时斜坡，以确保通行安全。工作现场中，可能存在需要人员或设备在基坑周边进行穿越的情况，此时必须确保通道的安全。安全通道应设置在基坑的安全位置，并具备足够的稳固性和承载能力，避免发生意外。在施工现场，基坑作为一个危险区域，周边通常会设置安全通道或临时斜坡，以方便人员或设备进行穿越，并确保其安全。安全通道或临时斜坡的设置是为了降低穿越基坑的风险，有效保障工作人员和设备的安全。

安全通道或临时斜坡应设置在基坑的安全位置。安全位置指的是远离边缘的区域，通道或斜坡的设置不应影响基坑边缘的稳定性，避免对基坑的安全造成影响。通道或斜坡的位置应经过认真评估和规划，确保其符合安全要求。安全通道或临时斜坡必须具备足够的稳固性和承载能力。通道或斜坡的结构设计应符合相关规范和标准，材料选用应坚固耐用，能够承受人员和设备的重量，并确保在使用过程中不会发生倾斜或坍塌的情况。通道或斜坡的表面应平整、防滑，确保人员和设备通行安全。对于临时斜坡，还需要考虑坡度和长度的设计。坡度应适中，不宜过陡，以方便人员和设备的上下通行，并减少滑倒的风险。长度应根据实际需要进行合理设置，确保通道或斜坡能够覆盖需要穿越的距离，方便工作人员和设备的移动。

三、坑壁加固

基坑的坑壁加固是在施工现场中确保安全的重要措施。坑壁的稳定性直接关系到工作人员和设备的安全，因此加固处理是必不可少的。加固处理可以采用多种方式，如混凝土支护、钢架支撑等，但无论采用何种方式，都必须符合相关规范和标准，确保加固结构牢固可靠，不易发生变形或坍塌。

混凝土支护是常见的坑壁加固方式。通过浇筑混凝土墙体或设置混凝土桩等方式，可以增强坑壁的稳定性和承载能力，防止因坑壁坍塌导致的意外事故发生。混凝土支护的关键在于施工质量和材料选择，必须符合相关规范要求，确保加固结构牢固可靠。钢架支撑也是常用的坑壁加固方式。通过设置钢架支撑结构，可以有效地支撑坑壁，增强其稳定性和安全性。钢架支撑的优点在于结构轻便、施工快捷，适用于不同类型的基坑加固需求。在采用钢架支撑时，必须选择符合规范的优质钢材，确保支撑结构的牢固可靠。除了混凝土支护和钢架支撑外，还可以结合其他加固方式，如岩锚加固、土钉加固等，根据实际情况选择合适的加固方案。无论采用何种加固方式，都必须经过专业设计和严格施工，确保加固结构符合工程要求，能够有效地增强坑壁的稳定性和安全性。

第五节 卸料平台安全防护

一、安全通道设置

人行通道在施工现场或其他工作场所中的设置是确保工作人员在移动过程中安全的重要措施。安全通道的设计和设置需要充分考虑工作流程和人员流动情况，以保证通道的畅通无阻，避免发生拥堵、碰撞等意外情况，从而最大限度地减少意外风险。通道的路面设计应平整、无障碍物，并设置明显的标识和警示，引导人员正确通行。

安全通道的设置首先需要考虑到工作现场的特点和实际需求。通道的位置应合理布置，通道的宽度应足够以容纳工作人员的流动，避免因为通道过窄而造成人员拥堵或行进受阻的情况。通道的设计应考虑到不同工种人员的通行需求，如行走通道、物料运输通道等，确保各种通道的畅通。通道的路面设计也是至关重要的一环。通道的路面应保持平整、无凹凸不平或其他障碍物，避免工作人员因为路面问题而造成跌倒或滑倒的危险。对于有可能积水的区域，应采取防滑措施，如设置防滑垫、防滑条等，确保通道在潮湿条件下仍然安全可靠。

为了引导工作人员正确通行，通道上应设有明显的标识和警示。这些标识和警示可以包括指示箭头、行走方向、禁止通行标志等，根据通道的不同功能设置相应的标识，让工作人员清晰地了解通道的用途和通行规则，减少因误解或不清晰引起的意外情况。通道的安全还需要考虑到通道的周围环境。通道应与其他设施或工作区域进行合理的隔离，避免通道与其他区域产生交叉或干扰，从而确保通道的畅通和安全。通道周围应设置防护栏杆或其他隔离设施，保证通道的使用范围清晰明确，避免因误入其他区域而产生意外风险。

二、防滑措施

为确保通道上工作人员的安全，防滑措施是至关重要的。在通道路面设置防滑措施可以有效预防工作人员在通道上发生滑倒或摔倒的情况，减少意外伤害的发生。这些防滑措施可以采用多种方式，包括使用防滑垫、防滑条或选择具有防滑性能的路面材料等方法。

防滑垫是一种常见的防滑措施。在通道路面铺设防滑垫可以增加路面的摩擦力，减少工作人员在行走时因路面滑溜而发生滑倒的可能性。防滑垫通常采用橡胶材质或其他具有良好防滑性能的材料制作，具有耐磨、防水、耐久等特点，适用于各种工作场所的通道使用。防滑条也是一种常用的防滑措施。在通道路面设置防滑条可以增加路面的摩擦力，防止工作人员在行走时发生滑倒。防滑条通常由金属或塑料制成，具有凹凸的表面设计，能够有效增加脚下的摩擦力，提高通道的安全性。

选择具有防滑性能的路面材料也是一种有效的防滑措施。在通道的路面铺设具有防滑性能的路面材料，如防滑砖、防滑水泥等，可以有效减少工作人员在行走时的滑倒风险。这些路面材料通常具有特殊的表面纹理设计，能够增加路面的摩擦力，提高通道的安全性。在设置防滑措施时，需要注意以下几点：选择符合安全标准和规定的防滑材料，确保其具有良好的防滑性能和耐久性；定期检查和维护防滑措施，确保其有效性和可靠性；根据通道使用情况和工作环境，选择适合的防滑措施，并根据需要进行调整和改进。

第六节 人行通道安全防护

一、通道平整清洁

保持人行通道的平整和清洁是确保工作人员安全的基础措施。通道的平整程度直接关系到工作人员的行走稳定性，而通道的清洁程度则影响到工作人员行走时的视野和安全感。

通道的平整性指的是通道路面的水平度和均匀度。如果通道路面不平整，比如出现凹凸不平或者坑洼的情况，容易造成工作人员绊倒或摔倒，增加了意外伤害的风险。为了确保通道的平整性，应在设计和施工通道时特别注意路面的质量，采用适当的材料和工艺，避免出现路面问题。定期检查和维护通道路面也是必要的措施，及时修复或填平可能存在的障碍物和缺陷，保持通道的平整性。通道的清洁性则是指通道路面的干净程度和无障碍物状态。如果通道路面有杂物、泥泞、积水等，会增加工作人员滑倒或者行走不稳的风险。因此，通道应保持干净整洁，及时清理通道上的杂物和污物，确保通道路面光滑无障碍。在工作现场，特别要注意定期清扫通道，确保通道路面的清洁。

二、照明设施

夜间或光线不足时，照明设施是确保通道安全的关键因素。

在这种情况下，应当设置足够数量和质量的照明设施，以确保通道的可见性，从而减少工作人员在夜间或光线不足时可能发生的意外情况。

照明设施的种类包括路灯、投射灯、LED 灯等。这些照明设施应当被合理地设置在通道的两侧或顶部，以照射整个通道的路面，保证通道的亮度均匀稳定。对于长距离或宽度较大的通道，可能需要设置多个照明设施，以确保通道的整体照明效果。良好的照明布局可以有效地提升通道的可见性，减少工作人员在夜间行走时的安全风险。在选择照明设施时，应当考虑到节能环保和可靠性等因素。选择符合节能标准的照明设备可以降低能源消耗，减少对环境的影响。确保照明设施的可靠性和稳定性也是非常重要的。定期检查和维护照明设施，保持其正常运行状态，可以有效地避免照明设备因故障或老化而造成的通道照明不足问题。

第七节 电气设备安全防护

一、绝缘保护

电气设备的绝缘保护对于工作场所的安全至关重要。绝缘保护能够有效地防止电击事故的发生，从而保护工作人员的生命安全和设备的正常运行。在选择和使用电气设备时，必须确保设备具备良好的绝缘性能，符合相关的安全标准和规定。

良好的绝缘性能意味着电气设备能够有效地隔离电流，防止电流在设备外部流动，避免对工作人员造成电击伤害。为了确保绝缘保护的有效性，需要定期检查和维护电气设备的绝缘性能。这包括检查绝缘材料的完整性、绝缘电阻的测试、绝缘部件的清洁和保养等工作。及时发现并修复绝缘材料的损坏或老化问题，可以有效地预防绝缘性能的下降或失效。在使用电气设备时，工作人员也需要具备相关的安全知识和技能。他们应该了解电气设备的工作原理和特点，知道如何正确地使用和操作设备，以及在发生紧急情况时应该如何处理。安全培训和教育可以提高工作人员的安全意识，降低意外事故的发生率。

二、防护罩设置

对于高压设备或危险部位，确保工作人员的安全是至关重要的。为此，我们需要采取一系列有效的安全措施，其中包括设置防护罩或者警示标识。这些措施可以有效地防止误操作或接触造成的意外伤害，保障工作人员的生命安全。

防护罩是一种常见的安全设施，可以有效地隔离危险区域，防止工作人员接触到高压部件或危险设备。防护罩通常由坚固的材料制成，具有一定的耐压和防护能力，能够有效地防止意外触碰或接触。设置明显的警示标识也是必要的安全措施。警示标识通常采用醒目的颜色和清晰的文字，用以提醒工作人员注意安全，避免因误操作而导致的事故发生。例如，"高压警告""禁止接近"等标识可以有效地提醒工作人员注意危险区域，加强安全意识。在安装和使用防护罩时，还需要考虑到通风和热量散发等因素。确保防护罩的设计能够保证通风良好，避免在设备运行时产生过热或过载情况。防护罩的安装位置和方式也需要符合相关安全规范和标准，确保防护措施的有效性和可靠性。

三、地面标识

在电气设备周围设置明显的地面标识是一项重要的安全措施，可以有效提高工作人员对电气设备位置的识别，并避免误入危险区域或碰触危险部件。这些地面标识应当采用颜色鲜明、文字清晰的设计，符合相关的安全标准和规定，以确保标识的可视性和有效性。

地面标识应当具有明显的颜色对比度，使之能够在工作环境中显著突出。常用的颜色如黄色、红色或者黑色等都具有良好的醒目性，可以被工作人员迅速识别。标识上的文字应当清晰可辨，包括电气设备的名称、警示信息或者禁止标识等，以便工作人员了解相关安全信息。地面标识的设计应当符合安全标准和规定，确保标识的可视性和持久性。标识的位置应当与电气设备的实际位置一致，避免产生混淆或误导。标识的制作材料应当耐磨、耐候、防水，能够在各种环境条件下保持清晰可见。定期检查和维护地面标识也是必要的，确保标识不会因损坏或褪色而失去作用。

地面标识的设置还应当考虑到人员流动和作业流程。标识应当设置在工作人员经常通行的区域或者容易忽视的危险区域，以提醒工作人员注意安全。在狭小空间或者复杂环境中，可以设置地面标识的反光材料或者发光设备，增强其在夜间或低光线环境下的可视性。

第八节 转动机械安全防护

一、警示标识

转动机械的安全是工作场所安全管理中至关重要的一环，其中设置明显的警示标识是非常重要的一项措施。这些标识不仅要符合相关的安全标准和规定，还需要具有醒目的颜色、清晰的图案和文字，以便工作人员能够迅速识别危险部位和安全距离，从而避免意外伤害的发生。

在设置警示标识时，首先需要考虑标识的位置和布局。警示标识应该设立在转动机械的周围，包括进入危险区域的警示标识、禁止触摸旋转部件的标识等。这些标识应该摆放在距离危险部位足够远的地方，确保工作人员在正常工作时不会无意中接近或触及到危险区域。标识的设计要符合相关的安全标准和规定。警示标识的颜色应该选择醒目的颜色，如红色、橙色等，以便引起工作人员的注意。图案和文字应该设计清晰、易懂，直接表达警示信息，如"危险区域，请勿接近""禁止触摸旋转部件"等。标识的大小和字体也要适中，既能够引起注意又不会过于刺眼或模糊不清。警示标识的布置还需要考虑到工作场所的实际情况。例如，在转动机械较多或者工作空间较大的场所，可能需要设置多个警示标识，确保每个工作人员都能够看到并理解警示信息。警示标识的高度和角度也需要合理安排，以便不受遮挡或视线阻碍。定期检查和维护警示标识也是非常重要的。标识应该定期检查是否清晰可见、完整无损，如有损坏或褪色的情况应及时更换或修复，保证标识始终起到警示作用。

二、安全防护罩

安全防护罩在工作场所中扮演着至关重要的角色，特别是在涉及到转动机械时，它的作用更为突出。安全防护罩的主要功能是覆盖整个旋转部件，确保工作人员不会接触到旋转部件，从而有效地避免意外伤害的发生。安全防护罩必须覆盖整个旋转部件，确保旋转部件的任何一部分都不会暴露在外面。这样可以有效地阻止工作人员的手部、衣物或其他物体接触到旋转部件，减少意外伤害的风险。

安全防护罩必须具有足够的强度和稳定性。它应该能够承受外部冲击或碰撞，不会因为外力作用而破裂或变形。安全防护罩的固定方式也至关重要，必须能够牢固地固定在机械设备上，不会因为震动或振动而松动或脱落。安全防护罩的设计还应考虑到操作和维护的便利性。在必要时，工作人员需要能够方便地打开或移动安全防护罩，进行设备的调整、维护或清洁工作。但在工作状态下，安全防护罩必须能够牢固地固定，不会因为误操作或外力作用而意外打开或移动。为了提高安全防护罩的可靠性和有效性，应当定期检查和维护安全防护罩。检查内容包括安全防护罩的完整性、固定性和操作性等方面，如有发现问题应及时修复或更换，确保安全防护罩始终处于良好的工作状态。

第九节 管道容器安全防护

一、泄漏报警装置

泄漏报警装置在管道容器安全防护中起着至关重要的作用。这些装置可以及时检测管道容器的各项参数，如压力、温度、液位等，并在出现异常情况时发出警报，提醒工作人员注意并采取必要的应急措施，从而避免或减少泄漏事故的发生。

泄漏报警装置的种类多种多样，根据不同的应用场景和要求，可以选择不同类型的报警装置。报警装置应能够实时监测管道容器的关键参数，如压力、温度、液位等。通过对这些参数的监测，可以及时发现管道容器是否正常运行，以及是否存在潜在的泄漏风险。泄漏报警装置的选择应符合相关的安全标准和规定。这包括装置本身的设计、制造、安装和维护等方面。装置应具有良好的稳定性和可靠性，能够在恶劣环境下正常工作，同时具备抗干扰能力，减少误报警情况的发生。装置的准确性也至关重要，确保在发生异常情况时能够及时、准确地发出警报。

除了监测关键参数外，泄漏报警装置还应具备一定的智能化功能。例如，可以设置报警阈值，当监测到的参数超出设定的安全范围时，自动触发报警机制。装置还可以与其他安全设备或系统集成，实现信息共享和联动控制，提高整体安全防护能力。在实际应用中，泄漏报警装置需要定期进行检查和维护，确保其正常运行和准确性。应制定相应的维护计划和程序，定期对装置进行检测、校准和保养，及时更换老化或损坏的部件，保证报警装置的长期可靠性和稳定性。

二、泄漏防护措施

泄漏防护措施在管道容器安全管理中是至关重要的一部分。除了安装泄漏报警装置外，还需要采取适当的措施来预防和应对泄漏事故。这些措施包括安装泄漏检测器、设置泄漏收集池、使用泄漏防护设备等。

安装泄漏检测器是一项重要的措施。泄漏检测器可以实时监测管道容器或管路系统中的液体或气体泄漏情况。当检测到泄漏时，检测器会发出警报或触发自动关闭阀门等应急措施，及时阻止泄漏扩散并通知相关人员进行处理。泄漏检测器的种类有多种，包括液体泄漏检测器、气体泄漏检测器等，应根据具体情况选择适合的类型和配置。设置泄漏收集池是另一个重要的防护措施。泄漏收集池通常位于管道容器周围或下方，可以收集泄漏物质并阻止其扩散到周围环境。泄漏收集池应具备足够的容量和密封性能，确保能够有效收集并处理泄漏物质，避免对环境和人员造成损害。定期清理和维护泄漏收集池也是必要的，以保持其有效性和稳定性。使用泄漏防护设备也是防止泄漏事故的重要手段。这些设备包括泄漏防护阀、泄漏防护罩、泄漏防护垫等，可以在泄漏发生时快速响应并防止泄漏扩散。泄漏防护设备的选择应考虑到管道容器的特性和泄漏可能性，确保设备能够有效防护并减少事故的发生。

三、防护栏杆

在管道容器周围设置防护栏杆或警示标识是确保工作场所安全的重要举措。防护栏杆的设置有助于有效隔离危险区域，防止工作人员误入或接近，从而避免意外伤害的发生。警示标识则起到提醒工作人员注意安全的作用，清晰地标明危险区域和安全距离，以增强工作人员的安全意识。

防护栏杆的设置具有重要意义。防护栏杆应具有足够的高度和强度，通常要求高度达到一定标准以有效隔离危险区域。其主要作用是防止工作人员误入危险区域，避免意外接触或靠近危险部位。防护栏杆的材质通常选择具有良好耐久性和抗腐蚀性的材料，如钢铁或铝合金等，确保其稳固可靠。在设置防护栏杆时，需要考虑到整体结构的稳定性和安全性，确保不易被破坏或破坏。警示标识在管道容器安全防护中也起着重要作用。警示标识应具有醒目性和清晰性，采用醒目的颜色、明确的文字和图案，以便工作人员迅速识别危险区域和安全距离。警示标识的内容应包括警示语、禁止入内或接近的指示，以及安全距离的标识，避免工作人员无意间靠近危险区域。在选择警示标识时，需要考虑到标识的耐候性和耐久性，确保长期保持清晰可见。

第十节 危险化学品场所安全防护

一、危险化学品场所通风设施的重要性

危险化学品场所的通风设施是确保工作环境安全的关键因素。良好的通风系统能够有效地排除室内的有害气体和蒸汽，保持室内空气清新，减少工作人员接触有害物质的风险。通风设施的设计应符合相关的安全标准和规定，确保通风效果良好且持续稳定。

通风系统在危险化学品场所的重要性不言而喻。它可以及时排除室内产生的有害气体和蒸汽，如化学物质的挥发气体、气溶胶等，防止它们在空气中积聚达到危险浓度。这对于避免

有害气体或蒸汽对工作人员健康造成影响至关重要。良好的通风系统可以保持室内空气清新，避免异味和不良气味对工作人员的不适和影响。在危险化学品场所，化学物质的气味可能会十分刺激或难闻，通过通风系统及时排出这些气味，可以提升工作环境的舒适度和工作效率。

通风设施的设计必须严格遵循相关的安全标准和规定。这包括通风系统的设计参数，如通风量、排风口位置、通风方向等，都需要根据场所的具体情况进行合理设置，以保证通风效果良好且持续稳定。通风设施的运行也需要定期检查和维护，确保其正常运行和有效性。除了通风系统本身，通风设施的运行与使用也需要工作人员的合理配合和管理。工作人员应了解通风设施的使用方法和注意事项，保持通风设施的畅通和正常运行状态。定期的通风效果检测也是必要的，可以通过测量室内空气中有害气体的浓度来评估通风效果是否达标。

二、通风设施的种类和设计要求

通风设施是确保危险化学品场所工作环境安全的关键要素。通风系统主要包括自然通风和机械通风两种方式。自然通风是通过合理设置门窗、通风口等，利用自然气流实现室内外空气的交换。机械通风则是通过安装通风设备如通风扇、排风管道等，强制排除室内有害气体和蒸汽。两种通风方式各有优劣，通风设施的设计要求包括通风量、通风口位置、排风方向等，确保全面有效地排除有害气体，保持室内空气清新。

自然通风是一种较为简单的通风方式，通过调整门窗的开启程度和设置通风口，利用自然气流实现室内外空气的流动和交换。这种方式的优点是操作简单、节能环保，不需要额外的机械设备和能源消耗。然而，自然通风的通风效果受到外部气流和气候条件的影响较大，不能保证在各种情况下都能实现理想的通风效果。机械通风则是通过安装通风设备来强制排除室内的有害气体和蒸汽。常见的机械通风设备包括通风扇、排风管道、换气机等。这种方式能够在不受外部气候条件限制的情况下，有效地实现室内外空气的交换，保持室内空气清新。机械通风的优点是通风效果稳定，可以根据需要进行调节和控制，适用于各种工作环境和气候条件。但相应地，机械通风需要消耗能源，运行成本较高。在设计通风设施时，需要考虑到通风量、通风口位置、排风方向等因素。通风量应根据场所的具体情况和工作需求确定，确保能够全面有效地排除有害气体。通风口的设置应合理分布，覆盖整个工作区域，避免死角和通风不畅的区域。排风方向则应考虑到空气流动的方向，确保有害气体和蒸汽能够顺利排出室外。

三、工作人员个人防护装备的选择和使用

在危险化学品场所工作的工作人员需要佩戴适当的个人防护装备，以保护自己免受有害物质的侵害。这些防护装备包括防护眼镜、口罩、防护服等，每种装备都有其特定的功能和作用。防护眼镜能够有效防止有害气体或溅溶剂对眼睛造成损伤，保护视力健康。口罩则可以过滤空气中的有害颗粒物和气体，保护呼吸道健康。

在具体工作场景中，工作人员可能还需要配备其他类型的防护装备，如防护手套、防护靴等，以全面保障工作人员的安全。防护手套可以防止有害化学品直接接触皮肤，避免皮肤损伤或化学灼伤。防护靴则能够保护脚部免受化学品迸溅或腐蚀的影响，确保脚部健康和安全。在选择和使用个人防护装备时，需要考虑到工作环境的特点和风险因素。不同类型的化学品可能对人体的不同部位造成不同程度的危害，因此需要根据具体情况选择适当的防护装备。防护装备的质量和符合性也是非常

重要的，应选择符合相关标准和规定的产品，并定期检查和更换防护装备，确保其保护效果和安全性。工作人员在佩戴个人防护装备的还需要接受相应的培训和指导，了解正确的使用方法和注意事项。只有正确使用和保养个人防护装备，才能最大限度地保护工作人员的健康和安全。

第十一节 燃煤（粉）场所安全防护

一、粉尘管理计划

粉尘管理在工业生产和施工现场中具有重要的意义，因为粉尘不仅会影响工作环境和生产效率，还可能对工作人员的健康和安全造成威胁。因此，制定并执行全面的粉尘管理计划至关重要，其中包括定期清理和清除粉尘、控制粉尘扬尘源头等方面。

定期清理和清除粉尘是粉尘管理计划中的重要环节。工作场所的粉尘积累可能来自于生产过程中的废料、生产物料的磨损、机械设备的运转等，如果不及时清理和清除，就会导致粉尘在空气中浓度逐渐增加，影响空气质量和工作环境。因此，需要制定定期的清理计划，包括对地面、设备表面、通风管道等进行清洁，确保粉尘不会积聚过多。控制粉尘扬尘源头也是粉尘管理计划的重点。粉尘扬尘主要来自于粉尘产生的过程，如研磨、切削、振动等，因此需要采取措施降低粉尘扬尘的程度。可以通过改变工艺流程、优化设备设计、使用封闭式设备或采取粉尘抑制剂等方式来控制粉尘扬尘源头，减少粉尘进入空气中的数量和浓度。还可以考虑在粉尘管理计划中加入其他控制粉尘的方法，如安装空气净化设备、优化通风系统、采用湿式清洁方法等。这些方法可以有效地减少粉尘对工作环境和工作人员的影响，提高工作场所的安全性和舒适性。

二、 通风设施

在燃煤（粉）场所，良好的通风设施是确保工作环境安全和生产效率的关键因素。通风系统可以分为自然通风和机械通风两种类型，同时还可以考虑安装空气净化设备，以保证场所内空气质量达标，减少粉尘浓度，从而提高工作环境的舒适性和工作效率。

自然通风是一种利用自然气流进行通风换气的方式。通过合理设置场所内外的门窗、通风口等，利用气流的自然流动实现室内外空气的交换，从而排除有害气体和粉尘，保持室内空气的清新。自然通风的优点在于节能环保、成本低廉，适用于一些简单的场所或小规模的空间。另一种通风方式是机械通风系统，它通过安装通风设备如通风扇、排风管道等，强制将新鲜空气引入场所并排出污浊空气，从而实现空气的循环和更新。机械通风系统可以根据实际需求调节通风量和风速，保证室内空气质量达标，减少粉尘浓度，提高工作环境的舒适性和安全性。为了进一步提高燃煤（粉）场所的空气质量，还可以考虑安装空气净化设备。空气净化设备可以对空气中的颗粒物、有害气体等进行过滤和净化，将洁净的空气释放到场所内，从而减少粉尘浓度和有害物质的含量，保证工作人员的健康和安全。

三、 工作场所布局

在设计工作场所的布局时，合理规划和划分作业区域和粉尘控制区域是非常重要的。这样的设计可以有效减少不必要的粉尘扬尘点，最大限度地控制粉尘扩散，提高工作环境的清洁度和安全性。

要根据工作流程和作业要求合理划分作业区域和粉尘控制区域。在设计时应考虑到不同作业区域可能产生的粉尘源头，如燃烧设备、振动设备、粉碎设备等，将这些区域划分为粉尘控制区域，并采取相应的粉尘控制措施，如安装抑尘罩、粉尘抑制喷淋装置等，有效减少粉尘的产生和扩散。要合理规划工作场所的通道和走廊，确保通畅无阻，便于工作人员的流动和物料的运输，同时避免通道和走廊成为粉尘聚集的区域。可以通过设置通风设备、定期清理和保持通道畅通等措施，减少通道和走廊中的粉尘积累，保持清洁和安全。对于粉尘易聚集的设备和设施，如排放口、料仓口等，应设置相应的防护罩或者抑尘措施，防止粉尘扩散和外溢，减少粉尘对周围环境和工作人员的影响。定期对这些设备和设施进行检查和维护，确保其正常运行和粉尘控制效果。在工作场所的整体布局上，还应考虑到人员的通行安全和便捷性，设置应急疏散通道和安全出口，保证工作人员在紧急情况下能够快速安全地撤离现场。对于涉及粉尘控制的设备和工艺流程，应提供相应的培训和指导，确保工作人员了解粉尘控制的重要性和操作方法，增强其安全意识和操作技能。

四、使用防尘设备

工作人员应佩戴适当的个人防护装备，如口罩、防护眼镜、防尘服等，是有效减少粉尘对呼吸道和皮肤侵害的重要措施。粉尘是一种常见的危害因素，在工作场所中可能产生各种类型的粉尘，如煤粉、木材粉尘、金属粉尘等，这些粉尘对人体健康造成的危害不可忽视。因此，采取正确的个人防护措施对保护工作人员的健康至关重要。

口罩是最常见的个人防护装备，主要用于过滤空气中的粉尘颗粒物，防止其进入呼吸道。合适的口罩应具有良好的密封性和过滤效率，能够有效阻挡不同粒径的粉尘颗粒，确保呼吸空气的清洁和安全。在选择口罩时，应根据粉尘的种类和浓度选择相应的防护级别，如 N95 口罩适用于一般粉尘环境，而高效防尘口罩适用于高浓度粉尘环境。防护眼镜也是重要的个人防护装备,用于防止粉尘颗粒进入眼睛造成刺激和伤害。眼部是人体重要的感觉器官,对于工作中可能产生飞溅、喷射或风化的粉尘场景,佩戴防护眼镜可以有效保护眼睛不受外界粉尘的侵害,保持视觉清晰和健康。

防尘服也是必要的个人防护装备,特别适用于工作环境中粉尘浓度较高或作业过程中易产生粉尘的场所。防尘服通常采用耐磨、防静电、防粉尘的材质制成,具有良好的防护性能,能够有效隔离外界粉尘,保护工作人员的皮肤免受粉尘侵害。在使用个人防护装备时,工作人员需要注意以下几点:选择合适的个人防护装备,根据工作环境和作业要求选择正确的防护级别和类型;正确佩戴和使用个人防护装备,确保口罩、眼镜、防尘服等装备能够有效发挥防护作用;定期更换和清洁个人防护装备,保持其良好的使用状态和防护性能;最后,配合其他粉尘控制措施,如通风设施、粉尘抑制装置等,共同保障工作场所的清洁、安全和健康。

第十二节 燃油场所安全防护

一、泄漏防护

燃油场所的泄漏防护是确保工作环境安全的关键措施。应设置泄漏检测装置,能够及时监测燃油管道、储罐等设施的泄漏情况,并发出警报或通知相关人员,以便及时采取应对措施。定期检查泄漏检测装置的运行状态和灵敏度,确保其正常工作。制定应急预案,明确各种泄漏情况的处理流程和责任分工,提前做好准备工作。选择合适的泄漏检测装置。根据燃油场所的具体情况和泄漏可能性,选择适合的泄漏检测装置,包括但不限于泄漏传感器、监控系统等。确保这些装置能够覆盖到所有可能发生泄漏的区域，并能够灵敏地监测到泄漏信号。

合理布置泄漏检测装置。在安装泄漏检测装置时，应根据工作场所的布局和设备分布情况，合理布置检测点，确保覆盖到所有潜在的泄漏源和可能泄漏的区域。应考虑到泄漏信号的传输距离和传输方式，选择合适的传输设备和通信网络，保证信息能够及时准确地传达到相关人员。保障泄漏检测装置的正常运行。定期对泄漏检测装置进行检查和维护，保证其运行状态良好。检查包括但不限于传感器的清洁和校准、监控系统的运行状态、通信设备的连接情况等。对于发现的问题及时进行修复和调整，确保装置能够正常、稳定地工作。做好应急预案和培训工作。制定完善的应急预案，明确各种泄漏情况的处理流程和责任分工，包括警报信号的响应、相关人员的通知、应对措施的执行等。对相关人员进行培训，使其了解应急预案的内容和执行流程，掌握泄漏应对技能，提高应对突发情况的能力和效率。

二、火灾风险

燃油场所存在着火灾风险，这是一个极其重要的安全问题，需要特别注意防范。火灾一旦发生，可能造成严重的人员伤亡和财产损失，因此必须采取有效的措施降低火灾发生的可能性。

要注意防止静电产生。静电是一种常见的火灾诱因，特别是在燃油场所这样易燃易爆的环境中，静电的存在可能引发火灾。因此，对于易产生静电的设备和区域，必须采取防静电措施。例如，对设备进行接地处理，确保设备表面不带电；使用防静电材料或设备，减少静电的产生和积聚；定期检查和维护设备，确保设备的接地和防静电措施有效。要注意防止火源接触。在燃油场所，任何火源都可能引发火灾，因此必须严格控制火源的产生和使用。禁止在易燃区域使用明火或产生火花的设备，如焊接设备、电动工具等；使用防爆设备和防爆工具，确保工作设备不会产生火花；加强对火源的管理和监控，定期检查设备是否符合防爆要求，确保设备的安全性能。还应严格执行禁止吸烟规定。吸烟是一个常见的火灾隐患，尤其在易燃易爆的环境中，一根烟头可能引发严重的火灾。因此，必须在燃油场所内严禁吸烟，设置明显的禁烟标识，并对工作人员进行禁烟教育和培训，增强他们的安全意识和自我保护意识。

第十三节 燃气场所安全防护

一、通风设施

　　良好的通风设施对于燃气场所的安全至关重要。通风系统应能及时有效地排除有毒气体，保障工作环境的安全性和舒适性。通风设施的设计必须符合相关的安全标准和规定，包括但不限于通风量、通风口位置、排风方向等各方面。通风量的设计应根据燃气场所的具体情况来确定。通风量不足会导致有毒气体在室内滞留，增加工作人员的健康风险，因此通风设施的设计应确保通风量充足，能够及时有效地排除有害气体。

　　通风口的位置也是通风系统设计的关键。通风口应设在有毒气体可能积聚的地方，如燃气产生源、工作区域等。合理的通风口位置能够有效地吸入有毒气体，保持室内空气的清新。排风方向也需要合理设置。通风系统的排风方向应当考虑到室内空间的结构布局和气流动向，确保有毒气体能够顺畅地排出室外，而不会在室内形成死角或积聚区。定期检查和维护通风设施是确保其正常运行和通风效果的关键步骤。定期检查可以发现通风设施是否存在故障或磨损，及时进行维修或更换，保证设施的正常运行。定期清洁通风设施也是必要的，避免灰尘或其他杂物堵塞通风口，影响通风效果。在通风系统设计和运行过程中，还应考虑到能耗和环保因素。合理设计通风系统可以降低能耗，提高能源利用率，符合节能环保的要求。

二、防爆措施

在燃气场所，防爆措施是确保工作环境安全的关键。考虑到爆炸风险，必须采取有效的防爆措施来避免燃气泄漏引发爆炸事故。这些防爆措施包括使用符合相关防爆标准和规定的防爆设备和防爆工具，以确保其安全性能和可靠性。

防爆设备和防爆工具必须符合严格的防爆标准和规定。这意味着这些设备和工具在设计、制造和使用过程中，必须考虑到防爆的需要，具有防爆、防火、防静电等功能。这样可以有效地避免在燃气场所中发生火灾或爆炸事件。加强对燃气管道、容器等设施的检查和维护也是非常重要的。定期检查这些设施的完整性和密封性，及时发现并处理潜在的泄漏隐患，可以有效降低爆炸风险。这包括检查管道连接处是否松动、管道是否有裂缝或损坏、容器是否漏气等。对于易发生泄漏的设备或区域，应采取进一步的防范措施。例如，在易泄漏的设备周围设置防护栏杆或警示标识，提醒工作人员注意安全。在操作这些设备时，工作人员也应经过专门的培训，了解如何正确使用防爆设备和防爆工具，以及如何应对突发情况。

第十四节 有毒有害场所安全防护

一、防护装备

工作人员进入有毒有害场所时，佩戴相应的防护装备是确保工作安全的基本要求。这些防护装备包括但不限于防毒面具、防护服、防护手套、防护眼镜等。这些装备的作用是多方面的，能够有效地保护工作人员的身体健康和安全。

防毒面具是在有毒有害气体环境下必备的防护装备。它能够有效地阻隔有害气体和颗粒物进入呼吸道，保护呼吸系统的健康。根据不同的有害气体类型和浓度，防毒面具可以选择不同的过滤器和防护级别，确保工作人员在有毒气体环境中能够安全作业。防护服是为了防止有毒物质直接接触皮肤而设计的防护装备。有毒物质可能通过皮肤吸收进入人体，造成严重的健康损害。因此，正确使用防护服可以有效地防止有毒物质对皮肤的侵害，确保工作人员的身体安全。防护手套和防护眼镜也是必不可少的防护装备。防护手套可以保护手部免受有毒物质的侵害，同时提供一定程度的机械防护；防护眼镜则能够防止有害物质或颗粒物进入眼睛，保护视力和眼部健康。不同工作场景和有害物质类型可能需要不同类型的防护装备。因此，工作人员应根据实际情况选择并正确使用适当的防护装备，确保防护效果达标。

二、通风换气设备

在有毒有害场所工作时，保持空气质量符合安全标准至关重要。为此，应设置有效的通风换气设备，以及严格遵守相关的安全标准和规定。通风换气设备的设计和使用，对于保障工作人员的健康安全具有重要意义。通风换气设备的设置必须是有效的。这意味着通风系统应具有足够的通风量，能够及时排除有毒有害气体，保持室内空气清新。通风量的大小应根据工作场所的大小、有毒物质的种类和浓度等因素进行合理计算和设置，确保室内空气质量符合安全要求。

通风口的位置和排风方向也是至关重要的。通风口应设置在有毒有害气体产生的区域附近，确保能够及时吸收和排除有害气体。排风方向应考虑到周围环境和通风效果，避免将有害气体排放至工作区域或其他有人员居住的区域，确保通风效果良好且稳定。除了设备本身的设计和设置，通风换气设备的运行状态和维护也是至关重要的。定期检查和维护通风设备，确保其正常运行和通风效果。定期清洁和更换过滤器，及时修复故障，保证通风设备的良好运行状态。工作人员应接受相关的安全培训，了解通风设备的使用方法和注意事项。工作人员应遵守安全操作规程，正确使用通风设备，确保通风换气效果达标。

三、安全培训和意识提升

工作场所安全培训和意识提升在有毒有害场所中尤为重要，这不仅涉及到工作人员个人的安全，还关乎整个工作环境的稳定和安全。通过加强安全培训和意识提升，可以提高工作人员对有毒有害场所的认识和理解，使其能够正确应对各种工作环境下可能发生的突发情况，从而最大限度地减少事故发生的可能性，确保工作人员的健康和安全。安全培训应该包括对有毒有害物质的特性和危害的详细介绍。工作人员需要了解不同有毒物质的性质、化学成分以及对人体健康可能产生的影响。这样他们才能在工作中意识到潜在的危险，并采取相应的防护措施。

安全培训还应该包括防护装备的正确使用方法。工作人员需要了解不同类型的防护装备，如何正确佩戴和使用防护面具、防护服、防护手套等。培训内容还应包括如何正确存放和维护防护装备，确保其性能完好，发生紧急情况时能够及时发挥作用。安全培训还应该包括有毒有害场所的安全操作规程和应对突发情况的方法。工作人员需要了解有毒有害场所的安全规定和操作流程，如何正确应对事故和紧急情况，如何使用应急装备和设施。培训内容还应包括如何进行有效的应急演练和模拟训练，提高工作人员应对突发情况的应变能力和处置能力。除了安全培训，还应加强对工作人员安全意识的培养和提升。通过定期开展安全意识教育活动、组织安全知识竞赛等方式，提高工作人员对安全问题的警觉性和自我保护意识。鼓励工作人员积极参与安全管理，提出安全改进建议，共同营造安全、健康的工作环境。

四、定期检查和维护

有毒有害场所的安全防护措施确实需要定期检查和维护，这样才能保证其在工作中的正常运行和有效性。定期检查和维护包括对防护装备和通风换气设备的检查、清理、维护以及记录与报告等工作。对于防护装备的定期检查和维护非常关键。工作人员应定期检查防护面具、防护服、防护手套等装备的完好程度和有效性，及时更换损坏或失效的装备，确保其在工作中能够发挥应有的防护作用。还应定期对防护装备进行清洁和消毒，避免因脏污或细菌滋生而影响防护效果。对于特殊工作环境或高风险作业，可以考虑定期对防护装备进行性能测试和质量检验，以确保其性能符合要求。

对于通风换气设备的定期检查和维护也十分重要。通风换气设备应定期检查其运行状态和通风效果，包括检查通风量是否达标、通风口是否畅通、排风方向是否合适等。发现运行异常或效果不佳的情况时，应及时进行维修或更换设备，保证其正常工作。还应定期清理通风设备和通风管道，防止积尘和堵塞影响通风效果。除了定期检查和维护，还应建立健全的记录和报告机制。每次检查和维护工作都应详细记录，包括检查时间、内容、结果以及存在的问题和处理情况等。建立完善的记录档案，有助于及时发现问题、追溯原因，并采取有效的措施加以解决。还应建立报告机制，定期向相关部门或负责人汇报检查和维护情况，以便及时调整和改进工作措施，确保安全防护措施的有效性和可靠性。

五、应急预案和应对措施

针对有毒有害场所可能发生的突发情况，制定并落实应急预案和应对措施至关重要。应急预案是为了在面对突发事故或灾害时能够迅速、有序地展开应对行动，保障工作人员和设施的安全。

应急预案的制定应该是全面的、系统的，覆盖各种可能发生的事故和灾害情况。这包括但不限于火灾、泄漏事故、意外爆炸等，针对每种情况都应有相应的预防、应对措施和应急处置程序。预防措施主要是针对事故或灾害的发生原因进行预防，比如加强设备维护、安全操作规程等。应对措施则是指面对突发事故时应采取的紧急措施，如紧急撤离、启动应急通风设备等。应急处置程序是指当事故发生时应如何迅速、有效地应对和处理，包括明确责任人、指挥调度、应急联络方式等。应急预案的落实需要得到各级管理部门和工作人员的共同参与和配合。管理部门应提供必要的资源支持和指导，确保应急预案的有效性和可操作性。工作人员则应接受相应的应急培训和演练，熟悉应对措施和操作流程，提高应急处置能力和应变能力。应急演练是非常重要的一环，通过模拟真实情况的演练，可以检验应急预案的有效性和可行性，发现问题并及时改进完善。应急预案中应明确责任人和应急联络方式。责任人应具备相应的应急处置经验和专业知识，能够在紧急情况下果断决策和指挥调度，确保应急工作的有序进行。应急联络方式包括内部通信手段和外部联系渠道，确保在紧急情况下能够及时、顺畅地沟通和协调。

第十五节 易燃易爆场所安全防护

一、火源控制

易燃易爆场所的火源控制是确保工作场所安全的关键措施。这种措施涉及到严格禁止吸烟和明火操作等多方面内容，其重要性不可忽视。

必须严格禁止任何形式的吸烟行为。在易燃易爆场所，吸烟行为可能引发火灾或爆炸，因此工作人员必须在规定的吸烟区域内进行吸烟。这样的区域通常会配备专门的排烟设施，以确保烟雾不会扩散到危险区域。严禁在危险区域或靠近易燃物质的地方吸烟，以免产生火源，导致火灾或爆炸事故。明火操作也必须严格禁止。在易燃易爆场所，诸如焊接、打火机使用等明火操作都可能造成火灾风险。因此，应通过设立专用的作业区域来进行这类操作，并采取必要的防护措施，如使用防爆电气设备、防火布等，以降低明火操作带来的风险。

二、防爆设备

为了避免静电或火花引发火灾或爆炸，必须在易燃易爆场所中使用专门的防爆电气设备和工具。这些设备和工具具有特殊的防爆设计，能够有效地防止静电或火花的产生，从而降低了引发火灾或爆炸的风险。

工作人员在使用电气设备和工具时必须格外谨慎，特别是在易燃易爆场所中。他们应该选择符合防爆标准和规定的设备，并严格按照操作规程进行操作。这包括但不限于使用防爆型电气、工具、灯具、插头和插座等设备，这些设备经过特殊设计和认证，能够在高风险环境下工作而不产生静电或火花。为了确保防爆设备的有效性，需要定期进行检查和维护。这包括定期检查设备的完整性和工作状态，确保设备没有损坏或缺陷，并进行必要的维修或更换。还应确保设备符合最新的防爆标准和规定，以保证其性能和可靠性。对于工作人员来说，他们需要接受相关的培训和教育，了解防爆设备的正确使用方法和注意事项。他们必须清楚地理解在易燃易爆场所中工作时的安全要求和操作规程，严格遵守规定，确保自身和他人的安全。

第十四章 典型作业安全防护

第一节 高处作业安全防护

一、高处作业范围

高处作业是指在高空环境中进行的各种工作，涵盖了搭设高架、修缮高楼、安装设备、屋顶作业等多个方面。这些工作往往需要工人在高处进行操作，因此安全防护显得尤为重要，以防止工人发生坠落等意外事件。在建筑施工中，常常需要搭设高架来进行各种作业，比如砌砖、涂料、安装设备等。这些作业需要工人上到高处进行操作，因此需要严格的安全防护措施，如安全带、安全网、防护栏杆等设施，以确保工人在高处作业时有牢固的支撑和防护。

对于高楼建筑的维修保养和改造工作，也往往需要在高处进行操作，比如外墙清洗、玻璃更换等。这些工作的安全防护同样至关重要，以确保工人在高处作业时不会发生坠落等意外。高处作业还包括安装设备，如空调机组、通信设备等。这些设备通常需要安装在高处，需要工人上到高处进行操作。安全防护在这类作业中也扮演着关键的角色，以确保工人的安全和健康。对于建筑物屋顶的施工和维护也需要工人在高处进行作业。这可能涉及到屋顶的维修、改造、保养等工作，需要工人上到高处进行操作。在这种情况下，严格的安全防护措施尤为重要，以确保工人在屋顶作业时安全可靠。

二、安全防护设施

在高处作业时，工人必须使用合格的安全防护设施，以确保他们在高处工作时的安全和健康。工人在高处作业时必须佩戴合格的安全带，并正确系好。安全带通过固定在安全绳上，起到缓冲和防止坠落的作用。安全带应符合相关标准和规范，工作人员应接受相关培训，掌握正确使用方法，以确保其有效性和可靠性。

在高架搭设和修缮高楼等工程中，应设置合适的安全网，以防止工人从高处坠落，并确保网的承载能力符合要求。安全网的选择和使用应遵循相关标准和规范，工作人员应了解如何正确设置和使用安全网，确保其有效性和可靠性。对于高架、屋顶等高处工作平台，应设置牢固的防护栏杆，高度不得低于1.2米，以确保工人在工作时有稳固的支撑。防护栏杆的设计和安装应符合相关标准和规范，工作人员应了解如何正确设置和使用防护栏杆，确保其稳固性和可靠性。对于高处作业可能存在的落物风险，工人应佩戴符合标准的安全防护帽，以保护头部免受伤害。安全防护帽应符合相关标准和规范，工作人员应了解如何正确佩戴和使用安全防护帽，确保其有效性和可靠性。在需要攀爬或悬挂作业时，工人应使用合格的安全绳索，确保固定和防护。安全绳索应符合相关标准和规范，工作人员应接受相关培训，掌握正确使用方法，确保其有效性和可靠性。

三、安全操作规程

在进行高处作业前，有一系列重要的安全措施和规定需要严格遵守，以保障工人在高处作业时的安全和健康。这些措施包括安全会议或安全培训、了解作业风险和安全防护措施、设置安全警示标识、避免恶劣天气条件下作业以及注意观察周围环境等方面。进行高处作业前必须进行安全会议或安全培训，明确作业计划和安全要求。这是为了让工人充分了解高处作业的风险和安全措施，确保每个工人都明白应该如何进行高处作业，并严禁擅自进行高处作业。通过安全会议或培训，工人能够掌握正确的操作方法和紧急情况下的应对措施。

作业现场应设置明显的安全警示标识，指示禁止区域和安全通道。这样可以有效地防止无关人员进入作业区域，减少意外发生的可能性。明显的安全标识也能提醒工人注意安全，并保证工作流程的有序进行。高处作业应避免在恶劣天气条件下进行，如大风、雨雪等天气。这是因为恶劣天气会增加高处作业的风险，如风力可能导致工人失去平衡或作业设备失稳，降雨或积雪会增加滑倒和坠落的风险。因此，在天气不佳的情况下，应暂停高处作业，待天气条件改善后再进行。工人在高处作业时应注意观察周围环境，及时发现安全隐患并采取措施排除。这包括检查作业设备和安全防护设施是否完好，观察作业平台是否稳固，发现任何异常情况都应立即报告并采取必要的措施，确保作业环境安全。

四、应急处置措施

在工作现场进行高处作业时，必须配备合适的急救设备和医疗药品，以应对可能发生的意外情况。这些急救设备包括急救箱、消毒药品等，在紧急情况下能够提供及时的救助和医疗处理。在高处作业时应设置紧急救援预案，明确工人坠落或受伤时的应急处置措施，并且在紧急情况下应立即启动应急救援流程，及时进行施救和医疗救治。

工作现场应当配备急救设备和医疗药品，如急救箱、消毒药品等，以应对突发意外情况。急救箱中通常应包括常用的医疗器械和药品，如创可贴、纱布、止血药、消毒液等，以及一些常用的急救工具，如剪刀、手套、呼吸囊等。这些急救设备和药品的配备能够在工作现场发生意外时提供必要的急救处理和医疗救护。在高处作业时，应设置紧急救援预案，明确工人坠落或受伤时的应急处置措施。紧急救援预案应包括工人坠落后的紧急救援措施，如立即报警、通知救援队伍、启动救援装备等，以及受伤工人的急救处理方法，如施行心肺复苏、止血处理、包扎伤口等。明确的紧急救援预案能够在紧急情况下提供及时的救助和处理，降低事故的危害程度。在发生紧急情况时，应立即启动应急救援流程，及时进行施救和医疗救治。应急救援流程包括紧急报警、通知救援队伍、启动救援装备、进行现场施救和医疗救治等环节。在救援过程中，要保持冷静、迅速行动，采取正确的救援措施，确保受伤工人得到及时有效的救助和医疗处理。

五、责任与监督

项目负责人在高处作业安全管理中扮演着至关重要的角色，应当严格执行安全规定，并对工作人员进行安全培训和指导。这样做可以确保工作人员了解并遵守相关安全规定，从而降低高处作业的安全风险。安全员和监督人员也应承担定期检查和监督的责任，及时发现和整改高处作业中存在的安全隐患，以确保工作场所的安全。工作人员也有责任提出意见和建议，共同维护安全生产。项目负责人是整个项目的核心管理者，其在高处作业安全管理中起着至关重要的作用。项目负责人应严格执行高处作业的安全规定，包括但不限于佩戴安全带、使用安全网、设置防护栏杆等安全措施。通过严格执行安全规定，可以有效降低高处作业的风险，保障工作人员的安全。

项目负责人还应对工作人员进行安全培训和指导，确保他们了解高处作业的安全要求和操作规程。安全培训和指导应覆盖安全操作流程、紧急救援措施、安全设备使用方法等内容，使工作人员具备正确的安全意识和应对突发情况的能力。除了项目负责人，安全员和监督人员也承担着重要的责任。他们应定期对高处作业进行检查和监督，发现存在的安全隐患，并及时整改。检查和监督内容应包括高处作业设备的运行状况、安全防护设施的完好性、工作人员的安全操作等方面，确保高处作业符合安全标准和规范要求。工作人员也应对高处作业安全问题负有一定的责任。他们应提高安全意识，严格遵守安全规定和操作规程，如正确佩戴安全带、注意周围环境、及时报告安全隐患等。工作人员还可以积极提出意见和建议，参与安全管理工作，共同维护安全生产。

第二节 悬空作业安全防护

一、悬空作业范围

悬空作业是一种在空中或半空中进行的工作，其中包括吊装物体和悬挂装置等方面。这类作业涉及到高度、重量、平衡等多个因素，因此安全防护显得尤为重要。

在进行吊装物体的悬空作业时，工作人员通常需要将重物或设备悬挂在空中进行安装、移动或维修等操作。这种作业需要考虑到被吊装物体的重量、悬挂高度以及悬挂设备的稳定性，以确保工作过程中不发生意外。为此，必须配备符合标准的吊装设备，如起重机、吊车等，并且工作人员需要接受专业的培训，了解吊装作业的安全规范和操作流程。悬挂装置是指各种设备、工具或物品悬挂在高空的情况，比如悬挂式天线、广告牌等。这类作业也需要考虑到悬挂装置的稳定性和安全系数，以防止意外事故的发生。为此，工作现场应配备合适的安全绳索、吊钩等设备，并且工作人员需要掌握正确使用方法，确保悬挂装置的安全性和稳定性。

二、悬空作业安全要求

工作现场在进行悬空作业时，需要配备符合标准的安全设备，这包括吊装机械和安全绳索等。吊装机械如起重机、吊车等，其稳定性和承载能力必须符合相关标准，以确保悬空作业的安全性和稳定性。安全绳索也是必不可少的安全设备，工作人员必须掌握正确使用方法，确保其强度和耐用性，以防止悬空作业发生安全事故。

工作人员在进行悬空作业前，必须接受专业的培训，了解悬空作业的安全要求和操作规程，提高安全意识。这包括对各种吊装设备的使用方法、安全绳索的正确使用、紧急情况的处理等方面的培训，以确保工作人员具备正确的操作技能和应对突发情况的能力。在进行悬空作业前，还需要对工作环境进行全面检查，确保没有障碍物、危险因素等影响悬空作业的安全因素存在。这包括检查吊装设备的完好性和稳定性，检查工作区域的平整度和安全性，确保工作环境符合悬空作业的安全要求。

制定详细的悬空作业计划也是非常重要的一步，包括操作流程、安全措施、应急预案等。作业计划应该考虑到各种可能的情况和风险，制定相应的安全措施和应对方案，确保悬空作业有序进行，最大限度地降低安全风险。安全员和监督人员在悬空作业过程中起着监督和检查的重要作用。他们应定期对悬空作业进行检查和监督，发现并及时处理安全隐患。这包括对吊装设备、安全绳索、工作环境等方面的检查，确保悬空作业符合安全标准和规范要求，保障工作人员的安全和工作环境的安全。

三、合适的吊装设备

吊装机械是进行悬空作业时必不可少的设备。为了确保悬空作业的安全性，需要选择符合标准和规范的吊装机械，如起重机、吊车等，以确保其稳定性和承载能力符合要求。吊索和吊钩也是悬空作业中关键的组成部分，使用合适的吊索和吊钩能够确保其强度和耐用性，避免因吊装设备问题导致悬空作业出现安全隐患。吊装设备应配备必要的安全保护装置，如超载保护、断线保护等，以确保吊装过程中的安全性。

选择符合标准和规范的吊装机械对于悬空作业的安全至关重要。吊装机械包括各种起重设备，如塔式起重机、门式起重机、桥式起重机等。在选择吊装机械时，必须考虑到作业环境、吊装物体的重量和尺寸等因素，选择适合的设备。吊装机械的稳定性和承载能力必须符合相关的标准和规范要求，以确保悬空作业过程中不会发生倾斜或坍塌等意外情况。吊索和吊钩是吊装机械中的重要部件，也是悬空作业中需要特别关注的对象。吊索通常由钢丝绳或合成纤维绳制成，其强度和耐用性必须符合要求，避免因吊索断裂或脱钩而导致悬挂物体坠落的安全隐患。吊钩作为连接吊索和悬挂物体的关键部件，其结构和材质必须经过严格检查和测试，确保吊钩的强度和可靠性。吊装设备还必须配备必要的安全保护装置，以确保吊装过程中的安全性。这些安全保护装置包括但不限于超载保护、断线保护、防止吊钩滑脱的装置等。超载保护装置能够在吊装物体超出额定承载能力时发出警报或自动停机，防止设备超载造成安全事故。断线保护装置能够在吊索断裂时及时切断电源，避免吊装物体坠落。吊装设备的安全保护装置必须经过定期检查和维护，确保其正常运行和有效性。

四、安全绳索的使用

选择合适的安全绳索对于悬空作业的安全至关重要。安全绳索的选择应根据悬空作业的特点和需求，包括材质、直径、强度等方面，以确保其符合要求并能够承受作业过程中的压力和重量。工作人员在使用安全绳索时，需要掌握正确的使用方法，包括正确固定、正确系扣、及时更换损坏的绳索等。安全绳索应定期进行检查和维护，发现问题及时更换或修复，确保其完好无损，从而保障悬空作业的安全进行。

在进行悬空作业时，选择合适的安全绳索是非常重要的一步。需要根据作业的特点和需求选择符合要求的安全绳索。安全绳索的材质应该具有足够的强度和耐用性，常见的材质包括钢丝绳和合成纤维绳，选择时需要考虑作业环境、吊装物体的重量和尺寸等因素。安全绳索的直径和强度也需要符合相关标准和规范要求，以确保其能够承受作业过程中的压力和重量，防止发生断裂或脱钩等安全问题。工作人员在使用安全绳索时，必须掌握正确的使用方法。首先是正确固定，安全绳索应正确固定在吊装设备和悬挂物体之间，并确保固定牢固，避免在作业过程中出现松动或脱落的情况。其次是正确系扣，安全绳索的系扣必须正确连接，不得存在磨损或锈蚀等情况，以确保连接牢固可靠。另外，工作人员还应及时更换损坏的绳索，如发现绳索磨损、断裂或有明显损坏的情况，应立即更换，避免因绳索问题导致悬空作业安全隐患。为了确保安全绳索的有效性和安全性，应定期进行检查和维护。检查内容包括检查绳索表面是否有磨损、断裂或腐蚀的情况，检查系扣和连接处是否牢固可靠，以及检查绳索的整体状态是否符合要求。发现问题时应及时进行修复或更换，确保安全绳索完好无损，以保障悬空作业的安全进行。

第三节 结构梁作业安全防护

一、结构梁的承载能力和稳定性

在进行建筑结构梁上的作业时，首先需要考虑梁的承载能力和稳定性。这包括对梁的材质、尺寸、支撑方式等方面进行全面评估，确保梁能够承受工作人员和设备的重量和压力。对于老化或有疑问的梁，应及时进行检查和评估，并在必要时进行加固或替换，以保证梁的安全稳定性。建筑结构梁是建筑物中承载重量的主要结构部件，因此其承载能力和稳定性对于工作人员和设备的安全至关重要。

需要对梁的材质进行评估。不同材质的梁具有不同的承载能力和稳定性。常见的梁材质包括钢结构、混凝土结构等。钢结构梁具有较高的强度和承载能力，适用于大跨度和大荷载的情况；而混凝土结构梁则具有良好的耐久性和稳定性，适用于一般建筑物的梁。在评估梁的材质时，需要考虑到工作人员和设备的重量以及作业时的荷载情况，选择符合要求的材质。需要对梁的尺寸进行评估。梁的尺寸直接影响其承载能力和稳定性。在设计和施工阶段，应根据建筑物的荷载计算和结构设计要求确定梁的尺寸。对于已建成的建筑物，需要定期进行检查和评估，确保梁的尺寸符合设计要求，能够承受作业时的荷载。梁的支撑方式也是影响其稳定性的重要因素。梁的支撑方式包括靠墙支撑、独立支撑等不同形式。在进行梁上作业时，需要考虑到支撑方式对于梁的稳定性的影响，确保支撑方式符合安全要求，并采取必要的支撑措施，防止梁发生倾斜或坍塌等安全问题。对于老化或有疑问的梁，应及时进行检查和评估。通过目视检查、非破坏性检测等手段，发现梁的老化、裂缝、变形等情况，需要及时采取措施进行修复或加固，以保证梁的安全稳定性。在必要时，还应考虑进行梁的替换或改造，以适应新的使用要求和安全标准。

二、使用安全绳索和安全带

在进行梁上作业时，确保作业人员安全是至关重要的。为防止发生坠落等意外，必须采用适当的安全设备，包括安全绳索和安全带等。安全绳索是一种用于保护作业人员免于坠落的重要设备，它需要根据梁的高度和工作环境选择合适的材质和规格，如钢丝绳或合成纤维绳，以确保其具备足够的承载能力和耐用性。

针对梁的高度，需要选择合适长度和直径的安全绳索。对于高度较大的梁，应选择较长的安全绳索，以确保作业人员有足够的活动空间。安全绳索的直径也应符合相关标准和规范要求，以保证其承载能力。钢丝绳通常具有较高的承载能力和耐用性，适用于较大荷载的作业环境；而合成纤维绳则具有轻便、柔软的特点，适用于需要频繁移动的作业场景。安全绳索的固定和连接必须正确可靠。安全绳索应正确固定在梁上或其他支撑结构上，并采用符合标准的连接件，如安全钩、扣环等，确保连接牢固可靠，避免因连接件问题导致安全事故。作业人员在使用安全绳索时，必须正确佩戴，并确保绳索处于正确位置，避免发生扭结或绳索被挤压等情况，影响其正常使用。安全带也是防止坠落的重要安全设备。安全带应符合相关标准和规范要求，包括材质、承载能力、固定方式等方面。作业人员在使用安全带时，必须正确佩戴，并根据梁的特点选择合适的固定点，确保安全带能够提供有效的防坠落保护。安全带的固定和调整必须正确可靠，不得存在松动或不当使用的情况。

第四节 不坚固作业面上作业安全防护

一、评估作业面的稳定性

在进行不坚固作业面上的作业前，首先需要对作业面的稳定性进行全面评估。这包括对地面或施工现场的不稳定区域进行检查，发现可能存在的脆弱或不坚固的地方，如土质不坚实、坑洞、坍塌风险等。评估的目的是为了确定作业面的实际情况，为采取后续的安全措施提供依据。对作业面的稳定性评估是确保工作人员安全的重要步骤。需要对作业面的地质情况进行详细了解和分析。检查土壤类型、含水量、密实度等因素，评估地面的承载能力和稳定性。对于土质不坚实、容易产生坑洞或坍塌的地方，需要特别关注，采取措施加固或填补，确保地面能够承受工作人员和设备的重量。

需要对可能存在的危险因素进行识别和评估。除了地面本身的稳定性外，还需考虑周围环境因素对作业面的影响。如是否有水泥、砂石、机械设备等重物压在地面上，是否有可能导致地面不稳定的施工活动或天气条件等。对这些因素进行全面评估，找出可能存在的安全隐患，制定相应的安全措施和应对方案。还需要考虑作业面的使用条件和历史记录。了解该作业面的使用历史、上次检查记录、可能的问题点等，以便更全面地评估作业面的稳定性和安全状况。对于历史问题点或已知的不稳定区域，需要加强监测和检查，确保作业前的安全准备工作做到位。对评估结果进行综合分析，并制定相应的安全措施和预防措施。根据作业面的实际情况，采取针对性的安全措施，如搭建临时支撑结构、设置警示标志和围栏、限制作业范围和通道等。加强对作业人员的安全培训和指导，提高他们的安全意识和应对能力。

二、搭建临时支撑结构

针对不坚固的作业面,需要采取搭建临时支撑结构的措施,以增强作业面的稳定性和承载能力。临时支撑结构可以采用木材、钢管等材料,根据作业面的情况和需要进行合理设计和搭建。支撑结构的搭建应符合相关标准和规范要求,确保其稳固可靠,能够有效支撑作业人员和设备的重量。

对于不坚固的作业面,需要进行全面的评估和分析。通过检查地面的材质、土质、承载能力等因素,确定作业面的实际情况。根据评估结果,确定是否需要搭建临时支撑结构以增强作业面的稳定性和承载能力。根据实际情况选择合适的临时支撑结构材料。临时支撑结构可以采用木材、钢管等材料,选择材料时需要考虑其承载能力、耐久性以及对地面影响的因素。对于承载要求较高的作业面,建议选择钢管等坚固材料进行支撑。根据作业面的实际情况和需要,进行临时支撑结构的设计,确保其稳固可靠,能够有效支撑作业人员和设备的重量。搭建过程中应严格按照相关标准和规范要求进行操作,确保搭建质量和安全性。在搭建完成后,需要进行临时支撑结构的检查和测试。检查结构的稳定性、连接处是否牢固等,确保临时支撑结构能够满足作业面的承载需求,并保障作业人员和设备的安全。对临时支撑结构的使用进行监控和维护。定期检查临时支撑结构的状况,发现问题及时进行修复和加固,确保其长期稳定可靠地支撑作业面。

三、设置警示标志和围栏

在不坚固的作业面周围,需要设置明显的警示标志和围栏,以确保作业人员和周围人员的安全。这些警示措施的设置对于防止误入危险区域或发生意外非常重要。

对于不坚固的作业面,警示标志是必不可少的安全措施。

这些标志应该具有醒目的颜色和符号，以便作业人员和周围人员能够迅速识别危险区域。例如，可以使用鲜艳的红色或黄色作为背景色，配以黑色的警示符号或文字，使得标志更加显眼和易于理解。警示语言应该简洁明了，直接表达危险性，如"危险区域，请勿靠近""悬崖区域，危险作业中"等等。围栏的设置也是非常重要的安全措施。围栏应该设置在安全距离内，确保作业人员和过往人员不会误入危险区域。围栏的高度和稳固性应符合相关安全标准，以防止人员越过围栏进入危险区域。可以选择耐用的材料如钢管或者钢丝网来建造围栏，确保其坚固可靠。在实施这些警示措施时，需要考虑周围环境和作业面的特点。警示标志和围栏的设置应该根据实际情况来调整，确保其有效性和适用性。例如，如果作业面周围有道路或者行人通行区域，警示标志和围栏应该设置在可见范围内，并且要避免对交通造成影响。对于警示标志和围栏的维护也是非常重要的。定期检查标志和围栏的状态，及时更换破损或者褪色的标志，修复或者加固松动或者损坏的围栏，确保其长期有效地发挥警示作用。

四、限制作业范围和通道

对于不坚固的作业面，限制作业范围和通道是确保作业安全的重要措施。通过合理设置通道和标示作业区域边界，可以有效地保障作业人员在安全区域内作业，避免接近不稳定区域造成意外。

作业面周围的通道应合理设置并保持畅通。通道的设置应考虑到作业的需要，确保作业人员可以便利地进入和离开作业区域，并且在紧急情况下能够迅速撤离。通道的宽度和平稳性是关键因素，通道应该宽敞足够容纳作业人员和设备的通行，并且地面应保持平坦、无障碍物，防止人员滑倒或绊倒。作业区域的边界需要明确标示出来，以确保作业人员清晰地知道安全区域的范围。可以使用明显的标志、标线或者围栏来标示出作业区域的边界，避免作业人员误入不安全区域。标示应该具有醒目性，使用醒目的颜色和符号，警示作业人员注意不可逾越的边界线。需要定期检查和维护通道及其周围的地面状况。地面应保持坚固、平稳，没有裂缝或者松动的地面砖石，以防止人员在通道内滑倒或者绊倒。通道周围的环境也应保持清洁整齐，避免堆放杂物或者障碍物阻碍通道通行。在实际作业中，作业人员需要严格遵守通道规定和标识，不得随意改变通道的布置或者越界进入危险区域。作业现场的管理人员需要加强对通道和作业区域的监督和管理，确保通道畅通、作业人员在安全区域内作业，及时发现和解决存在的安全隐患。

第五节 电气作业安全防护

一、使用绝缘工具

在进行电气作业时，使用绝缘工具是确保工作人员安全的重要措施。这些工具具有特殊的绝缘材料制成的手柄或外壳，其设计目的是有效隔离电流，降低触电风险，保护工作人员免受电击伤害。选择合适的绝缘工具需要考虑多方面因素，包括工作电压、工作环境以及工作内容等，以确保工具的绝缘性能符合要求，并在使用过程中保持工具的完好性。绝缘工具的选择要根据工作电压来确定。不同的电压等级对应不同的绝缘要求，因此需要选择符合相应电压等级要求的绝缘工具。一般来说，工作电压越高，对绝缘性能的要求就越严格，因此在选择绝缘工具时必须确保其能够有效隔离对应电压的电流，防止电击事故发生。

工作环境也是选择绝缘工具的重要考虑因素。如果工作环境处于潮湿、多尘、高温等特殊条件下，对绝缘工具的要求也会有所不同。在潮湿环境下，需要选择防水的绝缘工具，以防止潮气导致绝缘材料退化而失去绝缘性能；在多尘环境下，要选择封闭式的绝缘工具，避免灰尘进入影响绝缘效果；在高温环境下，要选择耐高温的绝缘材料，确保工具在高温下不会变形或破损影响绝缘效果。工作内容也会影响绝缘工具的选择。例如，需要进行接线工作时，要选择符合接线要求的绝缘工具，确保接线的安全可靠；如果需要进行维修或更换电气设备，要选择适用于相关设备的绝缘工具，确保维修过程中不会发生触电事故。在使用绝缘工具时，工作人员需要注意保持工具的完好性。定期检查绝缘工具的外观和绝缘性能，及时发现并更换损坏或失效的工具，确保工具在使用过程中始终具有良好的绝缘性能。在使用过程中也要遵循正确的操作方法，避免因错误使用而导致绝缘工具失效或损坏，增加触电风险。

二、戴防静电手套

防静电手套在电气作业中扮演着至关重要的角色，它是保护作业人员免受静电和电流侵害的重要装备。这些手套通常由特殊的绝缘材料制成，旨在有效阻隔电流流经人体，从而降低触电风险，确保工作人员的安全。在进行电气作业时，必须配备符合标准的防静电手套，并确保手套的绝缘性能和使用寿命符合要求，及时更换损坏或失效的手套。

防静电手套通常采用特殊的绝缘材料制成，如橡胶或橡胶复合材料。这些材料具有良好的绝缘性能，能够有效隔离电流，保护手部免受电击。手套的外表面通常具有防滑设计，以提高工作人员在操作时的稳定性和灵活性，确保工作效率和安全性的兼顾。选择符合标准的防静电手套至关重要。手套的绝缘性能必须符合相关标准要求，例如国际电工委员会（IEC）的相关标准或国家标准，以确保手套能够有效隔离电流，降低触电风险。保持手套的绝缘性能和完好性非常重要。工作人员在使用手套前应仔细检查手套的外观是否有损坏或磨损，确保手套表面没有裂纹或破损，以免影响绝缘效果。手套的绝缘性能也需要定期检测和验证，确保其符合要求。及时更换损坏或失效的手套是保证安全的重要步骤。一旦发现手套有损坏或失去绝缘性能，必须立即停止使用并更换新的符合标准的手套，以防止触电事故的发生。

三、注意电气设备的接地

良好的设备接地是防止触电事故的关键措施。在进行电气作业时，必须确保电气设备的接地情况良好，接地电阻符合标准要求，避免设备漏电或带电现象。对于需要接地的设备，应严格按照规范要求进行接地操作，确保接地线路的可靠性和安全性。

第六节 机械作业安全防护

一、选择符合标准的机械设备

选择符合标准的机械设备是机械作业中至关重要的安全措施。这一步骤包括确保机械设备的设计、制造和安装等环节都符合国家标准或行业规范的要求，以保证设备的质量和安全性。

选择符合标准的机械设备是确保作业安全的基础。符合标准的机械设备经过严格的设计和测试，具有良好的性能和可靠的质量，能够在工作过程中稳定运行，减少故障和事故的发生。相比之下，未经标准检验或不符合规范的设备存在着安全隐患，容易导致设备失控、损坏或事故。选择符合标准的机械设备可以有效降低设备故障和事故的发生概率。标准规定了机械设备的设计参数、结构要求、安全性能等方面的标准，保证了设备的稳定性和安全性。合格的机械设备在使用过程中更加可靠，能够有效地减少因设备故障引发的事故，提高作业效率。

选择符合标准的机械设备还可以保障作业人员的安全。合格的机械设备通常配备有完善的安全保护装置和报警系统，能够在设备发生异常情况时及时报警或停机，保护作业人员的人身安全。合格设备的操作界面和控制系统设计更加人性化，操作更加方便和安全。为了选择符合标准的机械设备，首先需要对相关国家标准和行业规范进行了解和熟悉。在购买机械设备时，要查看设备的合格证书和检测报告，确保设备的质量和性能符合标准要求。要选择具有良好口碑和信誉的厂家或供应商，避免购买假冒伪劣产品。

二、定期检查和维护机械设备

定期检查和维护机械设备是确保其正常运行和安全性的重要举措。这项工作涵盖了对设备的各项关键部件、润滑系统、电气系统等进行全面检查和维护，旨在发现问题并及时采取修复或更换措施，以确保设备处于良好的工作状态，预防设备故障和事故的发生。

对机械设备的各项关键部件进行定期检查和维护至关重要。这些关键部件包括但不限于传动系统、轴承、齿轮、传感器等。定期检查这些部件的磨损程度、松动情况、润滑情况等，发现问题及时采取措施修复或更换，以确保设备的正常运转和安全性。润滑系统的维护也是保障机械设备安全运行的重要环节。润滑系统涉及到设备各个部件之间的摩擦和磨损问题，因此必须保持润滑油的充足和质量，定期清洗和更换润滑油，清除污垢和杂质，确保润滑系统的畅通和正常工作，避免因润滑不良而引发设备故障或事故。

对机械设备的电气系统进行定期检查和维护也是不可忽视的。电气系统包括电机、电线、开关、控制器等部件，需要检查其接线情况、电气连接是否牢固、是否有漏电或短路等问题，及时修复或更换损坏的部件，确保电气系统的正常运行，避免因电气故障而引发事故或火灾。在进行定期检查和维护时，还应注意以下几点：一是要根据设备的使用频率和工作环境确定检查和维护的周期，确保定期进行，不可因疏忽而导致设备安全隐患；二是要做好检查和维护记录，包括记录检查内容、发现问题、处理措施和维护日期等信息，以便于日后追溯和管理；三是要确保维护人员具备专业的技能和知识，能够正确、规范地进行设备的检查和维护工作。

第七节　起重作业安全防护

一、选择合适的起重设备和工具

在进行起重作业时，选择合适的起重设备和工具是确保作业安全的关键步骤。起重作业涉及到吊装、起吊、搬运等工作，需要使用各种设备如吊车、起重机、吊索、吊钩等。在选择起重设备和工具时，必须根据具体的作业要求和环境因素进行合理选择，以确保作业的顺利进行和人员安全。

需要根据作业要求确定所需起重设备的承载能力。承载能力是指设备可以承受的最大重量，必须根据作业中需要起吊的物体的重量来选择合适的设备。如果使用的设备承载能力过低，则容易造成设备过载，导致设备故障或事故发生；反之，如果设备的承载能力过高，则会增加成本并降低作业效率。因此，根据实际需求精确确定起重设备的承载能力是非常重要的。还需要考虑起重设备的稳定性。稳定性是指设备在进行吊装或搬运作业时的平衡和稳定程度。选择稳定性良好的起重设备可以降低作业过程中的摇晃和震动，减少因设备不稳定而造成的事故风险。对于吊装高度较高或要求精确操作的作业，稳定性尤为重要，需要选择具备良好稳定性的起重设备。操作灵活性也是选择起重设备的重要考虑因素。操作灵活性指设备在实际作业中的操作便捷程度和灵活性，包括设备的转向灵活性、操纵便利性等方面。选择操作灵活性较高的起重设备可以提高作业效率，减少操作人员的劳动强度，并且可以更好地适应不同的作业环境和要求。

二、进行起重作业前的检查和准备工作

在进行实际的起重作业之前，充分的检查和准备工作是确保作业安全的重要步骤。这些工作包括对起重设备和作业现场的全面检查，以及必要的清理和准备工作，确保设备处于良好的工作状态，作业现场安全有序。

对起重设备进行全面的检查是必不可少的。这包括检查设备的工作状态，确保各项功能正常运行。检查起重设备的润滑情况也十分重要，润滑不良可能导致设备运行不畅或产生异常声音，影响作业的安全和效率。还需要检查设备的电气系统，确保电气部分正常工作，避免因电路故障导致的事故发生。对起重作业现场进行检查也是必要的。检查作业现场可以发现潜在的危险因素和障碍物，及时进行清理和处理，保障作业的安全进行。清除障碍物和杂物可以防止设备运行时发生意外碰撞或阻碍设备操作，确保作业通道畅通，为起重作业创造良好的工作环境。还需要准备必要的安全设施和应急措施。例如，设置合适的警示标志和安全围栏，提醒周围人员注意安全，防止非作业人员误入作业区域。也需要准备好应急救援设备和人员，以便在发生意外情况时能够及时采取应对措施，保障作业人员的安全。

三、严格遵守起重作业操作规程和标准

在进行起重作业时，严格遵守相关的操作规程和标准是确保操作安全、规范和有效的关键。这些规程和标准涵盖了吊装作业的各个方面，包括操作流程、信号传递、起吊高度和速度控制等，操作人员必须具备专业技能和经验，确保操作过程中不发生意外。

操作人员需要熟悉吊装作业的操作流程。这包括在进行起吊前的准备工作，如检查起重设备和作业现场的安全状况，确认起吊方向和高度等。在操作过程中，需要按照规定的步骤进行吊装，确保吊装过程安全、稳定。信号传递也是起重作业中的关键环节。操作人员和信号员之间必须进行有效的沟通和协作，确保信号传递准确无误。信号员需要清晰、准确地传达吊装指令，操作人员则需要及时、正确地执行指令，避免因误解或错误信号导致的操作失误。对于起吊高度和速度的控制也是非常重要的。根据起吊物体的重量、形状和作业环境等因素，制定合理的起吊高度和速度控制方案。过高的起吊高度或过快的起吊速度都可能导致设备失稳或起吊物体失控，增加事故发生的风险。操作人员必须具备专业技能和经验，通过专业培训和实践经验提升自身操作能力。他们需要熟悉各类起重设备的操作原理和使用方法，了解各种情况下的操作规范和应对措施。只有在操作人员具备足够的技能和经验的情况下，才能确保起重作业的安全、规范和有效进行。

第八节 焊接作业安全防护

一、遵守焊接操作规程

焊接作业是一项具有高风险的工作，因此严格遵守焊接操作规程是确保安全的关键。操作人员在进行焊接作业前，必须

对焊接操作规程有深入的了解，并严格按照规程执行，以确保焊接作业的安全性和质量。

焊接操作规程涉及到对焊接材料的种类和特性的了解。焊接材料包括焊丝、焊条、焊剂等，不同种类的焊接材料具有不同的特性和用途。例如，焊丝可以分为铝焊丝、钢焊丝等，每种焊丝都有其适用的焊接工艺和要求。操作人员必须了解各种焊接材料的特性，选择合适的材料进行焊接作业。焊接操作规程还涉及到掌握正确的焊接方法和技巧。焊接方法包括手工焊接、气保焊接、埋弧焊接等，不同的焊接方法适用于不同的工件和材料。操作人员必须掌握各种焊接方法的操作技巧，熟练运用焊接设备，确保焊接作业的准确性和稳定性。焊接操作规程还包括遵循焊接安全操作流程。安全操作流程包括检查焊接设备是否正常、清理工作环境、佩戴防护装备等。在进行焊接作业前，操作人员必须对焊接设备进行全面检查，确保设备状态良好，避免因设备故障导致的安全事故。操作人员还要清理工作环境，确保周围没有易燃物品或其他危险物品，防止火灾等意外发生。操作人员必须佩戴符合标准的防护装备，如焊接面罩、防火衣、焊接手套等，保护自身安全。

二、使用符合标准的焊接设备

焊接作业的安全性和效果关键取决于使用的焊接设备是否符合标准。使用符合标准的焊接设备是确保焊接作业安全的重要措施。在进行焊接作业时，必须使用具备正常工作状态和合格的安全认证的焊接设备，包括焊接机、焊枪、焊接电源等。焊接机是焊接作业中必不可少的设备。焊接机的选择应根据作业需要确定，包括焊接电流大小、焊接方式、电源类型等因素。确保选用的焊接机符合国家或行业标准，具备正常工作状态和安全认证，避免使用不合格或损坏的焊接机器造成安全隐患。

焊枪是焊接作业中常用的焊接工具，也需要符合标准和规范。焊枪的选用应根据焊接材料和工艺要求确定，保证焊枪的质量和性能符合要求，确保焊接作业的稳定进行。焊接电源是焊接作业的核心设备，影响焊接效果和质量。焊接电源应具备稳定的电流输出和合格的安全认证，确保焊接过程中电流的稳定性和安全性，避免因电源问题导致的焊接质量下降或安全事故发生。除了选择符合标准的焊接设备外，还需要定期检查和维护焊接设备，确保其良好运行。定期检查焊接设备的电路、电源线、接头等部件，发现问题及时修复或更换，避免因设备故障造成的安全隐患。对于大型焊接设备还应定期进行维护保养，保持设备的正常工作状态和性能。

第九节 交叉作业安全防护

一、制定详细的作业计划

在进行交叉作业时，首先需要制定详细的作业计划。这个计划应包括各项作业的时间安排、人员配备、作业流程、安全措施等内容。通过合理的作业计划，可以有效地安排各项作业的顺序和时间，避免作业之间的冲突和干扰，确保作业有序进行。

作业计划的制定是确保交叉作业顺利进行和安全进行的基础。需要对整个作业的时间节点进行合理规划，明确每个作业环节的开始时间、结束时间以及交接时间。这样可以避免因作业时间冲突而导致的延误或混乱，提高作业效率和质量。作业计划还应明确人员配备方面的内容。包括确定各个作业环节所需的人员数量、岗位分工、责任分工等。不同作业环节可能需要不同专业背景的人员参与，需要合理安排人员的配备，确保每个环节都有足够的人员支持和保障。作业流程是作业计划中非常重要的一部分，它涵盖了整个作业过程中各项具体操作的步骤和流程。对于每个作业环节，都需要详细规定操作流程、操作方法、安全要求等，确保作业按照规定的流程进行，避免出现操作错误或不规范现象。安全措施也是作业计划中不可或缺的一环。针对每个作业环节可能存在的安全隐患和风险，需要制定相应的安全措施和应对方案。例如，对于高空作业、危险品作业等特殊作业环节，需要提前制定详细的安全方案，确保作业人员的安全。

二、确定作业区域和通道

在复杂工程环境中，交叉作业的顺利进行常常需要共享作业区域和通道。因此，必须明确划分作业区域和通道，以确保各个作业能够有足够的空间和通行道路。作业区域的合理划分以及设置明确的标识和界限对于避免作业人员越界或混乱作业的发生至关重要。

作业区域的划分应该根据各项作业的性质、要求和需要进行合理规划。例如，对于需要使用大型机械设备的作业，需要划定相应的大型设备作业区域；对于需要进行高空作业的环节，需要划定相应的高空作业区域；对于需要进行危险化学品操作的作业，需要划定相应的化学品操作区域等。这样可以有效避免不同作业之间的干扰和混淆，保证各项作业能够有序进行。作业区域的划分应结合具体作业环境和场地情况进行设置。例如，需要考虑场地的空间大小、地形地貌、周围环境等因素。对于狭窄的作业区域，可以通过合理规划和布局来最大限度地利用空间；对于多个作业需要共享的区域，可以通过设置临时隔离物或临时界限来划分各自的作业区域。对于通道的设置也非常重要。通道应保持畅通，确保作业人员和设备能够顺利通行。通道的宽度、长度、高度等参数应根据作业需要和安全要求进行合理设置，避免出现拥堵或通行障碍的情况。通道两侧应设置清晰明了的标识和界限，提醒作业人员注意通行区域，避免越界或占用他人作业区域。

三、实施有效的通讯和协调

在复杂工程环境中进行交叉作业时，有效的通信和协调机制是确保作业顺利进行和保障安全的关键。建立良好的沟通机制，包括及时的信息传递、进展交流和安全措施协调，能够有效地提高作业效率和减少安全风险。

对于交叉作业中的各个作业组，必须建立起良好的沟通渠道和协调机制。这意味着需要明确指定作业组的负责人或联络人，负责人需要具备良好的沟通能力和决策能力。通过建立固定的联系方式和工作流程，确保各个作业组之间能够及时交流信息、汇报进展，协调解决问题。选择适当的通信工具和技术也是非常重要的。在现代工程环境中，常用的通信工具包括无线对讲机、手机通信、电子邮件等。针对不同作业环境和作业要求，可以选择合适的通信工具，确保通信畅通和信息传递及时。例如，对于室外作业或大范围作业，可以使用无线对讲机或手机通信进行实时对话和信息传递；对于涉及复杂技术或安全事项的作业，可以通过电子邮件或文档传递详细信息和指示。沟通和协调不仅仅局限于信息传递，还需要注重作业进度和安全措施的协调。作业负责人应及时了解各个作业组的进度情况，协调解决作业中可能出现的冲突或延误。安全措施的协调也是至关重要的，各个作业组需要遵守统一的安全标准和规定，确保作业安全并及时采取必要的安全措施。

第十节 受限空间作业安全防护

一、空气质量管理

受限空间作业中的空气质量管理是确保作业人员安全的关键措施。受限空间通常是指封闭、狭窄或通风不良的工作环境，这种环境下易积聚有害气体、粉尘或其他污染物质，对作业人员的健康和安全造成潜在威胁。因此，在进行受限空间作业之前，必须进行充分的空气质量评估和管理，以确保作业的安全进行。

对于受限空间作业，必须对空气中的氧气含量进行评估。由于受限空间通常通风不良，氧气含量可能会下降到危险的水平，导致缺氧的情况发生。因此，在作业前必须检测空气中的氧气含量，确保其符合安全标准，不会对作业人员的健康造成威胁。需要检测空气中有害气体的浓度。在受限空间中，有害气体可能会因为通风不良而积聚，如一氧化碳、硫化氢、氮氧化物等。这些气体对人体有毒性，可能导致中毒或其他健康问题。因此，作业前必须检测空气中有害气体的浓度，确保其处于安全范围内，必要时采取相应的通风措施或使用防毒面具等呼吸防护设备。也需要检测空气中可燃气体的浓度。在受限空间作业中，如果空气中存在可燃气体，可能会引发火灾或爆炸的危险。因此，必须对空气中可燃气体的浓度进行检测，并采取相应的安全措施，如通风、使用防爆设备等，确保作业安全进行。

二、通风设备和措施

为改善受限空间的通风情况，确实需要采取适当的通风设备和措施。一种常见的方法是安装通风管道或风机，以增加空间内的空气流通。通风管道可以将新鲜空气引入受限空间，而风机则可以加速空气的流动，有效排除污染物质和有害气体。

还可以考虑使用吸尘设备来清除粉尘和颗粒物，改善空气质量。在进行受限空间作业之前，必须对通风设备进行充分的检查。这包括检查通风管道、风机、吸尘设备等的工作状态和性能，确保其正常运行和有效改善空气质量。特别是风机和吸尘设备，要确保其风量和吸附能力符合作业环境的要求，能够有效清除有害气体和污染物质。除了安装适当的通风设备外，还需要制定通风操作规程。这个规程应该包括通风设备的使用方法、操作步骤、安全注意事项等内容，指导作业人员正确使用通风设备，保障作业环境的通风良好。作业人员必须了解通风设备的工作原理和使用方法，严格按照规程操作，确保通风设备的有效运行，提高空气质量和作业安全性。

三、应急救援预案

在进行受限空间作业时，由于其特殊性和潜在的风险，制定完善的应急救援预案至关重要。这一预案需要包含多个方面的内容，以确保在发生意外情况时能够及时有效地进行救援和处理，最大程度减少人员伤害和财产损失。

应急救援预案需要进行事前的应急演练和培训。这意味着作业人员必须熟悉应急流程和操作步骤，了解应急信号的含义和应对方法，掌握紧急撤离路线和安全区域的位置，以及掌握基本的急救知识和技能。通过定期的应急演练和培训，可以提高作业人员的应急反应能力，确保他们在紧急情况下能够冷静应对。应急救援预案应该包括清晰明了的内容，例如应急信号的设定和传达方式、紧急撤离路线的标识和指引、急救设备和急救措施的使用方法等。这些内容应该通过标识、指示牌、培训手册等形式向作业人员传达，确保他们能够迅速准确地执行应急救援预案。应急救援预案还应考虑可能发生的各种意外情况，并提供相应的处理措施和应对方案。例如，对于可能的气体泄漏、火灾、作业人员意外受伤等情况，应急救援预案应该明确应对流程和措施，确保及时有效地处理紧急情况，最大限度地减少伤害和损失。

第十一节 腐蚀性作业安全防护

一、了解腐蚀性物质的特性和危害性

在进行腐蚀性作业之前，作业人员首先需要对所处理的腐蚀性物质进行充分的了解，包括物质的化学成分、腐蚀程度以及对人体的危害程度等方面。这些信息对于采取有效的防护措施以及保障作业人员的安全至关重要。腐蚀性物质通常具有强烈的化学反应性，能够破坏物体的表面并引起腐蚀。其危害程度取决于物质的种类、浓度、接触时间以及接触方式等因素。例如，一些强酸、强碱、氧化剂和腐蚀性气体都属于腐蚀性物质的范畴，它们可能对皮肤、眼睛、呼吸道等部位造成损害，甚至引发严重的健康问题。

针对腐蚀性物质的特性，作业人员需要采取一系列的防护措施来保障自身的安全。应了解物质的化学成分，包括其腐蚀性质和危害程度。这有助于评估接触物质可能产生的风险，并选择适当的个人防护装备。比如，对于液体腐蚀性物质，应选择防护服、防护手套和防护面罩等，而对于腐蚀性气体，则需要配备合适的呼吸器。作业人员需要了解腐蚀性物质的腐蚀程度，包括对不同材质的影响以及可能引发的安全隐患。例如，在处理腐蚀性化学品时，应避免与金属、塑料等易受腐蚀的材质接触，同时注意防止物质溅入眼睛或皮肤，导致灼伤或腐蚀。作业人员还应了解腐蚀性物质对人体的危害程度，包括可能引发的急性或慢性健康问题。他们应具备识别腐蚀性物质的能力，并了解应对急救措施，以便在发生意外情况时能够及时应对并减少伤害。

二、选择适合的个人防护装备

针对不同腐蚀性物质的特性，作业人员需要选择适合的个人防护装备，以确保其在腐蚀性作业中免受伤害。个人防护装备的选择应根据腐蚀性物质的种类、浓度以及可能的接触方式来确定，主要包括防护服、防护手套、防护面具或面罩、防护眼镜和呼吸器等装备。

防护服是腐蚀性作业中必不可少的防护装备。防护服应具有抗腐蚀性能，能够有效隔离腐蚀性物质，防止其直接接触皮肤。根据腐蚀性物质的特性，防护服通常选择具有化学抗腐蚀功能的材料制成，如聚乙烯、聚氯乙烯或氟塑料等。防护服应能完全覆盖身体，并具有可调节的束带或拉链，确保穿戴舒适并能有效防护。防护手套是保护双手免受腐蚀性物质侵害的重要装备。选择合适的防护手套需要考虑腐蚀性物质的种类和浓度，以及手套的材质和厚度。一般情况下，防护手套采用橡胶、氯丁橡胶、丁腈橡胶等具有化学抗腐蚀性能的材料制成，手套应具有良好的密封性和耐腐蚀性，确保双手完全受保护。

防护面具或面罩、防护眼镜也是腐蚀性作业中不可或缺的装备。防护面具或面罩应能有效防止腐蚀性气体或颗粒的侵入，选择透明材质制成的面具或面罩，以确保作业人员能清晰地看到工作环境。防护眼镜应具有防腐蚀、防刮擦的功能，能够有效保护眼睛不受腐蚀性物质的侵害。针对可能存在的气体腐蚀性物质，作业人员还需要配备合适的呼吸器。呼吸器应能有效过滤有害气体，保护呼吸道免受腐蚀性物质的侵害。选择呼吸器时应考虑气体的种类和浓度，并确保呼吸器符合相关的安全标准和规范要求。

第十二节 土石方作业安全防护

一、地质勘察和评估

进行土石方作业前的地质勘察和评估是确保作业安全和有效性的关键步骤。这项工作旨在全面了解工作区域的地质情况、地层结构、地下水位等重要信息，以便评估土石方作业的可行性、确定施工方案，并采取必要的安全措施，保障工程的顺利进行和人员的安全。

进行地质勘察是为了了解工作区域的地质构造和特征。地质构造主要包括地层情况、岩性特征、断层分布等，这些信息对于确定土石方开挖的难易程度、稳定性和施工方法具有重要意义。例如，了解地质构造能够判断出工作区域是否存在岩石、松软土层、水文条件等，从而指导开挖方案和工艺流程。地质勘察需要详细了解地下水位和水文地质情况。地下水位的高低和波动对土石方作业有直接影响，高水位可能导致开挖困难、坡面稳定性差，甚至引发地质灾害。因此，必须了解地下水位的深度、变化规律，选择适当的排水措施和工艺，确保施工过程中水文条件的控制和管理。

地质勘察还需要考虑土层的稳定性和坡面的安全性。通过对土层的密度、厚度、承载能力等参数的评估，可以确定开挖深度和坡度，避免土方坍塌和滑坡等安全事故。对于较陡的斜坡或高崖壁，还需进行坡面稳定性分析，采取支护、防护等措施，确保施工过程中坡面的安全性和稳定性。地质勘察还需要重点关注地质灾害的潜在风险。包括但不限于滑坡、泥石流、地面塌陷等地质灾害。通过分析地质条件和历史灾害记录，评估工作区域可能存在的地质灾害风险，并采取相应的预防和应对措施，确保作业人员和设备的安全。地质勘察还需要考虑工作区域的环境保护和生态保育。特别是在开展土石方作业时，应注意减少对周围环境的影响，采取措施减少扬尘、水土流失等环境问题，保护生态环境和资源。

二、施工方案和操作规程

土石方作业是复杂的工程活动，涉及到挖掘、填埋、运输等多个环节，因此制定详细的施工方案和操作规程至关重要。施工方案应包括土石方作业的整体计划和流程安排。这包括对工作区域的分区划分，挖掘、填埋、运输等各项作业的时间安排和顺序，确保作业过程有序进行。还应考虑到作业区域的地形地貌、地质条件等因素，制定相应的施工方法和技术方案，提高施工效率和质量。操作规程应明确各个作业环节的具体步骤和操作要求。对于挖掘作业，包括挖掘深度、坡度要求、土方堆放位置等规定；对于填埋作业，包括填埋高度、坡度、压实要求等规定；对于运输作业，包括装载、运输路径、卸载等规定。这些操作规程应该细致入微、清晰明了，以指导作业人员正确操作，保障作业的顺利进行。

安全措施是施工方案和操作规程的重要组成部分。包括但不限于以下几个方面：①人员安全。要求作业人员必须穿戴符合标准的个人防护装备，如安全帽、防护眼镜、防护手套等。②设备安全。要求使用符合标准的机械设备和工具，定期检查和维护设备，确保其正常运行。③施工现场安全。要求设置明显的安全警示标志和围栏，保护作业区域安全。④紧急救援。制定紧急救援预案和应急措施，培训作业人员应急处理技能，确保在意外情况下及时有效地应对。责任分工是施工方案和操作规程的关键内容。明确各个作业环节的责任人员及其职责，确保每个人员都清楚自己的任务和责任，提高施工管理的效率和责任落实。环境保护措施也是施工方案和操作规程中不可忽视的部分。针对土石方作业可能对周边环境造成的影响，制定相应的环保措施，如减少扬尘、控制水土流失、合理利用土方等，保护生态环境和资源。

三、人员培训和安全意识

土石方作业涉及到挖掘、填埋、运输等多个环节，需要作业人员具备一定的专业技能和安全意识，以确保作业过程的安全性和高效性。因此，对参与土石方作业的人员进行专业培训显得尤为重要。这种培训不仅要求作业人员掌握安全操作技能和应急处置能力，还需要提高他们的安全意识和风险防范意识。

专业培训应包括对土石方作业的基本知识和技能的传授。这包括但不限于对土石方作业流程、操作规程、安全措施等方面的介绍和讲解。作业人员应了解土石方作业的基本流程和步骤，了解各种设备和工具的使用方法，掌握正确的操作技巧，确保在实际作业中能够熟练运用相关知识和技能。培训内容还应包括安全操作技能的培养。这包括但不限于对作业人员的安全防护意识的培养，如穿戴个人防护装备、正确使用安全设备等；对作业现场的安全检查和风险评估，如对施工现场进行安全检查、识别可能存在的危险因素等；对应急处置能力的培养，如应对突发事件、进行紧急救援等。

培训还应强调安全意识和风险防范意识的提高。作业人员应该了解土石方作业可能存在的安全风险和危险因素，提高对安全问题的警觉性和敏感性，学会正确判断和处理各种安全风险。培训还应该注重心理素质的培养，如应对工作压力、保持冷静、合理沟通等方面的技能培养，确保作业人员在面对复杂环境和突发情况时能够保持冷静和应对得当。培训过程中还应注重实操训练和案例分析。通过模拟实际作业环境、进行作业操作训练，让作业人员在模拟环境中熟悉作业流程和操作规程，提高其实际操作能力和应变能力。通过案例分析和讨论，让作业人员深入了解安全事故的原因和教训，从而加强安全意识和风险防范意识。

四、坡面稳定和防坍塌

对土石方工程中的坡面进行稳定性评估是确保工地和周边区域安全的关键步骤。这一过程包括对坡面的地质条件、坡度、土壤类型、水文情况等进行详细调查和评估，以确定坡面稳定性的潜在风险，并采取必要的支护和防坍塌措施来加固和保护坡面。

进行坡面稳定性评估需要对工程所在地的地质条件进行全面了解。这包括对地质构造、岩石性质、地层情况等进行调查，以确定可能存在的地质灾害隐患，如滑坡、崩塌等。通过地质勘察和地质勘探工作，获取地质数据和参数，为后续的稳定性评估提供依据。对坡面的坡度和土壤类型进行评估和分析。坡面的坡度是影响稳定性的重要因素，过大的坡度可能导致坡面失稳。土壤类型则直接影响坡面的承载能力和稳定性，不同类型的土壤在承载力和抗剪强度上有所差异。因此，需要对坡面的坡度和土壤类型进行详细的调查和分析，评估其对坡面稳定性的影响。

针对评估结果中可能存在的风险和问题，制定相应的支护措施和防坍塌措施。支护措施可以包括设置护坡、加固土体、采用土工布等方法，增加坡面的抗滑稳定性和承载能力。防坍塌措施可以包括设置围护结构、排水系统、灌浆加固等方法，提高坡面的抗坍塌能力和安全性。在实施支护措施和防坍塌措施时，需要根据具体情况和工程要求选择合适的技术和材料，并严格按照设计方案和施工规范进行施工。还需要进行监测和检测工作，对支护结构和坡面稳定性进行定期检查和评估，确保工程的稳定性和安全性。对工地和周边区域进行监测和管理是确保坡面稳定性的关键环节。通过监测系统对工地进行实时监测，及时发现并处理可能存在的安全隐患，保障工地和周边区域的安全。加强管理和维护工作，保持工地环境的整洁和有序，减少外部因素对坡面稳定性的影响。

五、 环境保护和污染防治

在土石方作业中，减少扬尘、水土流失等环境污染问题至关重要。这些污染问题不仅对周围环境造成影响，还可能对生态系统和人类健康造成负面影响。

对于扬尘问题，可以采取多种控制措施来减少扬尘污染。一是在作业现场周围设置挡土墙、风帘、草帘等物理隔离措施，阻挡风力对裸露土壤的吹扬，减少扬尘产生。二是对裸露土地进行覆盖，使用覆盖材料或喷洒抑尘剂覆盖土壤表面，防止土壤颗粒被风吹散。三是采取湿润作业方法，在进行土石方作业时适量喷水或加水，增加土壤湿度，降低扬尘的产生和扩散。针对水土流失问题，需要采取有效的控制措施来保护土壤和水资源。一是在坡面和施工道路设置排水沟、防渗垫等设施，及时排除雨水和地表径流，减少水土流失的发生。二是进行植被保护和恢复，通过植树种草等方式增加植被覆盖率，减少水土流失风险。三是采取合理的工程设计和施工方式，减少土地裸露面积，降低水土流失的可能性。

还应注意减少噪声和振动对周围环境和居民的影响。通过采取隔声墙、降噪设备等措施来减少工地产生的噪声污染，保护周围居民的生活环境。对于振动问题，可以采用减振措施如减速振动器、缓冲器等，降低振动对周围建筑物和地下设施的影响，保障工程安全和周围环境的稳定。加强对施工过程的监测和管理也是保护环境的重要措施。通过建立环境监测系统，对空气质量、水质、噪声等环境指标进行实时监测，及时发现并处理可能存在的环境污染问题。加强对施工人员的培训和教育，提高他们的环保意识和责任感，促进环保工作的落实和有效推进。

参考文献

[1] 林轩羽. 加强企业安全生产管理工作探讨 [J]. 中国电力企业管理,2024(6):66-67.

[2] 方宇亮. 电力企业安全生产费用管理探析——以福建福能股份有限公司为例 [J]. 劳动保护,2024(2):55-57.

[3] 王朝政, 王怀元, 申丽婷, 等. 试论电力安全生产管理中的问题和应对措施 [J]. 城市建设理论研究 (电子版),2024(3):1-3.

[4] 大唐集团广西桂冠电力: 打好岁末年初安全生产主动战 [J]. 电力安全技术,2024,26(1):35.

[5] 朱振华. 在线监测技术在电力安全生产中的研究与探索 [J]. 电气时代,2024(1):103-105,109.

[6] 黄晓丽. 大数据技术在电力安全生产管理中的风险评估及运用分析 [J]. 电气技术与经济,2023(10):231-234.

[7] 张向东. 电力发电企业安全生产全过程信息化监控方法研究 [J]. 电气技术与经济,2023(10):382-384,388.

[8] 李潇, 王建磊, 王福生, 等. 现代一流企业目标下的电力通信"四维"安全生产管理体系建设实践——以国网宁夏电力有限公司为例 [J]. 数字通信世界,2023(12):165-167.

[9] 高陈龙, 王华晖. 电力企业安全生产管理问题及发展路径研究 [J]. 中小企业管理与科技,2023(24):134-136.

[10] 侯勇. 自动化电力监控系统在煤矿中的应用 [J]. 矿业装备,2023(12):115-117.

[11] 任发明. 大数据赋能电力企业安全生产管理机制研究 [J]. 华东科技,2023(11):41-43.

[12] 安昱泓. 大数据视域下的智能化电力生产安全管控系统研究 [J]. 现代工业经济和信息化,2023,13(10):119-121.

[13] 刘理峰, 俞磊. 技能等级评价在企业安全生产管理中的应用研究——以 A 电力企业为例 [J]. 企业改革与管理,2023(20):

48-50.

[14] 赵鹏里.基于 HCD 模型思维的电力安全生产管理研究——以朔州市供电公司为例 [J].电气技术与经济,2023(7):220-222.

[15] 施倚.电力生产与供应企业安全生产费用应当用于哪些支出 [J].劳动保护,2023(9):76-77.

[16] 唐卓文.电力企业安全生产新实践 [J].大众用电,2023,38(8):51-52.

[17] 方文田,李斯琳.一种基于提高安全生产水平的放电棒设计 [J].农村电气化,2023(8):77-80.

[18] 国家能源局召开全国电力安全生产和风险管控工作电视电话会议 [J].农村电工,2023,31(8):1.

[19] 李彤,王哲.铁腕治安筑牢坚实壁垒 [J].中国电力企业管理,2023(17):38-39.

[20] 谢利杰,徐伟,徐建,等.全面加强安全管控以高水平安全护航高质量发展 [J].河南电力,2023(6):12-15.

[21] 本刊编辑部.国家能源局组织开展 2023 年电力行业"安全生产月"活动 [J].农村电工,2023,31(6):1.D

[22] 程绍强,赵文婕.基于事故树理论的电力建设工程 EPC 项目风险的研究 [J].自动化应用,2023,64(10):137-140.

[23] 田海波.电力检修现场安全生产管控改进方法与应用 [J].山西电力,2023(2):21-23.

[24] 吴迪.电力安全生产管理中深度卷积网络研究 [J].电气技术与经济,2023(2):19-21,35.

[25] 章妤.电力企业安全生产管理存在的问题和优化 [J].财讯,2023(7):163-165.

[26] 李蓓,傅贤君,戚梦瑶.企业安全生产电力大数据分析系统设计与应用研究 [J].电脑知识与技术,2023,19(10):71-74.

[27] 丁元元.安全生产风险管理体系在设备全生命周期管理中的

应用 [J]. 冶金管理 ,2023(4):18-22.

[28] 蔡炳高 , 徐涛 . 构筑四道安全防线建设"三控"运行班组 [J]. 电力安全技术 ,2023,25(1):66-70.

[29] 黄杰韬 , 王泽涌 . 数据实时分析的电力安全生产监测系统设计 [J]. 能源与环保 ,2022,44(12):256-261.

[30] 李慕军 , 李鹏 . 当前国有电力企业纪检监察组织对安全生产监督的再监督探讨 [J]. 企业管理 ,2022(S1):372-373.

[31] 吴瑞 . 浅谈新能源发电企业安全生产管理实践与创新 [J]. 石河子科技 ,2022(6):17-18.

[32] 马一湘 . 浅析电力企业安全生产管理中存在的问题及对策 [J]. 公关世界 ,2022(21):105-106.

[33] 李少军 . 电力企业安全生产管理体系探究 [J]. 电力安全技术 , 2022,24(11):1-3.

[34] 孙琦 , 叶建锋 , 吴雪冬 . 供电企业安全培训引入防人因工具工作方法研究 [J]. 中国电力教育 ,2022(11):49-50.

[35] 周杰 , 刘沪平 , 梁文彪 . 基于历史数据的电力作业安全督查现状分析——以国网江苏省电力有限公司为例 [J]. 经营与管理 ,2022(11):91-97.

[36] 惠超 , 张雷 . 标准化作业在电力安全生产管理中的应用研究 [J]. 江西电力职业技术学院学报 ,2022,35(9):4-6.

[37] 陈国芳 , 安旭 , 卫豪 . 基于 PCA-AHP 模型的安全生产事故风险评价 [J]. 电力安全技术 ,2022,24(9):37-42.

[38] 常帅 . 电力安全生产管理信息系统设计分析 [J]. 中国新通信 , 2022,24(18):122-124.

[39] 张雷 , 惠超 . 风险控制在电力安全生产管理中的应用研究 [J]. 江西电力职业技术学院学报 ,2022,35(8):9-11.

[40] 唐坚 . 安全管理数字化助力电力安全事故"清零"[J]. 能源科技 ,2022,20(4):8-10.